NEW & RENEWABLE ENERGY
신재생에너지

NEW & RENEWABLE ENERGY

신재생에너지

| 조용덕 · 이상화 지음

한국학술정보(주)

GREEN SEED

"THE ONLY ONE EARTH" OUR COMMON FUTURE

인간은 태곳적부터 여러 가지 꿈을 꾸어 왔다. 새처럼 하늘을 날고 싶다든가, 달나라에 가고 싶다든가, 별나라를 구경하고 싶다든가 하는 것들이 바로 인류의 꿈이요, 야심이요, 염원이었다. 이러한 인류의 꿈과 야심, 그리고 염원은 역사를 통하여 하나둘씩 이루어졌는데, 그것은 모두가 반드시 에너지와 결부됨으로써 가능한 일이었다.

그러나 오늘날 산업이 고도화되면서 이 세계에 존재하는 대부분의 사회는 사유화, 조직화, 도시화되어 있고, 생산과 소비는 경제논리에 맞춰 짜여 있다. 이러한 논리의 배경에는 자기생존권의 유지라고 하는 고질적인 문제가 있다. 생산자가 그러하고, 소비자가 그러하며, 개인, 사회, 국가 간의 무역 분쟁이 그러하듯이 어떤 하나의 문제는 지역적, 국지적, 지방적이 될 수도 있고 국가적, 지구적인 것이 될 수도 있다. 에너지 문제가 단순히 지구 온난화로 인한 신재생에너지원의 개발인가, 아니면 에너지 공급을 현실적으로 늘리지 않으면 안 되는 것인가, 에너지의 해결은 누굴 위한 것인가, 지금 당장에 고통받는 국가, 사회, 아니면 누구인가? 문제의 범위가 다양한 것처럼 해결책 또한 다양할 것이다. 문제가 많다, 해결책이 많다는 것은 그 자체가 쓰레기일 뿐이다. 만약 에너지 문제가 자기 자신의 생존권과 직결된다는 데 동의한다면, 왜 에너지 문제에 시달리고 있는지, 생산과 소비에 필요한 에너지가 어디에서 나오는지, 또한 그 에너지는 어디에서 조달되는지에 대하여 진지하게 논의되어야 할 것이다. 지구상에 강력한 종(種)인 인간이 생태계를 파괴하고 변형할 수 있는 능력을 소유하고 있기 때문에, 에너지 문제에 대한 접근방법은 인간의 생존권과 지구 생명체들의 생존권에 대한 청지기라는 측면에서 접근되어야 한다.

모든 사람이 문제라고 느끼는 것은 이미 문제가 아니다. 에너지 문제에 대해서 다 안다고도 할 수 있고, 아무것도 모른다고도 할 수 있다. 무엇이 지구 온난화의 문제인지 우리는 알고 있는가? 알고 있다면 왜 해결하지 못하는가? 에너지 고갈의 문제인지 아니면 온난화의 문제인지, 생존권의 문제인지에 대한 물음에 답할 수 있는 것은 지구촌 환경 그 자체이며, 결론은 "모른다"이다.

모든 문제에는 원인이 있다. 그 원인에는 찬성하는 자와 반대하는 자가 있기 마련이다. 찬성하는 자의 목소리가 크면 그것이 맞는 것이 아니라 반대하는 자가 가만히 있을 뿐이다.

맞고 틀리고는 시간이 지나 봐야 알 뿐이다. 미래는 누구도 예측할 수 없다. 단지 전문가들의 예측은 예측일 뿐, 맞고 틀리고가 아니라 예측 모델이 없기보다는 있는 것이 조금은 안심이 될 뿐이다. 지구촌 에너지 문제가 그렇고, 온난화 예측이 그렇고, 기상예보가 그렇고, 경기 예측이 그러하고, 지구 환경문제가 그러하며, 그 밖의 정치, 경제, 사회 등의 예측이 그러하듯이 미래의 예측 결과는 비참할 때가 많다. 그래서 전문가들의 예측은 조건부 또는 단서를 달고, 수

치적으로는 하나의 상수 또는 경험치를 대입하여 문제를 풀어 간다. 이러한 조건부 단서, 상수, 경험치는 결론적으로 모른다는 애기이다. 다시 말해서 자연의 원리를 이해하지 못하는 것은, 지구상 환경이 지속적으로 변화하고 있다는 것을 인지하지 못하는 것은 하나의 조건부 단서요, 상수이며 경험치일 뿐이다. 에너지 문제를 다룬 책에서 예측에 대한 조건부 단서, 상수, 경험치를 논하는 것은 에너지 문제가 에너지의 문제가 아니라 인간의 문제이기 때문이다. 에너지 문제는 인간 욕망의 문제이다. 시장사회에서 대부분의 욕망은 경제 논리로 생산·양육된 것이지, 환경적인 천연재가 고려되지 않았다. 따라서 생산자는 상품을 만들기 전에 환경욕망을 만들어야 한다. 당신이 말은 그렇게 하지만 궁극적인 욕망이 어디에 있는지 삼척동자도 알고 있다.

지구촌 환경문제, 에너지 문제는 인간의 문제이다. 인간은 이미 그 길을 가고 있고 또 가야만 하는 것이 녹색성장이다. 지구촌 환경문제가 현실적인 위협으로 등장하면서, 환경과 에너지 문제가 국가의 미래를 결정하는 새로운 녹색성장 패러다임으로 부각되고 있다. 녹색성장은 환경오염을 줄이고 경제를 살리는 지속 가능한 성장패턴이며, 환경과 경제 간의 악순환 구조를 선순환 구조로 전환하는 계기가 될 것이다. 기존의 경제 우선정책이 경제적으로 한계점에 도달한 것은, 지구촌 국가와 사회의 잘못된 좌표설정으로 모든 시스템 오작동의 산물이자 결과물이라고 표현해도 결코 지나친 표현은 아닐 것이다. 앞으로 에너지 문제는 신재생에너지, 즉 태양력과 풍력, 수력, 바이오 에너지로 대체될 것이며 또한 그렇게 가고 있고, 그렇게 가야만 하는 것이 오늘의 현실이다. 따라서 에너지의 개발은 종래의 방법을 탈피한 보다 적극적이고 현실적인 신재생에너지 개발의 방안이 모색되어야 할 것이다.

　이 책은 이와 같은 녹색성장의 사회적 요구에 부응하고자 신재생에너지 확보에 도움이 되도록 편집하였다. 만약 독자가 에너지 운동가라면 어디에 초점을 맞추어 시민들을 설득해야 할지를 알려 줄 것이며, 또 독자가 에너지 공학도라면 어떤 식으로 신재생에너지 문제에 접근할 수 있는지를 알려 줄 것이다. 또 독자가 강사라면 신재생에너지 문제에 대해 보다 체계적으로 가르칠 수 있도록 도와줄 것이다. 단지 아쉬운 점은 지금까지 쌓아 온 경험과 참고자료를 기초로 정리함에 있어서 참고문헌의 누락 부분이 없지 않다.

　그동안 이 책을 펴냄에 있어, 많은 격려와 조언을 해 주신 모든 분들께 진심으로 감사드린다. 출판을 맡아 주신 한국학술정보(주) 사장님을 비롯한 임직원 여러분께 심심한 감사의 뜻을 전하며, 앞으로 이 책의 내용이 보다 충실해질 수 있도록 독자 여러분의 지도와 편달이 있기를 바란다.

조용덕 · 이상화

c o n t e n t s

PART 01

지구촌 환경위기

지구촌 환경위기

1. 왜 녹색성장인가

왜 녹색성장인가? 녹색성장, 왜 가야만 하는가? 환경문제는 환경의 문제가 아니라 인간의 문제이다. 인간은 이미 그 길을 가고 있고 또 가야만 하는 것이 우리나라 녹색성장의 정책 기조이다.

녹색성장은 미래 세대가 경제활동을 원활히 지속할 수 있도록 현 세대가 제한된 양의 자원을 효율적으로 사용하고 환경오염물질이 배출되지 않도록 노력하면서 경제성장을 달성하는 것을 의미한다.

이 용어는 2005년 유엔 환경개발장관회의(MCED)에서 처음 사용되었으며, 우리나라에 이 개념이 널리 알려지게 된 것은 이명박 대통령이 2008년 8·15 경축사에서 **저탄소 녹색성장**[1]을 새로운 신국가발전 패러다임으로 제시한 종합적 국가전략을 발표하면서부터다.

---

1) **저탄소 녹색성장:** 대한민국 정부는 2008년 주요 정책으로 저탄소 녹색성장을 제시하였다. 여기서 녹색성장은 '에너지·환경관련 기술과 산업 등에서 미래 유망품목과 신기술을 개발하고, 기존 산업과 융합하면서 새로운 성장동력과 일자리를 얻는 것'으로 보다 구체적으로 설명되었다. 대한민국의 경우, 녹색성장의 영문 표기는 green development가 아니라 green growth이다. 이는 토지 이용보다는 전체 경제의 생산량(GDP) 증가에 초점을 맞추는 개념이다.

〈그림 1-1〉 녹색성장의 배경

이에 따르면 녹색성장을 통한 녹색기술과 청정에너지를 신성장동력으로 삼아 국가의 일자리 창출을 목표로 하는 신국가 발전전략이다. 이는 에너지 및 환경문제를 해결할 뿐만 아니라 이를 통한 일자리 창출, 신성장동력, 기업경쟁력 확보, 국토 개조를 포괄하는 개념이다.

지구촌 환경문제가 현실적인 위협으로 등장하면서, 자원고갈과 에너지 문제, 물 문제가 국가의 미래를 결정하는 새로운 녹색성장 패러다임으로 부각되고 있다(〈그림 1-1〉).

녹색성장은 환경오염을 줄이고 경제를 살리는 지속 가능한 성장패턴이며, 환경과 경제 간의 악순환 구조를 선순환 구조로 전환하는 계기가 될 것이다. 기존의 경제 우선정책이 경제적으로 한계점에 도달한 것은, 지구촌 국가와 사회의 잘못된 좌표설정으로 모든 시스템 오작동의 산물이자 결과물이라고 표현해도 결코 지나친 표현은 아닐 것이다. 이제 환경문제는 환경 자체만의 문제가 아니다. 환경을 모르고는 사업도 정치도 외교도 불가능할 뿐만 아니라, 과학도 철학도 혼자서는 환경문제, 에너지 문제, 물 문제를 해결할 수 없게 되었다. 그 근본적인 원인인 환경문제의 특성을 요약하면 다음과 같다.

● 상호 관련성

환경문제는 인간이 생활을 영위하기 위하여 행하는 모든 활동에서 발생되며 발생되는 양상 또한 다양하다.

인간이 먹고 남긴 음식찌꺼기는 쓰레기가 되며, 그 자체가 오염원이 될 뿐만 아니라 이를 소각하면 대기오염물질을 발생시키고, 매립 시 부적정 처리된 침출수는 수질을 오염시키며, 이렇게 오염된 물에서 자란 물고기는 식탁에 올라 우리의 건강을 해칠 수 있다.

대도시 아파트단지 및 공단조성 등 각종 개발행위는 분명 인간을 이롭게 하자는 것이지만 건설공사장의 먼지발생, 소음·진동, 자연환경 훼손 등의 오염이 크든 작든 필수적으로 수반되며, 조성된 공단에서는 폐기물과 대기, 수질오염물질 등이 다양하게 발생된다.

● 광역성

오염물질은 공기와 물을 통하여 발생지역에서 인근지역으로 넓게 확산된다. 중국의 오염물질이 바람을 타고 우리나라에 와 백령도 같은 청정지역에 산성비를 내리게 하고, 낙동강 상류지역에서의 오염물질 유출은 낙동강 하류지역인 부산, 경남지역 식수공급 중단사태를 발생시킨다. 이와 같은 오염영향의 광역화는 오염원인 제공자와 오염피해자가 서로 다른 결과를 초래하여 오염해결에 대한 비용부담 등에 있어 지역 간, 국가 간 분쟁을 초래하기도 하며, 지역 간, 국가 간 협력체제 구축의 원인이 되기도 한다. 최근에 지구환경보전을 위한 국제적 노력이 활발하게 전개되고 있는 것도 오존층보호, 기후변화방지 등과 같은 환경문제를 한 국가의 노력으로는 해결할 수 없는 이러한 환경문제의 특성 때문이다.

● 시차성

환경문제는 발생에서부터 피해 발견까지는 상당한 시차가 존재한다. 토양 및 작물 잔류성이 강해 독성이 강한 것으로 알려진 DDT(Dichloro Disphenyl Trichloro Ethane)의 경우, 1874년 최초로 합성되어 스위스의 밀러(Muller)가 1942년 DDT의 탁월한 살충효능을 발견한 이래 레이첼 카슨 여사가 1962년에 발표한 『침묵의 봄』에서 그 해독을 널리 알릴 때까지도 전 세계적으로 광범위하게 사용되었으며, 요즈음 우리가 흔히 듣고 있는 CFC_s는 이미 오존층 파괴물질로서 그 해독이 널리 알려진 물질이지만, 최초의 상품인 프레온이 시장에 나왔을 때는 생물학적 독성이 전혀 없다는 점을 증명하려고 담당과학자가 이것을 마시기까지 하였다고 한다.

이러한 환경특성은 우리 인체가 즉각적으로 반응하지 않을 때 먹이사슬을 통해 우리 인체에 축적되며, 원상회복이 불가능한 정도로 악화된 다음에야 비로소 그 증상이 나타남으로써 뒤늦게 원인물질을 밝혀내는 경우도 생기게 된다.

● 오염물질 간 상승성

각각의 오염물질들은 상호 화학반응에 의하여 더 큰 문제를 유발(상승작용)하는데 질소산화물이나 탄화수소가 대기 중에 존재할 때 이들이 인체에 미치는 영향보다 태양광선의 작용을 받아 오존(O_3) 등과 같은 이차오염물질을 발생시킬 때 그 피해는 더욱 가중된다.

2. 지구온난화 CO₂가 주범인가

　지구온난화[2]의 '**주범**'으로 이산화탄소를 지목하지만 메탄, 염화불화탄소, 아산화질소, 수증기 등도 강력한 '**종범**'들이다. 물론 이산화탄소의 '죄질'이 가장 나쁘다. 온실가스의 80%에 해당하는 CO_2는 전기사용, 산림파괴, 산업활동 등을 통해 배출되어 대기 중에 쌓인다. 이러한 온실가스는 지구의 온도를 일정하게 유지하는 역할을 하는 수증기와 이산화탄소가 증가하여, 지표에서 대기로 방사되는 적외선까지 흡수해 온실의 유리지붕과 같은 역할을 함으로써 지구표면의 온도가 올라가는 현상과 태양으로부터 오는 에너지를 흡수하여 다시 지구 밖으로 빠져나가는 것을 막는 역할을 하여 온실효과를 야기하고 있다(〈그림 1-2〉).

　1950년대부터 40년간 대기 중 이산화탄소 함유량은 0.031ppm에서 0.035ppm으로 늘어났고 지난 100년간 기온은 섭씨 0.5도 상승한 것으로 보고되고 있다(〈그림 1-3〉). 지구온난화는 기후의 이상

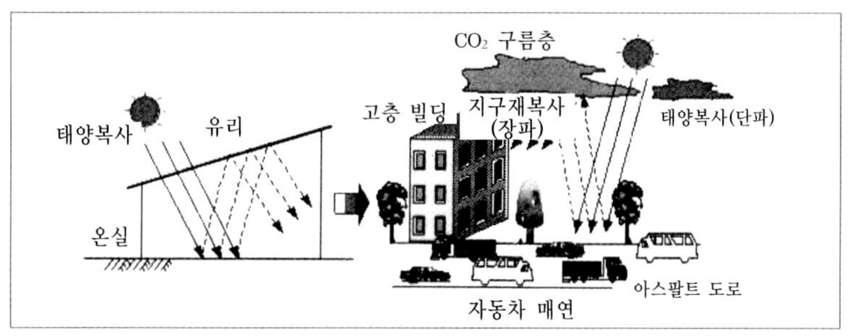

〈그림 1-2〉 온실효과

---

2)　**지구온난화(global warming):** 이산화탄소(CO_2), 프레온가스(CFC), 메탄가스(CH_4), 질소화합물(NO_x), 대류권 오존(O_3), 수증기 등 대기 중의 미량 기체는 지구로 입사하는 태양 에너지의 단파장 성분을 투과시키고 지구에서 반사하는 장파장 성분을 흡수하는 성질이 있다. 이 작용으로 지구의 온도는 이것들이 없는 경우와 비교하여 33℃ 정도 높게 유지된다. 이 효과를 온실효과라고 하며 이들 가스를 온실효과 가스라고 부른다.

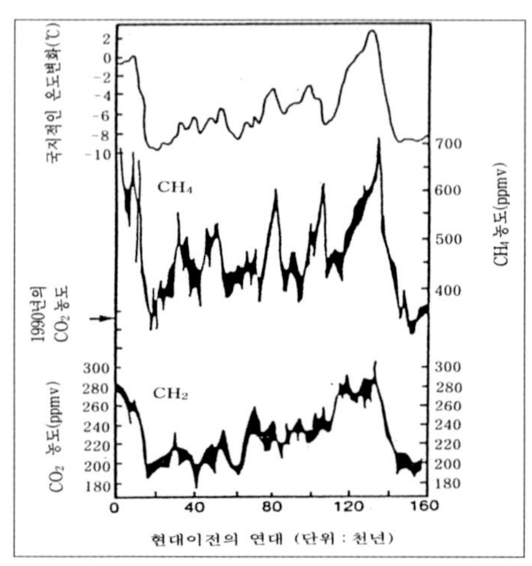

〈그림 1-3〉 남극빙상코어에서 얻어진 16만 년 전의
이산화탄소와 메탄(기온은 중수소분석에 의하여 추정)

변화, 해면 수위의 상승, 토양 속 수분량의 변화 등을 초래하여 농림수산업의 생산, 나아가 생태계에까지 막대한 영향을 끼치고 있다.

산업혁명 이후에 나타난 이산화탄소 등의 온실가스 농도 증가나 온실효과를 누구도 부정할 수 없을 것이다. 문제는 온실가스 농도 증가의 원인이 자연적인가 또는 인간 활동으로 인한 것인가이다. 1970년 이후 산업화와 에너지 수요가 급증하면서 세계 온실가스 배출이 70% 이상 증가했으며, 그중 반은 바다와 식물이 흡수했으나 나머지의 반은 공기 중에 남아 온실가스 농도가 증가하는 데 기여했다.

UN에서는 지구온난화를 평가하기 위해서 객관적이고 다양한 자료와 기온, 해수온도, 해수면, 만년설, 빙하, 생태계에 대한 관측도 동시에 평가되었는데, 그 결과 4차 평가보고서에서 "기후시스템에 나타난 온난화는 명백하다"는 결론을 내렸다.

이는 기온뿐만 아니라 다른 요소에서도 온난화 추세가 나타난다는 사실에 근거한 것이다. 그러나 일부 학자들은 지구 온도변화를 지구와 태양의 관계에서 찾고자 한다.

브라이언 페이건 著 "기후는 역사를 어떻게 만들었는가"에서 과거 지구 **빙하기**(glacial age)는 지구 전체의 온도가 내려가 남·북극과 높은 산악지대의 빙하가 확장됐던 시기를 말한다. 지구의 온도가 다소 올라가 덜 추운 시기를 **간빙기**(interglacial age)라고 하는데, 지구 전체의 온도가 변함에 따라 북극 근처 그린란드의 경우 서기 1000년쯤에는 온도가 많이 올라가 농사를 지었던 적도 있었다고 한다. 지구는 빙하기와 간빙기를 주기적으로 겪어 왔는데 학자들은 빙하기의 주기를 약 4만 년으로 본다. 빙하기라 해서 사람을 포함한 생물이 전체적으로 멸종되지 않는 것은 두꺼운 빙하층이 보다 넓게 확장되는 것이지 전 지구를 덮지는 않기 때문이다. 또한 모든 기후가 그렇듯이 빙하기 중에도 따뜻한 날씨가 일시적으로 찾아온다.

빙하기가 주기적으로 찾아오는 이유는 지구의 온도가 주기적으로 변하기 때문이며, 지구의 온도가 주기적으로 변하는 이유를 지구와 태양과의 관계에서 학자들은 찾는다. 지구가 에너지의 원천인 태양으로부터 빛을 얼마나 받느냐에 따라 지구 온도가 달라진다는 것이다. 마치 여름과 겨울이 지구자전과 공전의 조합으로 결정되는 원리와 같다.

지구와 태양과의 관계를 규정하는 공전궤도, 자전궤도가 주기적으로 달라지면 지구 전체의 온도도 변하게 된다는 것이다.

학자들은 지구의 자전축이 고정되어 있지 않고 4만 년을 주기로 22.1~24.5℃ 사이에서 변한다고 설명한다(〈그림 1-4〉). 기상청 신임철 연구관은 "자전축이 바뀌면 햇빛이 지면으로 입사되는 각도가 달라져 지구 온도변화의 요인이 된다"고 한다.

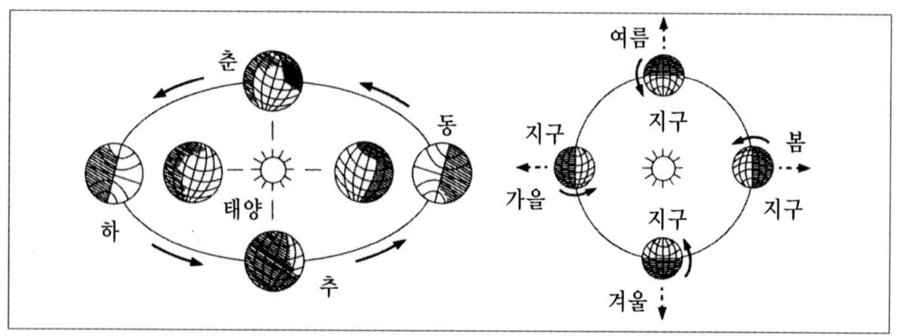

〈그림 1-4〉 지구의 자전축 기울기에 따른 공전궤도와 자전궤도

　지구가 태양 주위를 도는 공전궤도도 10만 년을 주기로 변하는데, 1958년 세르비아의 수학자 밀란코비치(Milankovitch)는 이런 지구 자전과 공전의 주기적 변화를 묶어서 지구 온도의 주기적 변화 요인으로 설명하였다. 이 같은 밀란코비치의 설명을 근거로 일부 학자들은 지구온난화의 주범으로 지목되는 대기 중의 이산화탄소 농도도 지구의 온도 변화에 따른 현상이라고 주장한다. 지구가 햇빛을 얼마나 받느냐에 따라 지구의 온도가 오르내리고, 이산화탄소 농도도 그에 따라 달라진다는 현상이라는 것이다. 이 때문에 밀란코비치의 이론은 사람의 힘으로 지구 온난화를 제어할 수 없다는 주장의 주된 근거가 되고 있다.

3. 신재생에너지가 만능인가

　신재생에너지란? 태양열, 태양광, 풍력, 수력, 지열 등과 같이 재생되어 고갈되지 않는 재생가능에너지 자원과 폐기물, 바이오, 수소, 연료전지처럼 에너지가 다른 형태로 전환되어 새로이 형성된 신에너지를 의미한다. 그런데 문제는 신재생에너지원에도 분명한 한계가 있다. **수소**는 에너지 위기를 극복하는 데 해결책이 될 수 없다. 에너지원이 고갈되어 가고 있고, 에너지 소비를 줄여 갈 수밖에 없는데 수소 에너지로 다가오는 에너지 위기를 극복하겠다는 것은 대단히 위험한 발상이 아닐 수 없다. '청정' 연료라고 주장되는 수소의 대부분(96%)은 현재 천연가스(48%), 석유(30%), 석탄(18%)을 원료로 하여 증기개질이라는 환경적으로 바람직하지 못한 공정을 통해 생산되고 있으며, 수소 **연료전지**[3)에 사용되는 수소 또한, 대부분이 화석연료 또는 탄화수소 화합물의 개질에 의하여 작동된다. 이 과정에서 화석자원을 연소할 때와 같이 이산화탄소가 발생하고 이는 대기로 흘러 들어가 지구온난화를 야기한다. 나머지 적은 양(4%)의 수소가 물을 전기분해하여 생산되고 있는데, 이 전기분해 과정에 필요한 전기는 대부분 화석자원이나 원자력에서 나온 것이라는 것을 생각해 보면 이 또한 매우 비효율적이며 오염이 발생한다. 수소는 화석자원에 비해 단위 부피당 에너지의 크기가 작아 자동차 연료로 쓰기에는 연료탱크의 크기가 매우 커야 하는 한계 또한 여전히 해결되지 않고 있다. 수소는 천연가스의 성분인 메탄보다 단위부피당 에너지 밀도가 3.2배나 작은데, 이는 수소자동차가 같은 거리를 움직이기 위해 가스차보다 3.2배나 자주 충전하거나 연료탱크가 3.2배나 커야 한다는 것을 뜻한다. 만약 더 많은 수소를 저장하기 위해 액화할 경우 그 액화과정에만 에너지의 50%가 손실되고 만다. 앞으로 태양광, 풍력, 바이오매스에서 얻는 재생가능전력으로 물을 전기분해하여 수소를 얻는다고 이야기하지만, 앞에서와 같이 소중한 에너지를 비효율적으로 쓰는 것밖에 되지 않는다. 따라서 **'수소경제'**[4)를

---

3) **연료전지(燃料電池, fuel cell)**: 연료와 산화제를 전기화학적으로 반응시켜 전기에너지를 발생시키는 장치이다. 이 반응은 전해질 내에서 이루어지며 일반적으로 전해질이 남아 있는 한 지속적으로 발전이 가능하다. 연료와 산화제로는 여러 가지를 이용할 수 있다. 수소 연료전지는 수소를 연료로, 산소를 산화제로 이용하며, 그 외에 탄화수소, 알코올 등을 연료로, 공기, 염소, 이산화염소 등을 산화제로 이용할 수 있다.

4) **수소경제(水素經濟, hydrogen economy)**: 화석연료인 석유의 고갈로 수소가 주요 연료가 되는 미래의 경제를 말한다. 미국의 에디슨전력연구소에서는 현재의 소비추세로 미루어 보아 2040년경에는 석유가 고갈될 것이라 예측하고 있고, 머지않은 시간 내에 석

이루기 위해서는 기술적인 난제들이 존재하며, 이러한 난제들로 인해 '수소경제'로의 전환은 사실상 매우 힘들며, 수소기술에 대한 성급한 투자는 큰 낭비만 초래하게 될 것이 분명하다. 그러므로 우리가 진정으로 에너지 위기에 대해서 고민하고 그 해결책으로 신재생에너지를 고려한다면, 지금까지의 생활양식에 대해서 반성하고 적정한 규모의 재생가능에너지 기술과 적정한 규모의 에너지 소비에 대해서 진지하게 생각해야 한다. 그리고 기술주의에 빠지는 것에 대해서 항상 경계해야 할 것이다.

4. 미래의 에너지원이 원자력인가, 재생가능에너지인가

최근 우리의 소득수준이 과거의 절대빈곤수준에서 벗어나게 됨에 따라 자연스럽게 국민들의 안전에 대한 욕구가 커지게 되었으며 원자력의 위험성에 대하여 두려움이 커져서 핵폐기물처분장을 선정하는 데 큰 어려움을 겪고 있다. 이에 따라 원자력발전 덕분에 현세대 삶의 질이 크게 향상된 반면에 핵폐기물처리비용, 사용이 끝난 원자력발전소의 폐로비용 등은 미래 후손들의 부담으로 남게 되어 세대 간 공평성 문제가 논란의 대상이 되고 있다. 현재 지구상에는 대략 430기의 핵발전소에서 전체 전력소비량의 18%를 생산하고 있으나, 선진국에서 원자력발전소 건설을 중단하는 가장 큰 원인은 원자력이 핵폐기물이나 핵발전소 폐로비용까지 계산하면 결코 값싼 에너지가 아닐뿐더러 너무나 위험한 에너지라는 주장이 점차 설득력을 얻고 있다. 핵연료인 우라늄을 채광할 때부터 방사능 오염이 발생하며 평균 용량 100만 kW의 원자로 1기에서 1년에 200kg의 **플루토늄**5)

유가 사라질 것이라는 예견으로 인해 석유연료의 대안으로서 수소가 부상하고 있는데, 이러한 수소가 에너지로 되는 시대의 경제를 '수소경제'라고 한다.
5) **플루토늄(plutonium):** 원자번호 94, 기호는 Pu. 반감기는 24,110년이다. 원자로 내

이 생산되는데 이는 최소한 50개의 핵폭탄을 만들 수 있는 양이다. 지구상에는 1997년 말까지 170톤의 핵폭탄원료가 원자로에서 분리되어 세계 각국에 저장되어 있으며 지금처럼 그 양이 지속적으로 증가하게 되면 아무리 관리를 철저히 한다 하더라도 안전을 보장하기에 한계가 있을 수밖에 없다. 또한 원자력은 세계 1차 에너지의 6%가량을 차지할 뿐인데, 이 정도 수준에서 50년 정도 쓸 수 있을 정도로 우라늄은 매장량에 한계가 있다. 만약 원자력을 10배로 늘여 60%로 공급하려 한다면, 우라늄 고갈 시기는 또한 1/10로 당겨진다. 더구나 원자력도 화석에너지 없이는 불가능하다는 점을 고려해야 한다. 우라늄 광석을 캐내고 제련하여 농축하고 운반하는 과정, 거대한 원자력 발전소를 짓는 과정, 운영하는 과정, 그리고 원자력 발전소를 폐쇄하는 과정은 화석에너지 없이는 매우 힘들다. 핵폐기물 처리비용을 미래로 미룬 채 이루어진 현재의 싼 전력요금은 현재의 삶을 풍요롭게 해 줄지는 모르나 인류의 미래를 위한 과제인 에너지 절약과 재생가능에너지의 보급 확대에는 가장 큰 걸림돌이 되고 있다. 따라서 미래의 에너지원이 원자력인가 재생가능에너지인가의 선택 문제는 앞으로 정부가 아닌 국민의 선택 과제이다. 그렇더라도 에너지정책의 접근방향은 먼저 철저한 수요관리로 에너지이용효율을 극대화시킴과 아울러 재생가능에너지의 공급비중을 증가시키면서 부족한 최소량만을 보충하는 선에서 원자력발전의 비중을 점차적으로 줄여 나가는 것이 바람직한 것으로 생각된다. 원자력발전의 가동률을 높이기 위하여 심야전력사용을 지원하는 제도가 도입되었는데, 이로 인하여 지금까지 여름철 낮에만 발생하던 피크전력부하가 겨울철 밤에도 발생하는 이상 현상이 발생하고 있다. 즉 겨울철

에서 우라늄 농축연료를 분열시키거나 ^{238}U(우라늄)에 중성자를 조사(照射)하여 대량 생산한다.

에 급증한 심야전력수요를 충당하기 위하여 가장 값비싼 가스발전
설비를 가동해야 하는 바람직하지 못한 현상이 발생하여 개선이 필
요하다.

5. 환경문제는 시장실패의 문제

환경은 경제활동에 필요한 유용한 서비스를 생산하는 자원이다.
이는 인간의 생명을 유지해 주며 쾌적한 분위기를 제공해 주고, 경
제활동에 따른 원치 않는 부산물을 흡수, 그리고 저장하며 생산에
필요한 원료와 에너지를 공급한다. 만약 폐기물을 흡수하는 환경의
수용능력이 무한하다면 환경오염 문제는 일어나지 않는다. 오염문
제는 시장실패에 기인한 것으로 시장기구가 환경을 효율적으로 이
용할 수 있도록 안내 역할을 하지 못하기 때문이다. 환경의 질이 떨
어짐에 따라서 환경이 제공하는 서비스 범위는 점차 좁아진다. 따라
서 인간의 생명이 위협받고, 생산에 필요한 원료와 에너지를 제공할
수 있는 기능이 영향을 받아 장래의 경제성장에 해를 끼친다. 환경
은 개인에게 있어서는 자유재지만 사회에서는 희소재인 것이다. 거
시적인 관점에서 볼 때 궁극적으로 경제성장이 제한되는 것은 자원
(토지, 노동 그리고 자본)의 희소성 또는 인구의 증감에서 오는 것이
아니고 희소한 **환경자원**6)에 기인한다(〈그림 1-5〉).

---

6) **환경자원**: 인간의 생활을 위한 식량, 공업적 생산을 위한 원료 혹은 에너지 등은 모두 인
   간의 생산적 활동에 의해 산출되는 것이지만, 그 인간의 생산적 활동을 하게 하는 원천은
   자연 그 자체이다. 자원이란 이처럼 자연에 의해 주어져 인간을 활동하게 하는 한 요소이다.
   가장 넓은 의미로는 인간이 물질적·정신적 욕망을 만족하고 인류의 사회생활을 유지·
   향상시키기 위한 원천이라고 정의할 수 있는데, 경제학적으로 토지·자본·노동 등 생산
   에 투입되는 물적·인간적인 생산 요소를 가리킨다. 그러나 오늘날 자원이라고 하는 경우
   는 인간사회의 생활 및 생산활동을 위하여 투입되는 물적 요소를 가리키며, 가장 현대적인
   의미로는 천연자원을 가리킨다. 즉, 자원은 자연 그 자체가 아니라 인류가 자신들의 목적
   을 위해 자연 속에서 채취하고 만들어 낸 것으로서, 인간 및 인류사회의 능력(인간이 가진
   기술 또는 조직)의 발전과 함께 개발되어 온 것이다. 자원의 내용은 인류의 기술적·사회

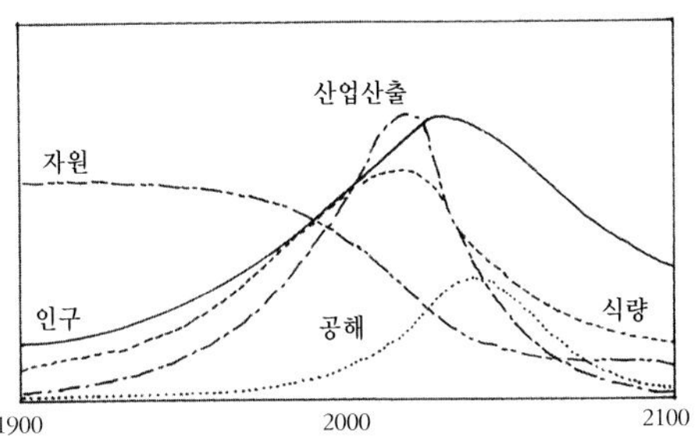

〈그림 1-5〉 환경자원의 고갈에 따른 성장의 한계

환경이 생산하는 전체 서비스의 가치를 최대화하기 위해서 국민은 일상생활에서 발생되는 오염물을 최소화하고, 기업은 생산과정을 재설계함으로써 폐기물을 최소한으로 줄여야 하며 한 생산과정에 의해서 발생된 부산물은 다른 생산과정의 원료가 될 수 있는 공장입지의 계획이 있어야 한다. 또한 재활용, 물질의 재이용, 그리고 오염감축을 위한 기술들이 생산시스템에 통합되어야 한다.

정부는 대내적으로 부합한 목표를 세우고 이를 이행할 수 있는 효율적인 방법을 개발해야 한다. 환경의 질을 증가시키는 대가로 국민과 기업, 그리고 정부는 환경오염을 방지하기 위한 비용을 나누어 가져야만 된다.

6. 환경과 경제가 공생하는 지속가능성장

인간은 누구나 쾌적한 환경을 향유할 수 있는 보편적인 권리가 있고 장래 닥쳐올 위기(ecological crisis)를 방어할 의무를 가지고 있다. 그러나 오늘날 경제성장과 사회발전의 과정에서 인간활동이 활

적 발전에 따라 변화하고 증가되어 왔는데, 동시에 그것은 자연과 인간의 상호 의존관계 속에서 성립했으며, 인간이 자연에 영향을 끼침과 동시에 자연으로부터 반작용이 일어난다. 이처럼 자원은 상대적이고 유동적인 개념이며, 그 범위는 자연·기술·경제, 나아가 문화의 인적·물적 상호관계에 의해 질적으로도 양적으로도 변화한다.

발해짐에 따른 과도한 환경오염으로 인하여 자연환경에 미치는 영향이 점차 증대되고 있다.

환경오염으로 자정능력에 의존할 수 없을 정도로 확산되어 환경의 질(environmental quality)을 보전하려는 노력은 이제 어느 한 나라에 국한되는 문제가 아닌 세계적인 공동관심사로 클로즈업되면서 환경적으로 건전하고 지속 가능한 개발(ESSD, Environmentally Sound and Sustainable Development)은 지구환경 보전의 기본개념으로 확립되었다.

지속 가능한 개발의 핵심 개념인 sustainable development란 개념은 1987년 환경과 개발에 관한 세계위원회(WCED)가 제출한 보고서 "our common future"에서 처음 제시되었다.

지속 가능한 개발(sustainable development)이란 "미래의 우리 후손이 그들 스스로의 요구를 충족시킬 수 있도록 가능케 하는 능력과 여건을 저해하지 않으면서, 현재 우리 스스로의 욕구를 충족시킬 수 있도록 하는 성장"으로 정의되어 있다.

기존의 개발방식이 지구환경 용량을 고려치 않는 무한생산, 무한소비에 기초한 지속 가능하지 않은 개발(unsustainable development)이었다고 한다면 지구 환경용량을 초과하지 않는 범위 내에서 제한적으로 시행되어 지속적인 성장을 가능케 하는 개발을 지속 가능한 개발(SD, Sustainable Development)이라고 할 수 있다.

지속 가능한 사회로의 전환은 우리 시대가 맞은 호기라고 할 수 있다. 앞에서 언급한 바와 같이 이러한 전환은 결코 쉬운 일이 아니지만 또한 불가능한 것도 아니다.

첫째, 우리 인류는 인구과잉, 식량부족, 전쟁 또는 오염 등으로 인해 결국 멸망할 것이라고 경직된 사고방식을 가져서는 안 된다. 이러한 경직된 자세로부터는 창조적인 사고나 행동이 나오지 않기 때문이다.

둘째, 기술에 대한 맹종을 버려야 한다. 우리 인류의 문제를 해결하기 위한 최종 해답은 기술이 아니다. 기술은 단지 해답의 일부분임을 알아야 한다. 오늘날의 문제는 현재의 상황에 의하여 야기된 것이기 때문에 과거를 회상하며 편하고 쾌적했던 날들을 그리워하는 것은 문제해결에 아무런 도움을 주지 못한다. 시대가 요구하고 있는 것은 새로운 문제에는 새로운 해결책이 있어야 한다는 것이다.

셋째, 우리는 편협한 사고방식을 지양하여야 한다. 지속 가능한 사회를 건설하기 위해서는 우리 모두의 창조력이 필요하다. 우리가 추구하고 있는 미래사회의 모습이 어떤 것인지 정확히 알지 못할 경우에도 그 사회가 어떻게 유지될 것이라는 원리는 알고 있다. 이러한 이유만으로도 지속 가능한 사회를 건설하는 데 참여하기에는 충분하다.

7. 녹색성장이 기업의 국제경쟁력

－기업은 상품을 만들기 전에 환경욕망을 만들어야 한다－

환경과 무역의 연계 문제가 최근에 빈번하게 논의되고 있다. 그러나 이 문제도 역시 과거부터 계속적으로 논의되고 발전되어 온 것이다.

최근 지구환경 보호 문제와 더불어 중요성이 더하여 가고 있는 것이다. 무역에 관한 가장 중요한 국제간의 규범은 물론 GATT(General Agreements on Tariff and Trade, 관세와 무역에 관한 일반협정)이다. GATT는 자유무역을 구현하고 있으며, 또한 국가가 자국의 보건과 안전을 위하여 수입을 규제할 수 있음을 제20조에서 인정하고 있다.

더욱 중요한 사실은 일방적인 국가입법으로 자국만이 아니라 자국 외의 환경과 생태계를 보호하기 위한 무역규제조치를 도입하려는 추세가 늘고 있으며, 이러한 일방적인 조치를 합법화하기 위하여

GATT 제20조를 개정하거나 새로운 무역규범을 마련하고자 하는 움직임을 소위 그린라운드(green round)라 하여 GATT를 중심으로 일고 있다.

엄격한 환경규제를 받고 있는 선진국의 생산자들은 국내 환경기준을 준수하기 위해서는 생산비용의 증가가 불가피하기 때문에, 이러한 규제를 받지 않는 외국상품의 수입으로부터 자국 산업을 보호하기 위하여 이러한 제품의 수입에 대해 적절한 '환경상계관세'를 부과해야 한다고 주장하고 있다. 소위 전술한 **그린라운드**[7]로 표현되기도 하는데, 이른바 개도국의 '생태학적 덤핑'(ecological dumping)이 자국의 국제경쟁력을 약화시킨다는 우려 때문이다.

환경기준강화가 국제경쟁력을 약화시켰다는 증거는 없다. 물론 국가 간 환경기준이 상이하기 때문에 국내의 환경기준을 충족할 수 없는 기업들이 환경기준이 낮은 국가로 기업설비를 이전하기도 하였다. 이 경우에도 국제적 산업이전은 환경기준 이외에 노동력의 양과 질, 임금수준, 사회간접시설, 세금 관계, 시장규모, 운송비용 등 여타 요인에 의해 영향을 받는다는 사실을 감안하여야 할 것이다.

정부의 환경규제 강화와 소비자의 저공해제품 선호 현상에 부응

---

7) **그린라운드(Green Round, GR):** 환경보호를 위해 만들어진 각국의 무역 관련 규제나 국제환경협약에 나타나 있는 무역 관련 조치들을 통일시켜 세계무역기구(World Trade Organization, WTO) 안에서 하나의 환경기준을 만들고, 이에 미달하는 무역상품에 대해서는 관세부과 등 각종 제재조치를 가한다는 내용을 골자로 한다. 그린라운드라는 말은 미국의 맥스 보커스 상원의원이 1991년 10월 30일 워싱턴 국제경제연구소에서 처음으로 사용했다. 그는 우루과이 협상에서 환경규정을 제대로 정립하지 못했다고 지적하면서, 환경문제에 초점을 맞추기 위해 관련 협상을 그린라운드로 부르기를 희망한다고 말했다. 그린라운드의 핵심은 제품 자체는 물론, 생산 공정이나 생산 방식에 대해서도 환경기준을 설정하여, 기준에 미달하는 제품에 대해서는 수입을 제한하는 것이다. 다시 말하면 수준 높은 환경기술과 환경친화적인 산업구조를 가진 국가들이 환경보호를 이유로 국제교역에 영향을 미침으로써 자국의 실리를 추구하려는 움직임이다. 이런 이유에서 그린라운드는 제2의 우루과이 라운드라고 불리기도 한다. 그린라운드가 본격화되면, 한국과 같이 무역 의존도가 높고 환경규제기준이 선진국에 비해 느슨한 신흥 개발도상국에는 환경문제가 새로운 무역장벽으로 작용할 가능성이 크다. 따라서 환경기술 개발과 환경산업 육성, 관련 제도 개선이 시급히 요구된다.

하기 위해서는 기업은 환경투자비용이 증가하여야 하고 이로 인해 당분간 기업의 국제경쟁력이 감소할 수 있을 것이다. 그러나 이러한 외국 환경변화에 능동적으로 대응하는 기업은 이를 계기로 장래의 경쟁력을 높일 수도 있을 것이다.

예를 들면 환경오염을 저감하기 위한 자원 및 에너지절약 노력은 환경보호와 함께 기업의 원가절감에 기여하게 될 것이며, 오염물질의 저감을 위한 기술개발은 새로운 사업기회를 제공할 수도 있을 것이다.

그러나 선진국의 생산자들은 국제적 환경관련 협약과 GATT 체제 내의 예외조항을 이용한 자국 산업의 보호, 더 나아가 명시적인 환경상계관세의 도입 등 환경을 무기로 한 보호주의의 확대가 지금의 현실인 만큼, 이에 대비한 성장패턴과 경제구조의 일대전환이 요구된다. 에너지 및 환경, 경제 간의 악순환 구조를 선순환 구조로 전환하기 위한 녹색성장 패러다임의 신성장 동력으로 기업의 국제경쟁력 극복이 절실한 시점이다.

우리는 그간 소규모 개방경제라는 현실을 자각하고, 문호를 과감하게 열어 제침으로써 결과적으로 우리 산업의 체질을 강화하는 데 성공할 수 있었다. 적극적인 국내 시장의 개방을 통해 휴대폰, 반도체, 자동차 등 첨단 제조업 품목을 세계 일류 수준으로 도약시켰고 유통시장을 개방하여 유수의 외국 유통업체가 진출한 상황에서도 국내 업체가 치열한 경쟁을 헤치고 시장에서 우위를 점하고 있다. 지난 40년간 온 국민의 노력에 힘입어 세계 12위의 경제대국이 되었다. 그렇다면 과연 앞으로도 지금까지와 같은 고성장을 유지하고 동북아의 '경제강국'으로 자리매김할 수 있을 것인가? 이 질문에 주저하지 않고 '그렇다'라고 대답하기에는 우리가 처한 대내외적 상황이 그리 순탄하지 않다는 데에 많은 국민들이 동의할 것이다. 우선 대외적으로는 브릭스(BRICs: 브라질, 러시아, 인도, 중국)로 대표되는 후발국가의 맹추격은 대외의존도가 높은 우리 경제에 기회인 동시에 중대한 위협요인으로 작용하고 있다. 대내적으로도 저출산과 고령화에 따른 여파로 성장률이 둔화되고 있고 성장잠재력이 갈수록 약화되고 있다. 한국경제의 연평균 성장률은 1990년대 7.7%에서 2000년대 전반기에는 5.2%로 낮아졌고 새로운 성장동력을 발굴하지 못할 경우 2040년대 잠재성장률은 1%대까지 하락할 것으로 전망되고 있다.

이에 반하여 국내 서비스 산업은 국제적인 수준과 비교하여 생산성이 낮은데다, 중국과 동남아 국가로 향하는 외국인 투자자의 발길을 돌리게 하기 위한 우위요소가 뚜렷하지도 않은 실정이다. 이대로라면 우리가 목표로 하는 '국민소득 3만 달러 시대'는 요원하다는 지적이 안팎에서 제기되고 있다.

이러한 사면초가의 어려운 상황을 타개하기 위해 우리가 선택할 수 있는 가장 현실적이고 유리한 성장전략은 적극적 개방정책이고, 세계 각국은 개방과 자유화를 위해 경쟁적으로 FTA[8]라는 신개방정책을 추진하고 있다. FTA를 통한 대외개방 확대가 경제에 어떠한 성과를 가져올 것인가 하는 점에 대해서는 사람에 따라서 평가가 다를 수 있지만, 무엇보다도 국가경쟁력을 업그레이드하기 위한 기회

---

8) **FTA(Free Trade Agreement):** 특정 국가 사이에서 이루어지는 무역에 있어서 배타적으로 특혜를 부여한 자유무역협정으로 가장 느슨한 형태로 지역의 경제를 통합한 형태다. 주로 FTA는 인접한 국가나 일정 지역을 중심으로 했기 때문에 지역무역협정(Regional Trade Agreement)으로 불리기도 했다.
다자주의원칙을 존중하는 것을 기본으로 하여 모든 가맹국에 대하여 최혜국대우(Most-Favoured-Nation Treatment)를 보장하는 세계무역기구(WTO)와 다르게 FTA는 양자주의와 지역주의를 기본으로 하는 특혜무역체제다. 때문에 FTA에서는 FTA 회원국 사이의 거래에는 무관세나 낮은 관세를 적용하고 비회원국과의 거래에서는 WTO에서 사용하는 관세를 적용하며, FTA 회원국 사이의 거래에서는 자유로운 교역이 허용되어 상품의 수출입도 자유롭지만 비회원국과의 거래에서는 수출입 상품에 대해서 WTO에서 허용하는 제한조치를 그대로 적용하는 것이 가능하다.
공동시장(common market)이나 단일시장(single market)은 FTA보다 먼저 경제통합을 이뤘고, 유럽연합(EU)은 공동시장의 단계를 거쳐 현재 통화까지 통합하면서 노동인력의 자유로운 왕래가 가능한 단일시장을 형성하였다.

를 넓혀 준다는 데 공감대가 형성되고 있다. 우선 우리의 주요 교역 대상국과 FTA가 체결되면 관세·물류비용 등 거래비용이 감소하여 치열한 경쟁에서 수출시장을 안정적으로 선점하는 효과가 기대된다.

다음으로 선진국과 체결하는 FTA는 우리 내부의 혁신 노력과 결합하여 우리 경제 전반의 제도와 관행을 개선하고 생산성을 확충하는 데에 기여할 것이다. 특히 우리나라에 있어서는 생산성 확충의 보고, 즉 블루오션이 바로 서비스 산업이라 할 수 있다.

서비스 산업은 언어장벽, 문화적 차이 등 자연장벽으로 인해 경영진 일부를 제외하고는 국내 전문인력 고용이 불가피한 특성이 있어 우리 인력에 의한 학습효과를 통해 국내 서비스 산업의 발전을 촉진할 수 있게 된다. 우리나라는 그간 OECD 가입, IMF 위기 등을 겪으면서 이미 많은 서비스 부문을 개방한 것은 사실이나, 법률, 회계 등 서비스의 추가적인 개방을 통해 경쟁을 촉진하는 동시에 제조업의 경쟁력 향상을 도모할 여지가 남아 있다.

더욱 중요한 것은 FTA는 보다 저렴한 가격으로, 보다 많은 선택의 기회와 양질의 서비스를 제공함으로써 국민의 후생 수준을 증가시키는 효과를 초래하게 된다. 그간 FTA의 효과 또는 영향을 논의함에 있어 생산자와 공급자 위주로 흐른 경향이 많은데 FTA를 통한 경쟁 촉진, 교역 확대, 가격 하락 등의 최종적인 수혜자는 대다수 국민인 소비자가 된다는 점을 간과해서는 안 될 것이다.

수세기 전 크리스토퍼 콜럼버스가 신천지를 찾아 동방 세계로의 항해를 감행했듯이 우리나라는 FTA를 통한 '개방과 자유화'라는 망망대해로 여정을 떠나는 선택을 하였다. 콜럼버스의 항해와 우리의 FTA를 통한 개방은 선진강국으로 나아가기 위한 필수적 생존전략으로 많은 고뇌를 거친 후 어려운 선택을 하였다는 점에서 공통점을 찾을 수 있다. 둘 사이에 차이가 있다면 콜럼버스가 외로이 험난한 항해를 시작한 반면, 우리나라만이 아닌 많은 국가들이 경쟁적으로 FTA 체결에 나서고 있다는 점이다. 또한 아메리카 대륙을 발견하기까지는 모든 것이 불확실했던 콜럼버스와는 달리, 지금까지 FTA를 통해 가시적인 결실을 거두어 온 우리에게는 FTA를 통한 개방이 결코 무모한 모험이 아니라는 점도 명확하다.

현시점에서 우리나라가 FTA 체결이라는 항해를 중도에 멈추고 뱃머리를 뒤로 돌릴 수 없다는 점은 너무나도 자명하다. 왜 항해를 시작했는지를 논하는 일에 소모적으로 매달리기보다는 우리의 항해가 순탄하게 목표 지점까지 도달할 수 있도록 모두의 지혜를 모아야 할 때이다.

8. 지구촌 환경문제 해결의 열쇠
-4차원 시공간의 자연법칙-

우리는 생각함으로써 진화해 간다. 어찌 보면 쓸모없어 보이는 4차원적 생각이 또 다른 획기적인 아이디어의 밑바탕이 될 수 있고, 지구촌 환경문제 해결의 열쇠가 될 수도 있다.

생각이 국가와 정부, 사회, 경제를 건설하고 파괴하기도 하는데, '있는 그대로'를 3차원의 생각이라면 '없는 것을 있는 것같이' 꿈꾸고 믿고 긍정적으로 말하는 그 자체가 4차원의 정신적 세계라고 해도 지나친 표현이 아닐 것이다. 다시 말해서 지구촌 환경문제의 해결 과제는 4차원적 시야로 시공간을 디자인하고 자연의 원리를 이해하여야 할 것이다.

차원(次元) 측면에서 볼 때, 0차원 생물은 점(点) 시야를 보는 눈을 가진다. 그런데 이때 눈이 10개라고 하면 어떻게 될까? 그 생물은 10개의 점 시야를 가진다. 100개라면 100개의 0차원 점 시야를 가진다. 이 생물이 무한개 수준의 눈으로 세계를 본다고 가정하면, 0차원의 점과 점이 연결되어 앞뒤만 존재하는 시간흐름 선(線)인 1차원이 될 것이다. 즉, 이 0차원 생물은 드디어 1차원 시야를 가지게 된다. 이런 방법으로 1차원 생물도 선과 선을 연결하여 넓이는 있지만 부피가 없는 2차원 평면(平面) 시야를 가질 수 있고, 2차원 생물은 면과 면을 연결하여 3차원의 공간(空間) 시야, 즉 한 사물을 바라볼 때 공간 내(內)에서 사물의 좌, 우, 상, 하, 앞, 뒤 방향을 볼 수 있는 시야를 확보하게 될 것이다.

3차원 생물은 3차원적인 공간과 1차원적인 시간을 연결하여 시간의 흐름에 따라 그 공간 밖(外)의 무언가들이 계속 위치를 바꿔 가며 과거에서 미래로 나아가고 있는 4차원 시공간의 시야를 가지게 될 것이다.

우리가 어떤 시각으로 세상을 바라보고 있는지 생각해 보아야 한다. 만약 2차원에서 1차원 시야로, 3차원에서 2차원 시야로, 4차원 시공간에 살면서 3차원 공간적 시야로 세상을 보고 있는 한 환경문제의 해결은 어려울 것이다.

우리는 3차원 세계에서 살고 있다. 하지만 엄밀히 말하면 우리가 살고 있는 세계는 4차원 시공간이다. 3차원적인 공간과 1차원적인 시간이 맞물려 있기 때문에 4차원적 시야로 세상을 봐야 할 것이다. 구체적으로 말해서 요즘 나오고 있는 3D TV만 봐도 알 수 있듯이 모니터라는 2차원적 평면기구로 우리는 충분히 3차원적인 공간을 표현해 낼 수 있다는 것을 상기해야 할 것이다.

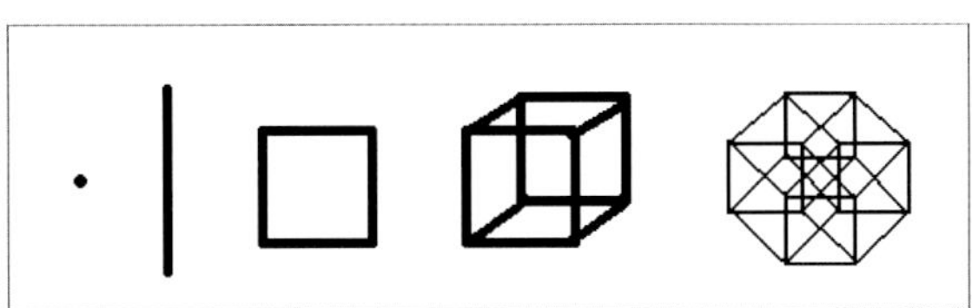

〈그림 1-6〉 0차원과 1, 2, 3, 4차원(점, 선, 면, 공간, 시공간) 모델

하지만 4차원적 시간과 공간을 초월한 영역의 세계를 바라보기에는 한계가 있는 듯하다.

이것은 자연을 바라보면서 시작된다.

자연계에는 일종의 의도나 법칙이 있는 것 같다. 식물에는 꽃이 있고 벌과 나비가 존재하는데, 먼저 식물이 존재하고 이들은 개체 증식을 위해 어떤 전략을 선택해야 한다. 이때 우리가 보기에는 전혀 감각기관이 없어 보이는 식물이 향기와 꿀을 생산하게 되고, 이를 이용하는 곤충이 존재하게 된다.

꽃이 이미 존재하고 있었는데 환경적인 요인 때문에 다른 형태로 진화한 것에 대해서는 그런대로 이해가 된다. 그러나 시각과 후각이 없는 것으로 알려진 식물이 다양한 형태의 총천연색의 꽃을 피우고 아름다운 향기를 만들 수 있다는 것, 꿀을 만들어 낸다는 것, 모차르트의 음악을 들으면 식물이 '즐거워'한다는 것, 이 모든 사실은 식물에게 의지가 있고 다른 동식물과 소통을 하고 있다는 것은 아닌지, 감각기관이 인간보다 못하거나 혹은 사유하고 반추할 수 있는 능력이 없다고 생각되는 '미물'들조차도 상상하기에는 너무나 오묘하고 진귀한 부분이 있다. 비록, 4차원적 시공간을 초월한 영역의 세계를 바라보기에는 한계가 있지만, 인간에 국한되지 않은 자연법칙 그 자체를 이해하는 데 노력을 게을리하지 않는 것도 지구를 사랑하는 하나의 방법일 것이다.

자연법칙은 보통 몇 가지 긍정적 속성을 필요로 한다. 진화론적이든 아니면 창조론적이든, 그 법칙을 도출하는 데 쓰이지 않는 미경험적 변수 또는 상수들도 폭넓게 논리적이고 긍정적으로 적용되어야 한다. 즉 경험에 근거를 두고 있다 하더라도 법칙은 아직 경험 속에 들어오지 않은 사건들에 대해서도 예측해야 하고 이해를 도울 수 있어야 한다. 자연법칙이라는 용어가 모호한 부분적 이유는, 예컨대

과학은 인과관계만을 다루어야 한다는 주장처럼 이 용어를 어느 한 유형에만 적용하려고 고집하기 때문이다.

현재의 우주와 지구의 상태는 세 가지 가능성이 있다. **첫 번째**의 가능성은 질서와 복잡성(오염, 온난화, 산성비, 블랙홀 등)이 증가도 감소도 하지 않는 정상상태가 있을 수 있고, **두 번째** 가능성은 질서와 복잡성이 증가하는 것, **세 번째** 가능성은 질서와 복잡성이 지속적으로 감소되는 것이다.

진화론에 따르면 우주가 빅뱅의 혼돈과 무질서, 그리고 단순한 수소(75%)와 헬륨(25%) 기체로부터 오늘날의 놀랄 정도로 복잡한 우주로 변한 닫힌(고립)계라고 한다. 이것을 자연법칙 또는 열역학 제2법칙9)(the second law of thermodynamics) 측면에서 볼 때, 현재의 지구는 미시적 고립된 계(isolated system)가 점점 더 높은 질서와 복잡성이 최대로 증가한 후 감소되어 가는 과정으로도 볼 수 있고, 거시적 고립된 계가 필연적으로 시간이 지남에 따라 점점 더 무질서해지면서 붕괴되어 가는 과정으로도 볼 수 있다.

한편, **창조론**에 따르면 태초에 하나님이 우주를 완벽한 상태로 창조하셨으므로 물질의 질서와 복잡성은 증가하는 경향을 보이지 않을 것이라고 한다. 그러므로 만약 어떤 것이 원래의 창조된 상태로부터 질서와 복잡성 변화가 일어났다고 하더라도, 우주의 질서와 복잡성은 증가하지 않고 항상 정상상태일 것이다. 즉 현재의 지구는 무질서와 복잡성이 존재하지 않은 열역학 제1법칙과 전적으로 일치

---

9) **열역학 법칙**
  - 열역학 제0법칙(열적 평형): 서로 열역학적 평형을 이루고 있는 두 계는 나중에 다시 접촉하였을 때도 평형을 이룬다.
  - 열역학 제1법칙(에너지 보존): 단열 과정(계 내 열의 유입, 유출)에서 일교환은 과정의 구체적인 형태에 상관없이 초기 상태와 최종 상태에만 관계한다.
  - 열역학 제2법칙(엔트로피의 증가): 열적으로 고립된 거시계의 엔트로피는 절대 감소하지 않는다. 하지만 미시계에서는 엔트로피의 요동이 있다.
  - 열역학 제3법칙: 절대온도 0에서 완전한 결정상태의 엔트로피는 0이다.

하는 가운데, 우주의 질서와 복잡성은 지속적으로 감소하고 있는 중으로 볼 수 있다.

또한 **논리적 상수**들이 조금만 더 크거나, 조금만 더 작아질 경우 우주는 그 자체가 존재할 수가 없을 수도 있다. 이러한 상수들 중에는 예를 들어, 볼츠만 상수(boltzman's constant), 플랭크 상수(Planck's constant), 그리고 중력 상수(gravitational constant) 등과 같은 우주 상수(universal constants)들과, 파이온 정지질량(pion rest mass), 중성자 정지질량(neutron rest mass), 전자 정지질량(electron rest mass), 단위전하(unit charge), 질량－에너지 관계(mass－energy relation) 등과 같은 소립자들의 질량(mass of elementary particles), 그리고 중력, 약력, 전자기력, 그리고 강한 미세 상수 등과 같은 미세구조 상수(fine structure constants) 등이 있다. 이러한 물리적 상수들을 정확한 값으로 도출할 수 있는 확률은 극히 낮고, 확률이 낮다는 것은 경험이 없다는 것을 의미하며 결론은 모른다고 할 수 있다. 단지 이러한 상수가 없기보다는 있는 것이 유리할 뿐이다. 따라서 자연을 있는 그대로 긍정적으로 받아들이며, 미경험적 변수 또는 상수들도 폭넓게 논리적으로 적용하고자 하는 지혜가 요구된다.

9. 하나뿐인 지구

1) 지구의 연령

지구 역사의 초기 연대를 측정하기 위해서는 반감기가 길어서 붕괴하는 데 가장 오랜 시간이 걸리는 방사성 원소를 이용한다. 이러한 가정하에서 매우 오래된 암석이나 운석 내에 들어 있는 납 동위원소의 상대적인 비율을 측정하는 것을 반복한 결과, 지구의 절대연

령은 약 45억 년이라는 값을 얻었다. 이러한 절대 연령 값은 현재까지 측정된 지구연령 중 오차가 매우 적은 연령으로 여겨지고 있다.

현재 태양과 태양계 내에 있는 행성들은 성간(星間) 가스와 먼지로 구성된 원시성운의 급작스런 중력붕괴에 의해 형성된 것으로 널리 받아들여지고 있다. 중력붕괴의 결과로 형성된 원판모양의 태양성운은 발달 중인 태양을 중심으로 모였다. 성운의 중앙면 주변에 있는 잔유물들은 서로 충돌하여 셀 수 없을 정도의 많은 미행성들(작은 소행성, 혜성 및 이와 유사한 천체들)을 형성했다. 지구와 3개의 지구형 행성들(수성, 금성, 화성)은 약 46억 년 전에 이들 소행성들의 부가(附加), 즉 미행성들 상호 간의 충돌 및 인력에 의한 축적과 연결에 의해 형성된 것으로 믿어지며, 아마도 외부의 큰 행성들(목성, 토성, 천왕성, 해왕성)의 핵들도 역시 같은 시기에 동일한 과정으로 형성된 것으로 추정된다. 지구를 포함한 지구형 행성들은 규산염암, 철, 니켈 및 기타 무거운 원소들로 구성되어 있는데, 이들은 비교적 고온에서 고체로 응축할 수 있는 물질들이다. 금속성의 물질들은 지구가 성장함에 따라 아래로 가라앉았으며, 지구의 핵은 부가가 일어나는 동안 형성되기 시작한 것으로 여겨지는데, 아마도 가장 가능성이 큰 시기는 초기의 지구가 오늘날의 1/5에 해당하는 부피를 가지게 되었을 때로 추정되고 있다.

뜨거운 지구 내부에서는 화학적인 진화가 시작되었다. 초기에는 행성 내에 포획되어 있던 휘발성 원소들의 일부가 빠져나와 초기 대기권을 형성했다. 막대한 양의 수증기는 대기 중에 들어 있다가 냉각되어 수권을 형성했다. 초기 행성을 이루었던 광물 내에 포함되어 있던 물은 방사성동위원소들(예를 들면 우라늄, 토륨)의 붕괴에 의한 열과, 맨틀 아래의 외핵의 발달 및 지구의 내부구조(핵, 맨틀, 지각)가 형성되는 과정에서 운동 에너지와 위치 에너지로부터 전환된

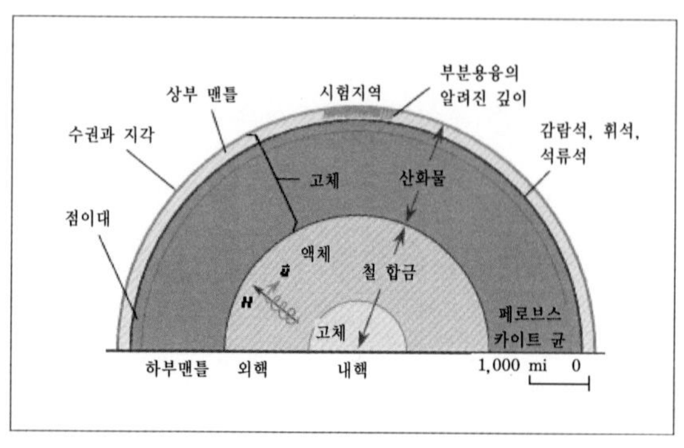

〈그림 1-7〉 지구의 내부구조

열에 의해서도 유리되었다.

이렇게 유리된 물은 화산활동으로 지구 내부에서 지표로 운반되었다. 지표면에 도달한 물의 많은 양이 수증기 형태로 대기권에 들어갔다가 후에 응축되어 초기 해양, 즉 **수권**을 형성했다.

다양한 화산활동에 의해 지구 내부로부터 방출된 이산화탄소, 일산화탄소, 질소, 수증기로 이루어진 **대기권**은 지질시대의 오랜 기간 동안 상당히 진화해 온 것으로 생각된다. 커다란 혜성의 충돌도 이러한 휘발성 기체의 함량을 증가시켰다. 약간의 산소는 태양광선의 광분해(光分解) 작용으로 생성되었으나 그 양은 적었을 것이다. 그러나 남조류처럼 광합성으로 산소를 방출하는 미생물이 출현하면서 대기권에 산소가 추가되기 시작했는데, 이런 원시생물이 출현한 것은 약 30억 년 전의 일이다. 산소는 처음에 산화되기 쉬운 기체나 금속을 산화시키는 데 사용되었으나 산화가 많이 진행된 후에는 대기 중에 산소가 축적되기 시작했다. 그리하여 충분한 양의 산소가 축적되어 오늘날과 비슷한 산화환경이 형성되었으며, 산화환경의 발달로 천해(淺海)에서 산소를 호흡하는 동물이 생겨났다.

2) 대기권(大氣圈)

지구는 주로 질소(78%)와 산소(21%)의 혼합물로 구성된 대기로 둘러싸여 있다. 이러한 기체를 공기라고 하는데, 공기는 질소와 산소 외에도 소량의 아르곤, 이산화탄소, 메탄, 수증기 및 기타 다양한 기체와 대기 중에 부유하는 고체·액체 입자를 포함한다. 대기권은 지표면에서

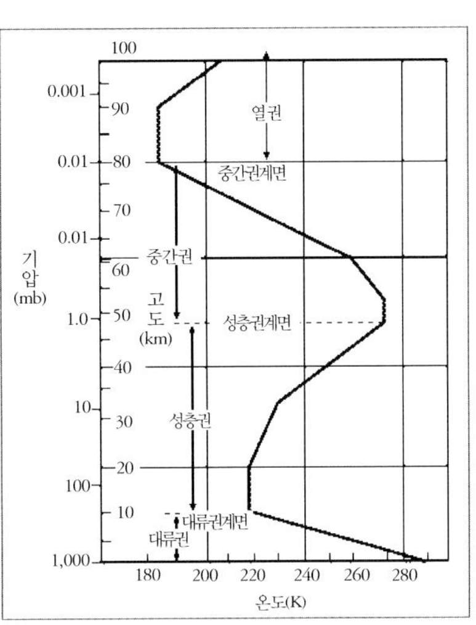

〈그림 1-8〉 대기권의 구분

수천 ㎞ 상공까지 뻗어 있으며 이렇게 높은 고도에서 태양으로부터 흘러나오는 대전입자들의 흐름인 태양풍과 합쳐진다. 대기권의 조성은 대기의 평균밀도로부터 측정할 수 있는데, 약 100㎞의 고도까지는 별 변화 없이 일정하다. 대기권은 흔히 지표면을 덮은 구형의 껍데기 모양인 층이나 영역으로 묘사된다. 대기권의 구분은 〈그림 1-8〉에 표시되어 있으며, 이 구분은 열적 구조에 기초를 둔 것이다.

대류권(對流圈)은 대기권의 최하부이며 고도는 지표면상 약 10㎞까지의 범위로서, 이 층에서 온도는 고도가 증가함에 따라 급속히 감소한다. 대류권의 순환은 공기 중 수증기의 증발 및 응축과 함께 지구 상에서 진행되는 대부분의 기상현상을 일으킨다. 대류권 상부에는 고도가 증가함에 따라 온도가 서서히 증가하는 **성층권**(成層圈)이 있다. 이 영역에서는 수직운동이 심한 방해를 받는다. 위로 상승하려고 하는 공기덩어리는 빠른 속도로 냉각되므로 이들은 주변의 공기보다 밀도가 커지게 되며, 이러한 환경에서의 부유력(浮遊力)은 수직운동을 억제하는 역할을 한다. 따라서 성층권에서 주변 공기의

대기운동은 대체로 수평방향에 한정되며, 고공에서 층운(層雲)이 층상구조를 이루는 원인이 된다.

고도의 증가에 따른 온도의 증가는 약 50㎞ 높이까지 계속되는데, 이곳의 온도는 대략 지표면 부근의 온도와 비슷하다. 또한 이곳은 성층권의 상부경계를 이루므로 이를 성층권계면이라 한다. 성층권계면 위에 있는 **중간권**(中間圈)에서 온도는 다시 고도가 증가함에 따라 감소하는 일반적인 변화양상을 보여 준다. 온도는 중간권계면이 위치한 약 85㎞ 고공에서 최솟값을 갖는데, 이곳은 대기권에서 가장 온도가 낮은 영역이다. 또 온도는 중간권계면 위에 위치하는 **열권**(熱圈)에서 다시 고도에 따라 증가하는 경향이 있는데, 열권이라고 하는 명칭은 이 영역의 열전도도가 매우 중요하기 때문에 붙여진 이름이다. 열권에 축적된 많은 양의 열은 하부로 전도되어 내려오다가 중간권 주변에서 우주공간으로 방사된다. 지구대기의 일반적인 순환은 태양 에너지, 그중에서도 특히 저위도의 열대지방에 도달하는 태양 에너지에 의해 일어난다. 대기대순환으로 열수송이 극지방 쪽으로 일어날 때 지구의 빠른 자전 및 자전에 연관된 코리올리 힘의 영향을 받는다. 따라서 북반구에서는 저위도의 무역풍, 중위도의 편서풍, 극지방의 극동풍으로 3개의 순환세포(循環細胞)가 형성된다. 지구대기의 불안정성으로 인해 특징적인 고압대, 중위도의 폭풍, 동쪽으로 빠르게 움직이는 대류권 상부의 제트류가 형성된다.

지구 표면이 받아들이는 에너지 중 평균 17% 정도는 태양에서 직접 온 것이고, 15%는 태양복사가 구름에서 산란되어 온 것이며, 나머지 68%는 대기권으로부터 방출되는 적외선의 흡수에 의한 것이다. 지표면에 흡수된 에너지의 상당량(79%)은 복사선의 형태로 대기권으로 돌아가며, 나머지 21%는 전도(傳導) 및 물의 증발 시 일어나는 부수적인 작용을 통해 대기권으로 되돌아간다.

지표면은 물의 증발로 냉각될 수 있는데 이때 증발과 관련된 열은 수증기에 의해 공기로 전도되며, 공기로 전도된 수증기는 다시 재응결되어 구름이 되고 비, 눈, 얼음의 형태로 강수(降水)를 형성한다. 물의 상(相) 변화는 대기권 하부의 에너지 분배에 중요한 역할을 한다. 대기를 구성하는 서로 다른 층들 사이의 에너지 수송은 주로 수증기, 이산화탄소, 오존과 같은 미량성분들의 영향을 받는다. 대기 중에 존재하는 주요구성원과는 대조적으로 이런 미량의 기체들은 적외선을 흡수할 수 있다. 이들은 온실의 유리창처럼 지표면에서 복사된 열을 저장하는 역할을 한다.

대기는 유리와 마찬가지로 태양빛에 대해서는 투명하지만, 적외선과 같은 장파의 전자기복사에 대해서는 완전히 불투명하다. 적외선 활성기체들은 지표면으로 순수하게 유입되는 에너지의 약 70%에 해당하는 열을 지표로 다시 돌려보낸다. 만약 대기 중에 수증기와 이산화탄소가 없다면 적외선 열은 완전히 방출되어 지표면의 온도는 현재보다 훨씬 낮을 것이며, 따라서 지구의 상당 부분은 얼음으로 뒤덮일 것이다.

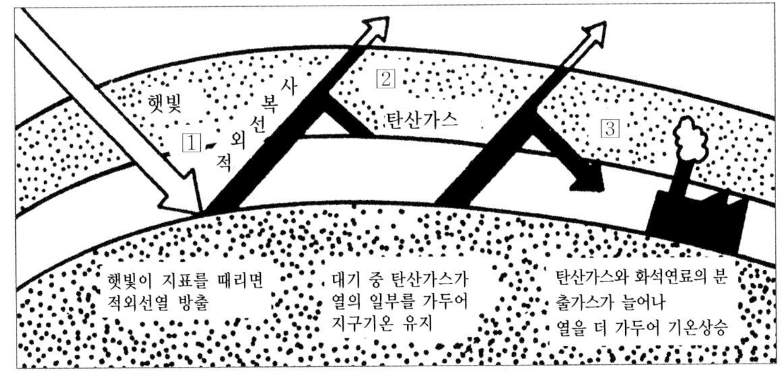

〈그림 1-9〉 대기 중 이산화탄소의 역할

3) 수권

지구의 수권(水圈)은 지표면과 지표면 아래에서 액체나 고체(얼음)
상태로 존재하는 1.4×109㎦ 정도의 물로 구성되어 있다. 해수는 수
권 전체 질량의 약 98%를 차지하며 지표면의 약 71%를 덮는다. 나
머지 수권은 호수, 하천, 빙하를 이루는 담수, 토양과 암석 내에 들
어 있는 지하수, 대기 중에 들어 있는 수증기로 구성되어 있다. 지구
는 액체 상태의 물이 있는 유일한 행성이다.

수권의 모든 물은 끊임없이 순환한다. 물은 수문학적(水文學的)
순환을 통해 이동하는데, 수문학적 순환이란 강수, 증발, 강수차단,
증산(蒸散), 침투, 지하로의 투수(透水), 지상류(地上流), 유거수(流
去水) 및 다른 방법으로 바다로 들어가고, 해양의 물은 대기를 통해
대륙으로 전달되며 대륙의 물은 다시 해양으로 돌아가거나 또는 지
하로 스며드는 현상을 모두 포함하는 매우 포괄적인 의미의 용어이
다. 이러한 수문학적 순환과 연관된 물의 이동경로는 고도 약 15㎞
에 달하는 대기권으로부터 지하 약 5㎞ 깊이의 지각에 이르는 모든
수권에 걸쳐 있다. 수문학적 순환은 지구 위의 생명체 번식과 유지
에 중요하다. 지구 위의 무생물계 및 생물계를 통해 일어나는 물의

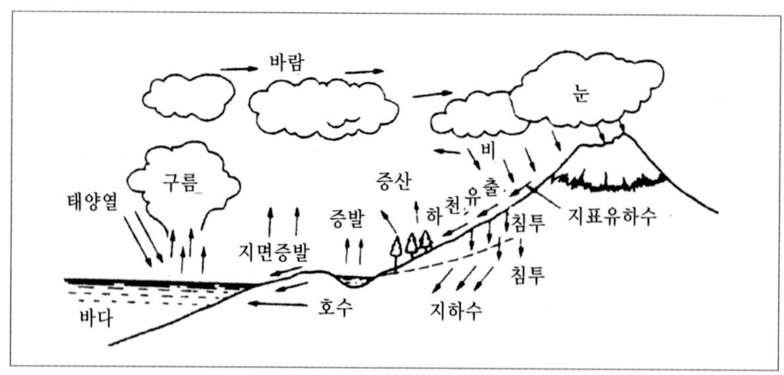

〈그림 1-10〉 자연계 물의 순환

순환작용은 이산화탄소와 산소의 순환을 수반하므로 생물권의 균형을 유지하는 기초적인 역할을 한다. 한편 생물권은 증산을 통해 물을 다시 대기 중으로 공급하는 역할을 한다.

4) 암석권

지각을 구성하는 단단한 암석의 층을 암석권(岩石圈)이라고 한다. 암석권은 약 10개의 단단한 판(板)으로 나누어져 있으며, 판은 해양판과 대륙판의 2종류가 있다.

해양판의 예로는 가장 큰 태평양판을 들 수 있는데 이 판은 남동부에 있는 작은 판(나즈카 판)을 제외한 태평양 전체의 해저 아래에서 약 10km의 두께로 존재한다. 해양지각은 휘석, 사장석, 감람석 및 산화광물들이 주성분을 이루는 현무암과 조성이 현무암과 같은 심성암인 반려암으로 구성되어 있다. **대륙판**의 예로는 북아메리카 판을 들 수 있다. 여기에는 북아메리카 대륙과 그린란드 및 대서양 중앙해령 북서쪽의 해양지각이 포함된다. 대서양의 중앙해령은 대서양의 중심축을 따라 남북으로 길게 뻗어 있는 거대한 해저산맥이다. 대륙지각은 주로 화강암질 암석으로 되어 있으나 퇴적암과 변성암

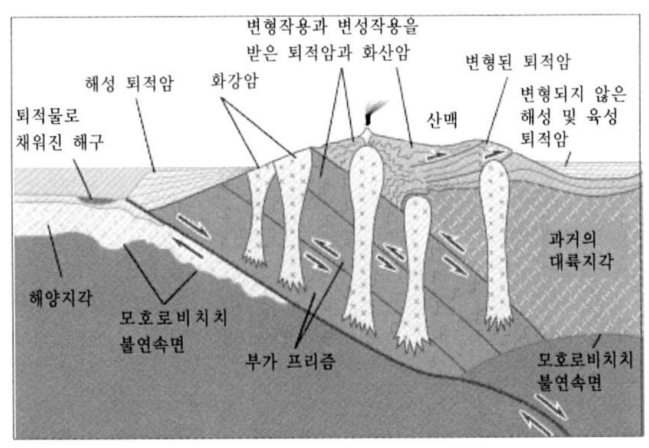

〈그림 1-11〉 암석권의 대륙판과 해양판 예

을 수반한다. 해양지각은 주로 현무암질 암석으로 되어 있고 상부는
퇴적물층으로 되어 있다.

5) 지구의 중력장

지구의 중력장(重力場) 또는 중력은 지지되지 않은 물체에 작용하
여 이를 지구 중심 쪽으로 움직이게 하는 힘으로 정의된다. 중력의 영
향을 받는 물체의 속도는 일정하지 않고 시간과 거리에 따라 증가하
는데, 이때 속도의 변화율을 가속도라 한다. 중력가속도는 지구 중력
장의 크기를 나타내는 척도로서 g으로 나타내는데, 이는 지구의 기본
적인 성질 중의 하나이다. 지구 상의 중력은, 지구가 완전한 구가 아
니고 모양이 일정하지 않으며 지구자전에 의한 효과까지 더해지기 때
문에 지표면에서 매우 다양한 값을 보인다. 중력은 초당 속도의 증가
로 표현되고, 속도는 m/s로 측정되기 때문에, 중력의 단위는 m/s^2으로 나
타낸다. 지구 표면에서의 평균 중력가속도는 9.80m/s^2에 가깝다. 이 중
력가속도는 위도에 따라 다른데, 적도에서는 약 9.78m/s^2이며 극지방에
서는 약 9.83m/s^2이다. 다른 요인에 의한 중력가속도의 변화량은 0.01
m/s^2 이하인데, 이러한 변화는 지구 내의 밀도 변화에서 기인한다. 중력
가속도의 변화는 정확한 위치를 측정하기 위해 고안된 계기(측지장치
와 인공위성 추적망과 같은 체계)에 영향을 미치기 때문에 과학적으
로 중요한 의미를 지닌다. 지구의 중력은 지구 주위를 공전하는 달이
우주로 이탈하지 못하도록 한다. 또한 중력은 달의 조석(潮汐)을 일으
키기도 한다. 이러한 달의 변형작용은 월면(月面)이 미약하게 부풀어
오른 형태로 나타나는데, 이는 정밀한 장치로만 감지할 수 있다. 달은
지구에 영향을 미칠 만한 충분한 중력장을 가지고 있는데, 지구는 극
쪽 표면이 적도 쪽 표면보다 편평한 회전타원체이므로, 달의 인력은
지축을 달의 공전궤도면에 수직한 방향으로 기울게 한다. 달의 인력

에 의한 조석 중 가장 뚜렷하게 관찰되는 것은 해수의 상승과 하강이다. 달의 인력은 달에 면한 바다의 물을 달 쪽으로 끌어 올리므로 다른 지점에서는 물이 다소 줄어든다. 만조(滿潮)는 물이 모이는 지점에서 일어나는 현상이고, 간조(干潮)는 물이 줄어드는 지점에서 일어나는 현상이다. 만조와 간조는 지구가 자전함에 따라 달에 면한 위치가 달라지면서 일어난다. 달의 인력은 지구의 대기에 대해서도 조석을 일으킨다. 공기는 물에 비해 밀도가 낮으므로 대기조석(大氣潮汐)은 바다의 조석에 비하면 훨씬 작은 규모로 일어난다. 대기조석은 압력의 변화로 측정된다. 지구의 고체 부분도 달의 인력으로 조석을 일으키는데, 지각은 매일 수 ㎝ 정도의 미약한 조석변형을 겪는다.

이러한 달의 인력에 의한 간조와 만조를 이용하여 조력발전을 하게 되는데, 이것은 신재생에너지 중 지구상에서 유일하게 달 에너지를 이용하는 것이다.

PART 02

에너지

에너지

1. 에너지의 개념

에너지(energy)는 물리학에서 일을 할 수 있는 능력을 나타낸다. 이에 크게 벗어나지 않게, 일반적으로 우리는 에너지를 어떤 것에 대하여 그것이 지니고 있는 기본적인 힘에 대항하여 움직이게 하는 능력으로도 설명할 수 있다.

예를 들어, 서로 붙어 있는 두 자성체를 당겨서 떼어 내기 위해서는 자연적인 자성 인력과 반대되기 때문에 에너지를 가져야 한다는 것이다. 같은 의미로 한 원자 내에서 원자핵으로부터 전자를 떼어 낼 때, 반대되는 전하 간의 끌리는 힘인 자연적인 인력에 반대되기 때문에 에너지가 필요하다(〈그림 2-1〉).

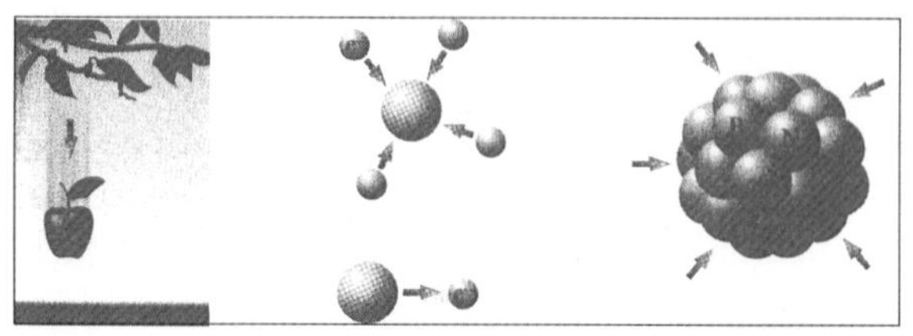

〈그림 2-1〉 자연계의 기본적인 세 가지 힘(질량을 가진 모든 물체들 간의 상호 끌림 작용을 일으키는 중력, 반대되는 전하 간의 인력에 관여되는 약한 전기력, 원자핵 내에서 핵과 중성자를 결합시키는 강한 핵력)

일을 할 수 있는 능력은 위치, 운동, 열, 전기, 화학, 핵 또는 여러 가지 다른 형태로 존재할 수 있다. 또한 열, 일과 같이 한 물체에서 다른 물체로 이동하는 과정에서 존재하는 에너지도 있다.

에너지가 이동되고 난 후 변한 상태의 성질에 따라 이름이 붙는다. 열이 전달되면 열에너지로 되고, 일이 전달되면 역학적 에너지의 형태로 된다. 에너지의 모든 형태는 운동과 연관되어 있는데, 운동 상태에 있는 모든 물체는 운동에너지를 갖는다.

활이나 용수철과 같이 장력이 가해진 기구는 정지해 있더라도 운동을 유발할 수 있는 위치에너지를 갖는다. 이들이 위치에너지를 갖는 것은 그 물체의 배열 상태 때문이다. 마찬가지로 핵에너지는 원자핵 내의 원자구성 입자의 배열 상태에 기인하므로 위치에너지이다.

에너지는 여러 가지 방법을 통해서 한 형태에서 다른 형태로 변환될 수 있으며 연료의 연소, 열기관, 발전기, 축전지, 연료전지, 자기유체역학 장치와 같은 여러 기구로부터 사용할 수 있는 역학·전기 에너지가 생성된다.

에너지는 빛, 동력, 연료로서 인간에게 많은 일을 해 주었고 인류 문명의 발달을 뒷받침하였다. 오늘날 전자·정보화 사회의 시대가 활짝 개화되고 자동차, 에어컨, VTR, 인공위성 등이 작동되어 우리의 경제, 문화활동을 보다 더 편리하게 지탱해 주고 있는데, 이처럼 윤택한 생활과 눈부신 사회발전을 가능케 해 준 원동력이 바로 에너지인 것이다. 이 사실은 과거와 현재에도 그러했듯이 미래에도 역시 그러할 것이다.

2. 에너지의 변천과정

에너지가 일을 한 것은 인간의 일보다 훨씬 이전의 일로서, 지구나 태양계의 탄생 자체도 에너지에 의해서 이루어진 결과라고 할 수 있다.

인간은 태곳적부터 여러 가지 꿈을 꾸어 왔다. 새처럼 하늘을 날고 싶다든가, 먼 곳에 빨리 가고 싶다든가, 넓은 바다를 건너 새로운 육지로 가고 싶다든가, 달나라나 별나라를 구경하고 싶다든가, 더 소박하게는 어두운 밤에도 책을 읽고 싶다든가, 추운 겨울을 따뜻하게 지내고 싶다든가 하는 것들은 인류의 꿈이요, 야심이요, 염원이었다. 이러한 인류의 꿈과 야심, 그리고 염원은 역사를 통하여 하나둘씩 이루어졌는데, 그것은 모두가 반드시 에너지와 결부됨으로써 가능한 일이었다. 원시시대에 살았던 사람들은 사냥으로 잡은 동물을 요리하고, 추울 때 따뜻하게 하며, 또 어두운 밤을 밝히고, 야생동물로부터 자신들을 보호하기 위하여 불을 이용하기 시작하였다. 그 후 농경과 목축이 생활화되면서 자기 자신의 힘 이외에도 소나 말과 같은 가축의 힘, 물이나 바람 등 자연의 힘을 이용한 자연에너지를 이용하게 되었다.

18세기에 이르러 석탄이 이용되면서 증기기관이 발명되고 산업혁명기를 맞이함으로써 인류는 에너지의 혜택과 기계문명의 찬란한 빛을 받게 되었다. 석탄에너지에 이어 석유와 천연가스 등의 이용으로 공업과 교통수단을 발전시켜 나갔다. 과학기술의 진보는 전기의 이용범위를 넓혀 나갔고, 마침내 원자력의 이용을 가능케 하였다.

1953년 12월 8일 미국의 아이젠하워 대통령이 UN총회에서 원자력의 평화적인 이용을 제창한 이래 선진국에서는 원자력을 평화적으로 이용하기 위한 연구개발에 힘씀으로써 인류의 번영과 발전에 크게 이바지해 왔다. 현재 세계 각국에서 추진하고 있는 원자력의 평화적 이용에는 열에너지의 이용과 방사선 및 방사성동위원소의 이용 등 크게 두 가지로 나눌 수 있다. 열에너지의 이용에는 원자로에서 발생하는 열을 이용하여 전기를 생산하는 원자력발전을 비롯하여 원자로의 열을 동력으로 생산하는 원자력선과 열을 직접 이용하는 원자력제철, 지역난방, 해수의 담수화 등 여러 가지가 있다. 방사선 및 방사성동위원소의 이용에는 원자로가 개발되어 인공의 방사성물질이 대량으로 값싸게 생산되고 또 강력한 방사선을 발생시키는 입자가속기의 연구가 진보됨에 따라서 방사선 및 방사선동위원소의 이용이 늘고 있다. 그 이용 분야로는 질병의 진단과 치료, 농작물의 품종개량, 멸균소독, 식품보존, 공업제품의 비파괴 검사 등 의학, 농업 및 공업의 각 분야에서 폭넓게 활용되고 있다. 이와 같은 원자력에너지의 이용이 폭넓게 발전되고 있으나 역시 핵폐기물 처리문제와 안전문제 등이 고려의 대상이 되고 있다. 물론 이 문제들은 많이 개선되어 큰 문제없이 원자력을 이용할 수 있게 되어 있지만, 더해 가는 청정에너지의 요구와 함께 연구의 대상이 되고 있다.

앞으로 에너지의 변천 추세에는 신재생에너지 쪽이 될 것이다. 언급한 바와 같이 원자력에너지는 역시 폐기물과 안전성 문제를 고려해야 하고, 화석에너지는 고갈에 이르고 있으며 환경과의 도전도 무시할 수 없다. 특히 우리나라와 같이 90% 이상을 수입에 의존하고 있는 처지라면 대체에너지를 개발하여 이용해야 할 것이다. 이와 동시에 화석에너지의 효율 높은 이용기술도 개발하여 궁극적으로 환경을 오염시키지 않고, 또한 안전한 에너지를 추구해야 할 것이다.

3. 에너지의 분류

에너지의 종류는 그 관점에 따라 여러 가지로 달리 분류할 수 있다. 시스템에 따라 1차, 2차, 최종 에너지로 분류되며, 에너지원에 따라 순환에너지와 비순환에너지로 분류된다. 또한 에너지를 그 본질에 따라 분류하면 외부에너지, 내부에너지, 열에너지, 기계적 에너지, 화학에너지, 핵에너지 등으로 나뉜다. 이들 에너지는 각기 특성을 지니고 있을 뿐만 아니라 서로 변환(conversion)되면서 우리의 실생활에 필요한 열과 전기적, 기계적 에너지를 공급한다.

〈표 2-1〉 에너지의 종류

대분류	소분류	에너지의 종류
저장에너지	식물에너지	신탄, 목탄, 바이오가스(메탄), 식량
	화석연료	천연가스, 석유, 석탄
	핵연료	핵분열연료, 핵융합연료
	전지	1차 전지, 2차 전지
	화학에너지	결합에너지,가연물
	농도차	용액
불규칙에너지	열에너지	잠열, 현열, 고온체, 지열, 해양열, 열풍, 온수, 증기배기열
	압력에너지	고압가스,진공
	한랭에너지	냉수, 액화가스, 얼음, 드라이아이스
역학에너지	운동에너지	풍력, 파력, 조력, 수차, 고속유체, 고속회전체, 플라이휠
	위치에너지	고낙차, 탄성에너지
	진동에너지	진동체,초음파
전자기에너지	전류에너지	모터, 열전대, 전력량
	정전에너지	번개, 정전기
	자기에너지	지자기, 영구자석
복사에너지	태양열	집열기, 태양전지
	전자파	텔레비전, 라디오, 레이저, 광
	음파	마이크, 스피커
	방사능성	원자핵저지
	탄성파	지뢰파

외부(external)에너지란? 물체의 운동에너지(kinetic energy)와 위치나 형태 변화에 따른 위치에너지(potential energy)를 합한 기계적 에너지를 의미한다.

어떤 속도로 운동하고 있는 물체는 다른 물체에 힘을 미쳐서 일을 할 수 있는 운동에너지($E=(1/2)mv^2$: m 질량, v 속도)를 가진다. 또 높은 곳에 있는 물체는 그 높이에 상응하는 위치에너지($E=mgh$: m 질량, g 중력의 가속도, h 높이)를 가지고 있고, 이 물체가 지상으로 낙하하는 경우 높이가 점점 줄어들면서 위치에너지는 감소하는 반면 물체의 낙하속도는 가속되어 운동에너지가 증가한다.

내부(internal)에너지란? 내부에너지는 물질의 상태가 바뀔 때만 달라지고 그 상태에 도달하는 과정에서는 달라지지 않는다. 열역학 제1법칙에 따라서 일을 가하여 계(system)의 상태를 바꿀 경우 일의 크기는 내부에너지의 변화량과 같다. 또한 열과 일을 동시에 가해서 계의 상태를 바꾸면 내부에너지의 변화량은 계에 준 열의 크기에서 계가 한 일의 크기를 뺀 값이 된다. 통상 내부에너지는 운동에너지, 위치에너지, 화학에너지의 합으로 나타내는데, 내부에너지의 크기는 주어진 상태에서 물질의 양에 비례한다. 그리고 내부에너지 값은 절대치로 표시하기보다는 흔히 표준상태를 기준으로 한 상대적인 크기로 나타낸다. 〈그림 2-2〉에서 분자들이 움직일 수 없는 고체는 그들이 가지는 내부에너지를 위치에너지 상태로 가지고 있으며, 액체인 물 분자는 물 안에서는 마음대로 움직일 수 있지만 밖으로 나갈 수 없기 때문에 내부에너지와 운동에너지를 동시에 가지게 된다. 기체는 제한된 공간 내에서 뚜껑만 열면

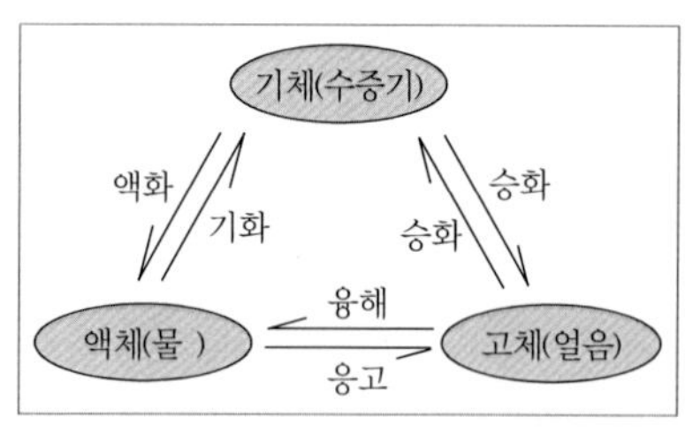

〈그림 2-2〉 물질(물)의 상태변화

날라 가는 운동에너지를 가진다.

예를 들면, 밀폐된 용기(계) 내에 들어 있는 공기에 대하여 외부에서 열을 가하면 공기분자들의 운동에너지를 증가시켜 결국 계의 온도가 상승한다. 이 경우 가해진 열에너지는 계 내 공기의 내부에너지로 변환되면서 온도를 상승시키는 결과를 나타낸다.

또한 온수로 난방을 하는 경우를 생각해 보면, 온수의 내부에너지는 열에너지로 변형되어 물에서 방 안의 공기로 이동되고, 전달된 열은 공기의 내부에너지를 증가시키는 데 쓰여 결국 실내 온도가 상승하는 것이다.

열(thermal)에너지란? 온도 차이가 있는 두 물체 사이에서 이동되는 에너지로, 더 뜨거운 물체에서 더 찬 물체로 전달되는 때에만 존재한다. 기체나 수증기의 팽창특성을 이용하면 열을 기계적 에너지로

〈그림 2-3〉 증기기관차

변환시킬 수 있다 가스터빈이나 증기터빈은 열에너지를 더 유익한 기계적 에너지로 변환시키는 장치이다.

기계적 에너지란? 역학적인 양에 의해 정해지는 에너지의 일종으로 일반적으로는 운동에너지와 위치에너지를 말하며, 탄성에너지도 이에 속하는 에너지로 정의된다.

호수 위에 떠 있는 돛단배는 바람이 불지 않으면 움직이지 않지만, 바람이 불면 움직이게 된다. 그리고 흐르지 않는 물은 아주 작고 가벼운 모래 한 알도 움직이게 할 수 없지만, 흐르는 물은 모래나 자갈을 움직이게 할 수 있다. 이처럼 움직이고 있는 공기(바람)나 물은 일을 할 수 있다. 즉 에너지를 가지고 있는 것이다.

높은 곳에서부터 떨어지는 물은 수차를 돌리고, 움직이는 자동차는 다른 물체를 밀어낸다. 이와 같이 어떤 물체가 다른 물체에 직접

일을 할 수 있을 때, 이 물체가 가지는 에너지를 역학적 에너지 또는 기계적 에너지라고 한다. 역학적 에너지는 운동에너지와 위치에너지로 나눌 수 있다.

운동하고 있는 물체의 운동에너지는 물체의 질량에 비례하고 물체의 운동 속도의 제곱에 비례한다. 이 비례 관계를 등식으로 나타내면 다음과 같다.

$$E = (1/2)mv^2$$

E: 운동에너지, m: 물체의 질량, v: 물체의 속도

높은 곳에 있던 물이 낮은 곳으로 떨어질 때 수차를 돌리는 일을 하고, 높이 들어 올린 쇳덩어리가 떨어질 때 말뚝을 박는 일을 하는 것도 이들 물체가 에너지를 가지고 있기 때문이다. 이와 같이 물체가 높은 곳에 있음으로써 갖는 에너지를 위치에너지라 한다.

높은 곳에 있는 물체의 위치에너지 양은 물체가 밑으로 떨어지면서 하는 일로 측정할 수 있으며, 이 양은 물체를 그 높이까지 올리는 데 필요한 일의 양과 같다. 질량 1kg인 물체에 작용하는 중력은 9.8N이고, 2kg인 물체에 작용하는 중력은 2×9.8N이다. 그리고 질량이 m인 물체에 작용하는 중력은 9.8mN인데, 질량 m인 물체를 들어 올리려면 최소한 9.8mN의 힘을 작용하여야 한다. 따라서 이러한 힘(F)을 작용하여 높이 h(m)만큼 들어 올릴 때 하는 일은 다음과 같이 구할 수 있는데, 이것이 중력에 의한 위치에너지이다.

$$W = F \cdot g = 9.8mh(J)$$

탄성에너지의 예를 들면, 활의 시위를 당겼다 놓으면 활은 처음 상태로 되돌아가면서 화살로 하여금 일을 하도록 한다. 또한 용수철을 당기거나 눌렀다 놓으면 처음 상태로 되돌아가면서 일을 한다. 즉 시위를 당긴 활과 당기거나 누른 용수철은 에너지를 가지고 있다. 이처럼 물체의 탄성에 의한 에너지를 탄성에너지라고 한다. 용수

철을 xm만큼 당길 때 용수철이 하는 일(W)은 당긴 힘(F)×움직인 거리(x)이다. 이때 힘(F)과 거리(x) 사이에는 훅의 법칙이 성립하는데, 처음부터 최대로 늘어날 때까지 가해진 평균 탄성력(F)은 (1/2)kx이다. 그러므로

$$W = F \cdot x = (1/2)kx^2$$

이 되고, 이 값이 탄성에너지의 값이다.

화학에너지란? 화학변화가 일어날 때 발생하거나 흡수되는 에너지로서, 화학반응을 통하여 열이 발생하는 경우를 발열반응, 열을 흡수하는 경우를 흡열반응이라고 한다. 화학반응에서는 열뿐만 아니라 빛, 전기 등의 에너지를 일으키거나 흡수하기도 한다.

석탄, 석유, 천연가스 등을 비롯한 각종 물질은 그 분자를 구성하는 원자의 종류와 결합구조에 따라서 각기 다른 화학에너지를 가지고 있다. 화학에너지는 연소(燃燒) 또는 다른 화학반응을 통하여 에너지 수준이 높은 화학종에서 낮은 화학종으로 변화하면서 그 차이에 해당하는 에너지를 열에너지의 형태로 방출한다. 자동차, 항공기, 로켓 등은 연료의 화학에너지를 열에너지로, 열에너지를 기계적 에너지로 변환시키는 장치들이다.

〈그림 2-4〉 화학반응에 의한 우주 왕복선의 발사
(주 엔진: $2H_2 + O_2 \rightarrow 2H_2O$, 로켓 부스터 고체연료:
$10Al + 6NH_4ClO_4 \rightarrow 5Al_2O_3 + 6HCl + 3N_2 + 9H_2O$)

핵(nuclear)에너지란? 원자력이라고도 하며, 원자의 무거운 핵심부인 원자핵에 변화를 주는 과정에서 방출되는 상당한 양의 에너지로 정의된다.

이 핵에너지는 원자 내의 궤도함수 전자만이 관련되는 보통의 화학반응에서 생기는 에너지와는 구별된다. 핵에너지를 얻는 방법은 원자로에서 조절된 핵융합과 핵분열 2가지 방법에 의해서 핵에너지가 폭발적으로 방출된다.

핵분열은 중성자 같은 입자가 우라늄 원자의 핵을 때려서 2개의 핵분열 토막으로 갈라지도록 할 때 일어난다. 이때 두 토막은 원래 원자핵의 중성자와 양성자 수의 약 절반 정도를 지닌 원자핵으로 이루어진다. 이 핵분열 과정은 감마선과 2개 이상의 자유중성자(핵분열 토막에 결합되어 있지 않는 중성자)가 많은 양의 열에너지를 방출한다. 이들 자유중성자가 다른 우라늄 핵을 분열시키면 우라늄의 원자핵은 더 많은 원자핵을 쪼갤 수 있는 중성자를 내놓는다. 이러한 종류의 핵분열은 일련의 연쇄반응을 만들어 내는데, 그 결과 핵에너지가 연속적으로 공급된다.

핵융합 반응(〈그림 2-5〉)은 2개의 원자핵이 서로 10~13㎝ 정도의 거리 내로 서로 가까이 접근할 때만 일어날 수 있다. 이 짧은 거리에서는 핵 인력이 두 핵에 양전하가 존재하기 때문에 생겨나는 정전기 반발력을 극복하는 것이 가능하다. 반발력은 핵을 떨어져 있게 하는 데 매우 효과적이기 때문에, 제어된 핵융합에 유용한 반응은 대체로 가장 낮은 가능한 전하를 띤 원자핵인 중수소와 삼중수소에 한정된다. 제어된 발열반응은 중수소-삼중수소 혼합물의 플라스마(구속되지 않은 전자와 양으로 하전된 같은 수의 핵으로 이루어진 기체)를 수백만K(켈빈)으로 가열하여 일으킬 수 있다. 이러한 고온은 열핵 반응을 유발할 뿐만 아니라 지속시켜 전력생산에 충분한 에너지

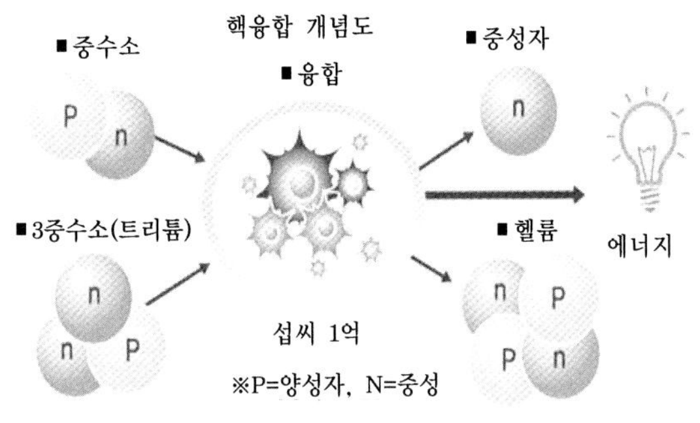

〈그림 2-5〉 핵융합 개념도

를 만들어 낼 수 있을 것이다.

화석연료(fossil fuel)란? 에너지원으로 이용할 수 있는 지각 내의 모든 생물기원 물질에 대한 통칭으로 정의된다.

화석연료에는 석탄, 천연가스, 석유, 유모 셰일, 역청 등이 있는데, 이들은 모두 탄소를 함유하고 있으며, 수억 년 전에 광합성에 의해 생성된 유기물의 잔해들이 지질학적 작용을 받아 형성된 것이다. 모든 화석연료들은 공기나 산소 안에서 연소되어 열을 발생하는데, 이 열은 가정용 난로처럼 직접 이용되거나 전기를 공급하는 터빈 발전기를 돌릴 수 있는 증기를 발생시키는 데 이용된다. 그 밖에도 제트기에 사용되는 가스 터빈과 같이, 화석연료의 연소에 의해 발생되는 열은 연소산물들의 압력과 온도를 증가시켜 원동력을 제공하는 역할을 한다. 화석연료들의 소비율은 18세기 후반 이후로 계속 증가되어 왔다. 현재 화석연료들은 세계의 산업선진국에 의해 소모되는 모든 에너지의 90%가량을 공급하고 있다. 화석연료를 포함하는 새로운 퇴적층이 계속해서 발견되고 있기는 하지만, 지구 위에 있는 주요 화석연료들의 매장량은 제한되어 있다. 경제적으로 개발이 가능한 가채량(可採量)은 화석연료의 예상 소비율, 미래의 가치 및 기술 발달에 따라서 유동적이므로 측정이 어렵다.

<그림 2-6> 풍력발전

재생가능(renewable)에너지란? 재생가능에너지는 자연 상태에서 만들어진 에너지를 일컫는 말이다.

재생가능에너지의 종류는 매우 다양한데, 가장 흔한 것이 태양에너지이고 그 밖에도 풍력, 수력, 생물자원(바이오매스), 지열, 조력, 파도에너지 등이 있다.

1차(primary)에너지란? 어떤 변환도 하지 않은 에너지로서 직접 에너지로 쓸 수 있는 것은 그 자체이며, 일정한 생산과정을 거쳐야 에너지로 사용할 수 있는 것은 그 과정이 완료된 산출물을 뜻한다. 여기에는 화석연료, 즉 석탄, 원유, 천연가스(LNG 포함)와 수력, 핵, 태양, 생물, 풍력, 해양, 지열에너지 등이 포함된다.

2차(secondary)에너지란? 1차에너지의 변환으로 생산되는 에너지(전력과 각종 석유제품 등)를 말하고, **최종(final)에너지**는 유용한 에너지(열, 빛, 동력 등)로 사용할 수 있게끔 소비자에게 공급되는 에너지이다.

이외에도 에너지의 분류에는 압축된 스프링에 내재된 탄성(彈性)에너지, 태양광선 등이 갖고 있는 방사(放射)에너지, 전압 차이에 의한 전기에너지 등이 있다. 그리고 에너지를 그 자원(resourc) 면에서 분류하면 고체, 액체, 기체연료와 수력, 핵(核), 전기, 태양, 생물(biomass), 풍력, 해양, 지열에너지 등으로 나누어진다.

4. 신재생에너지

신재생에너지(new & renewable energy)란? 액화석탄, 수소에너지 등 '신(新)에너지'와 동식물, 유기물, 햇빛, 바람, 물, 지열 등을 이용하여 친환경적이고 재생 가능한 에너지로 변환하는 에너지를 통합해 지칭한 말이다.

신재생에너지 중 가장 각광받고 있는 것은 바이오(bio)디젤과 바이오에탄올을 아우르는 바이오연료다. 바이오디젤은 콩, 유채, 야자유, 팜유나 폐식용유 등 식물성 기름을 촉매와 함께 물리·화학적 처리 과정을 거쳐 만든다. 바이오에탄올은 생체에너지원(biomass)에서 만들어 내는 에탄올을 뜻한다. 옥수수, 사탕수수, 밀, 감자, 볏짚, 목재의 찌꺼기 등에 들어 있는 녹말을 추출·정체하여 글루코오스(포도당)로 전환시킨 후 효소를 넣어 발효시켜 에탄올을 추출해 내는 것이 기본원리다.

재생가능에너지의 종류는 여러 가지가 있지만, 이것들의 대부분은(99.98%) 태양으로부터 온 것이다.

바람은 공기가 태양에너지를 받아서 움직이기 때문에 생기고, 물의 흐름도 햇빛을 받아 증발한 수증기가 비가 되어서 내려오기 때문에 생긴다. 파도나 해류도 바닷물이 햇빛을 받아 온도 차가 일어나기 때문에 생긴다. 나무도 광합성을 통해서 만들어지는 것으로 태양에너지가 변형된 것이다.

재생가능에너지 중에서 태양에너지와 크게 상관없는 것은 조력과 지열이다. 조력은 조수를 이용하는 것인데, 조수는 달이 지구를 잡아당기는 힘에 의해서 생긴다. 지열은 지구 내부의 열로 인해서 생긴다.

재생가능에너지의 기술적 범위는 태양에너지, 풍력, 수력 발전, 바이오 연료로 매우 범위가 넓다. 기후변화 문제의 심화와 화석연료의 고갈 등으로 재생가능에너지의 중요성과 비중은 점차 증가하고 있다.

재생가능에너지 시스템은 다양한 기술을 포함하고 있으며 현재에 이르러 상당히 다양해졌다. 일부 기술은 이미 성숙 상태에 이르러 경제적으로는 경쟁적이나, 아직은 추가적인 개발이 필요하다.

지구상에 존재하는 재생가능에너지의 대부분이 태양에너지의 변형이기 때문에 그 양도 한정되어 있다. 우리가 하루에 사용할 수 있는 재생가능에너지의 양은 하루 동안 지구로 들어오는 태양에너지의 양을 넘지 못한다. 그러므로 재생가능에너지를 적극적으로 개발해서 사용한다고 해도 우리가 무한한 에너지를 얻을 수 있는 것은 아니다.

지속 가능한 발전을 위해서는 화석에너지 이용을 줄이고 신재생에너지의 사용을 확대하여야 하는데, 현재 각 선진국에서 활발히 기술개발이 진행되어 실용화 단계에 접어든 대체에너지로는 태양에너지, 풍력에너지가 주종을 이루며, 바이오매스, 지열, 파력, 조력 등은 기술개발이 아직 초기단계에 머무르고 있는 실정이다.

신재생에너지는 과다한 초기투자의 장애요인에도 불구하고 화석에너지의 고갈문제와 환경문제에 대한 핵심 해결방안이라는 점에서 각 선진국에서는 신재생에너지에 대한 과감한 연구개발과 보급정책 등을 추진하고 있다.

- 최근 유가의 불안정, 기후변화협약 규제 대응 등 신재생에너지의 중요성이 재인식되면서 에너지공급방식 다양화 필요
- 기존에너지원 대비 가격경쟁력 확보 시 신재생에너지 산업은 IT, BT, NT 산업과 더불어 미래산업, 차세대산업으로 급신장 예상

우리나라는 「신에너지 및 재생에너지 개발, 이용, 보급 촉진법」 제2조의 규정에 의거하여 "기존의 화석연료를 변환시켜 이용하거나 햇빛, 물, 지열, 강수, 생물유기체 등을 포함하여 재생 가능한 에너지를 변환시켜 이용하는 에너지"로 정의하고 11개 분야로 구분하고 있다.

재생에너지: 태양광, 태양열, 바이오, 풍력, 수력, 해양, 폐기물, 지열(8개 분야)

신에너지: 연료전지, 석탄액화가스화 및 중질잔사유가스화, 수소에너지(3개 분야)

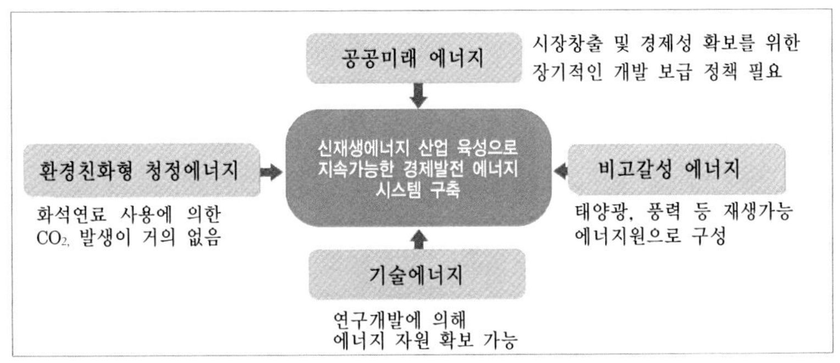

〈그림 2-7〉 신재생에너지 산업육성으로 지속가능한 경제발전에너지 시스템

또한 우리 정부는 신재생에너지 산업육성으로 지속 가능한 경제발전을 위한 장기적인 목표하에, 신재생에너지 기술개발 및 보급사업 등에 대한 지원을 강화하고 있다.

- 공공미래에너지: 시장창출 및 경제성 확보를 위한 장기적인 개발 보급 정책필요.
- 환경친화형 청정에너지: 화석연료 사용에 의한 CO2 발생이 거의 없음.
- 기술에너지: 연구개발에 의해 에너지 자원 확보 가능.
- 비고갈성 에너지: 태양광, 풍력 등 재생가능에너지원으로 구성.

5. 열역학적 변수

열역학적 변수는 일반적인 계의 형태나 계가 만족해야 하는 조건에 따라 계의 상태를 기술하기 위한 변수를 다르게 사용한다. 일반적으로 많이 사용하는 변수는 다음과 같다.

열역학적 변수: 압력 p, 부피 V

통계적인 변수: 온도 T, 엔트로피 S

계를 구성하는 입자의 수가 일정하지 않은 열린 계(open system)

에서는 다음과 같은 두 가지 변수를 더 생각한다.

계의 입자 수: N

화학퍼텐셜(chemical potential): μ

위에 열거된 역학적 변수들은 근본적인 고전물리학 혹은 양자물리학으로 기술할 수 있지만, 통계적인 변수는 오로지 통계 역학으로만 이해할 수 있다. 열역학이 적용되는 대부분의 경우에, 하나 이상의 열역학 변수는 변하지 않는 상수로 간주되고, 나머지 변수들만 변하게 된다. 수학적으로, 이것은 계의 상태를 n-차원 공간의 한 점으로 대응시켜 기술할 수 있다. 여기서 n은 상수가 아닌 변수의 개수이다. 통계 역학을 고전물리학이나 양자물리학과 결합하여, 이들 변수들 사이의 관계식을 나타내는 상태방정식을 유도할 수 있다. 가장 간단하고 가장 중요한 상태방정식은 바로 이상 기체의 상태방정식이다.

$$pV = nRT$$

여기서, R은 기체상수다. 혹은 다음과 같이 기술하기도 한다.

$$pV = NkT$$

여기서, k는 볼츠만상수이다.

볼츠만상수 기체상수 R을 아보가드로수(1몰 중의 분자 수)로 나눈 값을 볼츠만상수라 한다.

열역학 퍼텐셜(thermodynamic potential)은 물리계의 열역학 변수는 다음과 같이 정의된 4가지 열역학 퍼텐셜로 정의할 수 있다.

내부에너지(internal energy) E: $dE = TdS - pdV$

헬름홀츠 자유에너지 A: $dA = -SdT - pdV$

깁스 자유에너지 G: $dG = -SdT + Vdp$

엔탈피 H: $dH = TdS + Vdp$

위에 열거된 열역학 퍼텐셜들을 서로 무관한 양이 아니고 적절한 관계를 가지고 있다. 위의 열역학 퍼텐셜의 미분형을 합성함수의 미분을 사용하여 아래와 같은 관계식을 찾을 수 있다.

$$E = H - pV = A + TS$$

$$A = E - TS = G - PV$$

$$G = A + pV = H - TS$$

$$H = G + TS = E + PV$$

위에 열거한 열역학 퍼텐셜과 열역학 변수 사이 관계식은 계에 상관없이 성립한다. 이 관계식은 계의 구성요소 간 상호작용에 무관하게 통계역학으로부터 자연스럽게 얻을 수 있는 일반적인 관계식이다. 하지만 계의 구성요소 사이의 상호작용이나, 양자역학적인 에너지 준위와 에너지 준위의 축퇴도(degeneracy) 혹은 계의 분배함수를 모른다면, 위 네 가지 열역학 퍼텐셜은 계의 열역학 변수로만으로 완전히 표현할 수는 없다. 하지만 일단 열역학 퍼텐셜 중 하나가 열역학 변수로 완전히 결정된다면, 나머지 세 열역학 퍼텐셜은 위 관계식을 사용하여 쉽게 얻을 수 있다.

열역학 계(thermodynamic system)는 우주 전체 중에서 우리가 관심 있는 일부를 말한다. 우주 전체 중에서 우리가 관심을 갖는 계를 제외한 나머지 우주를 흔히 환경(environment) 혹은 열원(reservoir)라고 부른다. 환경과 계 사이에 실제 경계 혹은 가상적인 경계가 존재하여 이 둘을 분리할 수 있다. 이 경계의 특성에 따라 환경과 계 사이에 에너지만 이동할 수도 있고, 물질이나 엔트로피도 이동할 수 있다. 따라서 이 경계의 특성에 따라 열역학 계를 분류한다. 계와 환경 사이의 에너지, 물질, 엔트로피 교환형태에 따라 다음과 같이 열역학 계를 3가지로 분류한다.

- 고립계(isolated systems): 환경과 열, 물질, 일 모두 교환하지 않는 계이다. 이 말은 수학적으로 $TdS = 0$, $dN = 0$, $pdV = 0$을

의미하며, 따라서 dE=0을 의미한다. 고립계의 예로, 외부와 완전히 격리된 기체 실린더를 예로 들 수 있다.

- 닫힌계(closed systems): 환경과 에너지(열과 일)는 교환하지만 물질은 교환하지 않는 계를 말한다. 일반적으로 닫힌계에서는 오직 dN이다. 예를 들어, 온실은 온실 외부(환경)와 열을 교환하지만 물질을 교환하지 않으므로 닫힌계로 간주할 수 있다. 계가 열을 교환하든지 혹은 일을 교환하든지 혹은 둘 다 교환하든지, 이런 특성은 경계의 성질로 이해하여 다음과 같은 경계를 정의한다.

  － 단열 경계(adiabatic boundary): 열교환이 일어나지 않는다. $TdS=0$

  － 단단한 경계(rigid boundary): 일(work) 교환이 일어나지 않는다. $pdV=0$

- 열린계(open systems): 에너지(열과 일), 물질 모두 환경과 교환하는 계이다. 이런 경계는 투과성 있는(permeable) 경계라 한다. 바다는 열린계로 간주할 수 있다.

실제적으로 환경으로부터 완전히 분리된 엄밀한 고립계는 존재할 수 없다. 왜냐하면 아무리 환경과 계 사이의 결합을 제거하더라도 중력에 의한 인력은 제거할 수 없기 때문이다. 정상상태(steady-state)에 있는 계를 분석할 때, 계를 빠져나가는 에너지와 들어오는 에너지는 같다.

주어진 일련의 조건하에서 평형상태의 계는 정의된 상태(definite state)라고 한다. 계의 상태는 여러 세기 변수(intensive variables)와 크기 변수(extensive variables)로 기술된다. 계의 특성은 이 변수들 사이의 관계를 정해 주는 상태방정식(equation of state)으로 기술된다.

6. 열역학 법칙

열역학 제0법칙(zeroth law of thermodynamics)은 계 A와 계 B를 접촉하여 열역학적 평형상태를 이루고 있고 계 B와 계 C를 접촉하여 열역학적 평형상태를 이루고 있다면, 계 A와 계 C를 접촉하여도 열역학적 평형을 이룬다.

두 계를 접촉하였을 때 열역학적 평형을 이루지 못한다면, 두 계 사이에 에너지나 물질의 알짜이동이 있다. 서로 열역학적 평형을 이루고 있는 두 계는 나중에 다시 접촉하였을 때도 평형을 이룬다. 열역학 제0법칙은 열역학의 근본적인 개념이지만, 이것을 법칙으로 진술하게 된 것은 놀랍게도 열역학의 많은 부분이 완성된 후인 1930년대이다. 이미 열역학 1, 2, 3법칙이 확립되었기 때문에, 열역학의 가장 근본적인 이 개념은 자연스럽게 제0법칙의 지위를 얻게 되었다.

열역학적 평형은 열적 평형(열교환과 온도와 관계)과 역학적 평형(일교환과 압력 같은 일반화된 힘과 관계)과 화학적 평형(물질교환과 화학퍼텐셜과 관계)을 포함한다.

열역학 제1법칙(first law of thermodynamics)은 보다 일반화된 에너지 보존법칙의 표현이다.

"어떤 계의 내부에너지 증가량은 계에 더해진 열에너지에서 계가 외부에 해 준 일을 뺀 양과 같다" 기본적으로 열역학적 계가 에너지를 저장하거나 가지고 있을 수 있으며, 이런 내부에너지가 보존된다고 말한다. 열은 높은 온도의 계에서 낮은 온도의 계로 이동하는 에너지이다. 또한 계의 에너지는 계가 주변에 역학적 일을 함으로 감소하거나, 주변으로부터 일을 받음으로써 증가한다. 열역학의 제1법칙은 이 에너지가 보존된다는 것이다. 내부에너지의 차이는 받은 열에너지에서 계가 한 일을 뺀 값과 같다. 열역학 제1법칙을 수학식으로 표현하면 다음과 같다.

$$dU = \delta Q - \delta W$$

여기서 dU는 시스템 내부에너지의 미소(infinitesimal) 증가 값이다. δQ는 시스템에 더해진 미소 열에너지 양이다. δW는 시스템이 주변에 한 미소 '일' 값이다. 미소 열은 d가 아니라 δ로 표현되는데, 이는 그것이 완전미분이 아니라 불완전미분이기 때문이다. 다시 말해 미분해서 δQ 혹은 δW가 나오는 Q나 W에 관한 함수가 존재하지 않는다는 말이 된다.

불완전미분에 대한 적분은 경로 의존적이 된다.

에너지보존⇒닫힌 역학계에서 에너지의 형태가 어떻게 바뀌더라도 총에너지의 합은 일정하다는 것이다. 열역학 제1법칙이 에너지보존에 대해 다루고 있다. 모든 에너지는 위치에너지를 포함하며, 현대 물리학에서는 질량도 에너지의 일종으로 본다.

에너지 보존(energy, conservation of)은 닫힌 역학계에서 에너지의 형태가 어떻게 바뀌더라도 총에너지의 합은 일정하다는 것이다. 열역학 제1법칙이 에너지 보존에 대해 다루고 있다. 모든 에너지는 위치에너지를 포함하며, 현대 물리학에서는 질량도 에너지의 일종으로 본다.

여러 에너지 중 인간이 처음 인식한 것은 운동에너지이다. 탄성충돌에서는 충돌 전에 입자들의 운동에너지와 충돌 후의 운동에너지가 동일하다. 에너지라는 개념은 점차 확장하여 여러 형태의 에너지를 포함하게 되었다. 중력에 대하여 반대방향으로 올라가면서 점차 속도는 줄어들며 물체가 잃게 되는 운동에너지는 위치에너지, 즉 저장된 에너지로 바뀐다고 간주되었다. 이 에너지는 물체가 지구로 다시 떨어지면서 운동에너지로 바뀌게 된다. 따라서 인공위성이나 진자에서 운동에너지와 위치에너지의 합은 일정하다. 그러나 마찰력은 아무리 정교한 기구라도 속도를 점차 감소시키며 따라서 에너지가 점차 감소하게 된다. 1840년대에 마찰로 발생되는 열도 에너지 개념을 확장하여 포함할 수 있음이 확증되었다. 따라서 운동에너지, 위치에너지, 열에너지의 합이 실제로 보존되는 양이 된다. 가장 일반적인 형태로 표시된 이러한 형태의 에너지 보존법칙이 바로 열역학 제1법칙이다. 에너지 개념이 점차 확장하여 전류가 갖는 에너지, 전기장이나 자기장에 저장된 에너지, 연료나 다른 화학 물질이 갖는 에너지도 포함하게 되었다.

1905년 상대성이론이 출현하여 질량은 에너지와 동등함이 처음으로 인식되었다. 고속 입자계가 갖는 총에너지는 그들의 정지 질량의 합뿐만 아니라 빠른 속도로 인해 증가된 상당한 양의 질량도 포함한다. 상대성이론의 발견 이후 에너지 보존법칙은 질량−에너지 보존법칙 또는 총에너지 보존법칙으로 불리기도 한다. 에너지 보존법칙을 방사능의 일종인 베타 붕괴(원자핵에서 자발적으로 베타 입자가 방출되는 것)에 적용했을 때처럼 이 법칙이 성립하지 않는 것처럼 보일 때 물리학자들은 이 법칙을 포기하기보다는 부족한 에너지를 운반한다고 생각되는 새로운 원자구성입자, 즉 중성미자의 존재를 인정했다. 뒷날 중성미자는 실험으로 검출되었다. 한편, 에너지 보존법칙은 시간의 균일성에서부터 수학적으로 유도할 수 있다. 만일 시간의 한 순간이 다른 순간과 특별히 다르다면 서로 다른 시간에 일어나는 동일한 물리현상은 다른 양의 에너지가 필요하다. 따라서 에너지 보존법칙이 성립하지 않게 될 것이다.

질량보존의 법칙(mass, conservation of)은 닫힌계의 질량은 상태 변화에 상관없이 변하지 않고 계속 같은 값을 유지한다는 법칙이다. 물질은 갑자기 생기거나, 없어지지 않고 그 형태만 변하여 존재한다는 뜻을 담고 있다. 다시 말해, 닫힌계에서의 화학반응에서, (반응물의 질량)=(결과물의 질량)이란 수식을 만족한다.

열역학 제2법칙(second law of thermodynamics)은 고립계에서 총엔트로피(무질서도)의 변화는 항상 증가하거나 일정하며 절대로 감소하지 않는다. 에너지 전달에는 방향이 있다는 것이다. 즉, 자연계에서 일어나는 모든 과정들은 가역과정이 아니라는 것이다.

열역학 제2법칙을 수식으로 간단히 나타내면 다음과 같다.

$$\Delta S \geq 0$$

여기서 부등호(>)는 비가역과정에 적용되고 엔트로피의 변화(ΔS)는 0보다 크다. 즉, 항상 증가한다는 말과 같다. 등호(=)는 가역과정에 적용된다.

열역학 제1법칙은 에너지가 보존된다는 것을 나타낸다. 그러나 에너지는 보존되지만, 자연계에서 실제로 일어나지 않는 많은 과정들이 있다. 예를 들어, 차가운 물체에 뜨거운 물체를 접촉시키면 뜨거운 물체에서 차가운 물체로는 열이 전달되지만, 반대의 과정은 자발적으로 일어나지 않는다. 만약 열이 차가운 물체에서 흘러 나와 뜨거운 물체로 흘러 들어간다고 하면 에너지는 보존되어 열역학 제1법칙은 만족한다. 그러나 자연현상에서 이러한 일은 일어나지 않는다. 이러한 비가역성을 설명하기 위해 19세기 후반의 과학자들은 열역학 제2법칙이라는 새로운 원리를 발표하였다. 이 법칙으로 자연계에서 일어나지 않는 과정이 어떤 것들인가에 대한 설명이 가능해졌다.

열역학 제2법칙은 독일의 이론 물리학자인 클라우지우스가 처음 수학적으로 표현하였고, 얼마 후 켈빈-플랑크가 설명하였다.

- 열역학 제2법칙에 관한 클라우지우스의 기술: 열은 스스로 차가운 물체에서 뜨거운 물체로 옮겨 갈 수 없다.
- 켈빈-플랑크의 기술: 계가 한 온도에서 열 저장실로부터 흡수한 열로 순환과정을 하면서 흡수한 열과 같은 양의 일을 하는

것은 불가능하다. 즉, 100% 열을 흡수해서 흡수한 열을 100% 운동으로 바꾸는 것은 불가능하다.

열역학 제1법칙이 과정 전과 후의 에너지를 양적(量的)으로 규제하고 있는 데 비하여, 제2법칙은 에너지가 흐르는 방향을 규제하는 성격을 띠고 있다. 즉 에너지의 흐름은 엔트로피가 증가하는 방향으로 흐른다는 것이다. 따라서 이 법칙에 따르면, 하나의 열원에서 열을 받아 이것을 일로 바꾸되 그 외 어떤 외부의 변화도 일으키지 않는 열기관인 제2종 영구기관의 제작은 불가능하다고 할 수 있다. 제2종 영구기관은 100% 열을 받아서 100% 운동에너지로 바꿀 수 있는 기관이다. 그렇지만 켈빈-플랑크의 기술에 의하면 제2종 영구기관의 제작은 불가능하다고 했다. 효율이 좋은 기관의 제작은 가능하지만 영구기관을 만드는 것은 불가능하다.

한편, 물체의 상태만으로 결정되는 엔트로피라는 양을 정의하고, 이것으로 제2법칙에 대해, "열의 출입이 차단된 고립계에서는 엔트로피가 감소하는 변화가 일어나지 않고, 항상 엔트로피가 증가하는 방향으로 변하며, 결국에는 엔트로피가 극댓값을 가지는 평형상태에 도달한다"고 할 수 있다. 즉, 에너지는 자유로이 형태를 변환시킬 수 있지만 그때마다 반드시 에너지가 갖고 있었던 능력인 퍼텐셜(potential)이 사라진다. 일반적으로 에너지를 변환시킬 때마다 엔트로피가 발생한다. 그 결과 엔트로피의 총량은 증가하게 되며 에너지의 가치(potential)는 점점 줄어들게 된다.

열역학 제3법칙(third law of thermodynamics)은 열역학적 절대온도 0에서 계의 엔트로피는 0이다. 절대온도가 0으로 접근함에 따라 계의 엔트로피는 상수로 수렴한다.

엔트로피(entropy)는 어떤 물질이 보유한 에너지의 양을 나타내는 단위로 엔탈피(㎉/㎏)가 사용된다. 100℃의 물 1㎏과 25℃의 물

4kg의 엔탈피는 똑같은 100㎉이다. 그러나 우리가 100℃의 물로는 난방이나 목욕수로 쓸 수 있지만 25℃의 물은 난방이나 급탕이 불가능하다. 또한 100℃의 물로는 25℃의 물을 만들 수 있지만 25℃의 물로는 외부에서 별도의 에너지를 투입하지 않는 한 100℃의 물로 만들 수 없다. 이와 같이 에너지의 양만 가지고는 그 가치를 파악하기가 어려우므로 에너지의 질을 나타내는 단위로 엔트로피를 사용한다.

엔트로피는 그 온도에서의 보유열량을 절대온도로 나눈 것이며 따라서 고온에서 저온으로 에너지가 이동하면 저온 측의 엔트로피는 분모가 고온보다 작으므로 엔트로피는 고온일 때보다 반드시 증가하게 되며 엔트로피가 증가한 만큼 에너지의 유용한 가치가 손실되었다고 판단한다.

7. 에너지의 효율진단

1) 엑서지

엑서지(exergy)는 온도, 압력, 엔탈피와 마찬가지로 하나의 상태량으로 볼 수 있는데 정확히 표현하면 "최대 이론적으로 얻을 수 있는 유용한 일"이라고 정의된다.

엑서지 진단을 실시하는 이유는 어떻게 하면 에너지를 더욱 유효하게 이용할 수 있을까 하는 방법을 찾기 위한 것이다.

열역학 제1법칙에 의하면 에너지는 생성·소멸될 수 없으며, 다만 그 모양을 바꾸는 것뿐이다. 상대성이론에서 질량과 에너지는 등가(等價)이므로, 질량까지 포함해서 생각하면 에너지 총량은 자연계에서 언제나 일정하다. 따라서 에너지의 총량을 해석하는 데에는 유용하지만 에너지의 질에 대해서는 해석이 불가능하다.

예로 발전소를 열역학1법칙으로 진단하면 에너지의 질이 구분되지 않아 발전기에서 나오는 전기나 냉각수로 버려지는 열이나 모두 엔탈피로 표시된다. 그러나 전기는 아주 유용한 에너지이지만 냉각수로 버려지는 열량은 전혀 이용할 수 없기 때문에 에너지의 질을 구분하는 엔탈피진단의 한계가 있다.

열역학 제2법칙에 의하면 제1의 열원(미시계)에서 얻은 열에너지를 전부 기계적 에너지로 변환할 수는 없고, 일정량의 열에너지는 제2의 열원(거시계)으로 소실된다. 제2의 열원이란, 일반적으로 인간사회를 둘러싼 환경, 즉 대기, 바다, 강 등 대규모로 존재하는 주위매체(周圍媒體: 外界)로서, 인류의 활동은 이러한 환경에 열에너지를 버림으로써 성립된다. 이와 같이 주어진 환경조건의 어떤 계(系)로부터 외부로 꺼낼 수 있는 최대의 기계적 에너지를 그 계의 엑서지라 하며, 에너지를 대신하는 계의 평가함수(評價函數)로 삼는다.

가스터빈화력발전소에 대하여 엔탈피진단을 실시해 보면 에너지손실요인은 주로 공기압축기의 성능저하, 가스터빈의 성능저하, 배출가스손실 증가 등이 주된 손실요인으로 나타나는 데 비하여 엑서지 진단결과를 살펴보면 연소기에서 가장 많은 엑서지 손실이 발생하여 엔탈피진단 결과와는 큰 차이가 있다.

엑서지 효율은 얻은 엑서지를 공급 엑서지로 나눈 것이며, 이와 같은 방법으로 화력발전소의 엑서지 효율을 구해 보면 약 63%로 나타나 엔탈피효율 약 43%보다 높게 나타난다. 엑서지 효율을 구해 보면 효율개선의 한계를 보다 명확하게 알 수 있어서 에너지 시스템의 성능해석에 아주 유용하게 이용된다. 엑서지 효율을 가정이나 건물의 냉난방, 급탕 등 저온을 주로 사용하는 곳에 적용해 보면 엑서지 효율이 아주 낮게 나타난다. 이것은 냉난방, 급탕과 같이 저온을 필요로 하는 곳에는 연료와 같은 고급에너지의 사용을 최소화하고 지하수나 폐열 등을 이용하는 것이 합리적임을 제시해 준다.

실제로 연료를 난방에 직접 사용할 경우의 엑서지 효율을 구해 보면 연료연소온도 1,800℃, 난방필요온도 80℃이므로 80℃ 온수의 엑서지는 외기온도 15℃를 적용하면 0.18Q이고 1,800℃ 연료의 엑서지는 0.81Q이므로 엑서지 효율은 22%에 불과하다.

2) 카르노사이클

열역학 제2법칙은 열기관에서 열이 일로 변환될 때 어떠한 한계가 있음을 나타내고 있다.

열기관의 최고 열효율을 알기 위해 N.L.S.카르노가 발표한 열역학상의 가역 사이클을 말하며 카르노순환이라고도 한다. 실제 기관에서는 마찰이나 열전도 때문에 이 사이클은 성립하지 않지만 실제 기관과 비교하여 개량할 여지가 있는가를 조사하기 위해서 중요한 의미를 갖는다. 카르노는 2개의 등온변화와 2개의 단열변화를 가상하고, 기체를 등온팽창→단열팽창→등온압축→단열압축의 순서로 변화시켜 처음의 상태로 복귀시키는 열역학 사이클을 발표하였다. 그 결과 사이클의 열효율은 기체 종류와는 관계없이 $1-T_2/T_1$이 된다는 것이 밝혀졌다. 즉, 고열원의 온도 T_1(등온팽창을 할 때의 절대온도)이 높을수록, 저열원의 온도 T_2(등온압축을 할 때의 절대온도)가 낮을수록 열효율이 커진다는 사실을 밝혀냈다. 그러나 실제 기관에서는 마찰이나 열전도 때문에 완전하게 단열변화나 등온변화를 실현시킬 수 없으므로 이 사이클은 성립하지 않지만, 실제 기관이 이상적인 사이클과 비교하여 어느 정도의 열효율을 갖는지, 얼마만큼 개량할 여지가 있는가를 조사하기 위해서 중요한 의미를 갖는다.

예로서 외기온도가 10℃이고 지열에 의해 120℃의 온수를 얻어 작동하는 열기관의 이론최고효율은 $1-(273+10)/(273+120)=0.28$이 되며 어떠한 열기관을 설계하여도 열효율이 28%를 초과할 수 없음을 알 수 있다.

기관이란 열저장고에서 열을 뽑아내어 일을 수행하는 장치인데 주로 기관의 효율은 열효율로 따진다. 열효율의 정의는 공급된 열에너지에 대한 일의 비율로써 얻은 에너지/사용한 에너지로 쓴다. 이러한 열효율이 마찰이나 막흐름 등에 의한 에너지 손실이 하나도 없이 최대가 되는 기관을 이상기관, 다른 말로는 카르노 기관(carnot 기관)이라고 한다. 일반적으로 열효율＝W(일)/얻은 열에너지(Q_h)＝1$-Q_l$(방출한 열에너지)/Q_h로 쓰는데 카르노 기관에서는 열효율＝1$-T_l$(저온의 열저장고의 온도)/T_h(고온의 열저장고의 온도)로도 쓸 수 있다. 그런데 $T_l < T_h$이므로 이상 기관의 열효율도 100%보다는 낮음을 알 수 있다. 즉, 영구기관이란 열역학 제2법칙에 위배되는 가상적인 기관이라는 것을 알 수 있다.

3) 에너지 탄성치

에너지의 효율적 이용 여부를 판단하는 기준의 하나로 에너지탄성치가 사용된다.

에너지탄성치(energy elasticity)는 실질 경제성장률이 1% 신장했을 때 에너지 소비량이 어느 정도 증가되는가를 나타내는 비율이다. 에너지 소비의 증가율을 실질 경제성장률로 나누어 산출한다.

예를 들면, 경제성장률이 5%인데 에너지소비 증가율이 4%라면 에너지탄성치는 0.8이 된다. 에너지탄성치가 1 이상으로 나타나면 에너지가 낭비되고 있다고 볼 수 있는 반면 에너지탄성치가 1 이하이면 에너지 이용효율이 향상된 것으로 판단할 수 있다.

PART 03

물에너지

물에너지

1. 소수력발전

1) 개요

수력발전이란 발전용량에 따라 대수력, 중수력, 소수력, 마이크로 수력으로 구분되는데, 물의 낙차에서 얻어지는 위치에너지로 발전하는 원리는 동일하다.

대형 수력발전은 새로운 재생가능에너지로 보기 어려운 면을 지니고 있으며, 종종 심각한 환경문제를 초래하여 세계적으로 강한 비판에 직면해 있기도 하다. 커다란 댐을 건설해서 수력발전을 할 경우 댐은 물의 흐름을 느리게 해서 댐 바닥에 토사가 쌓이게 만든다. 이러한 토사는 강바닥을 높이고, 그 결과 댐으로 들어오는 강물의 흐름은 더 느려진다. 이는 댐으로부터 터빈을 통과할 수 있는 물의 속도를 점차 감소시키고, 그 양도 감소시켜 결국은 수력발전의 최대 발전용량도 감소시킨다.

소수력발전(small hydro power)은 재생가능에너지원으로서 세계 에너지 공급을 위해 상당한 기능을 할 것으로 기대된다.

설비 용량이 15,000kW 미만의 소규모 수력발전을 의미하나 국내에서는 보통 3,000kW 미만을 소수력발전으로 부른다. 댐 건설 등을 통한 대규모 수력발전과 원리에서는 차이가 없으나 대규모 수력발전이 환경에 부정적 영향을 미치는 점을 생각한다면 국지적인 지역 조건과 조화를 이루는 규모가 작고 단순한 수력발전이라고 할 수 있다.

공해가 없는 청정에너지로서 국내에도 150만kW 정도의 부존량이 확인되어 있으며, 다른 재생 가능한 에너지원에 비해 높은 에너지 밀도를 가지고 있기 때문에 개발 가치가 큰 부존자원으로 평가되어 선진국을 중심으로 기술개발과 지원사업이 활발하게 펼쳐지고 있다.

소수력 자원의 적극적인 개발은 에너지원의 개발 차원뿐 아니라 경제, 사회적으로 전력수요 급증 시의 부하 평준화 효과 및 석유수입 대체 민간주도의 반영구적 공익사업으로서, 환경친화적인 에너지원의 개발을 통한 지역개발의 촉진과 이로 인한 경제적 파급효과의 극대화 및 관련 기술의 수출 산업화 등의 부수적인 효과를 거둘 수 있다고 평가되고 있다. 여기에 연 유지비가 아주 낮으며, 설계 및 시공기간도 비교적 짧다는 이점이 있는 반면에 높은 초기 투자비용 등으로 인해 경제성이 제한적이라는 것이 가장 큰 장애요인이다.

〈그림 3-1〉 소수력발전의 원리

마이크로수력발전은 발전용량이 100kW 미만인 것으로, 낙차가 작아도 설치 가능하고 친환경적이며 기술적으로도 크게 복잡하지 않다는 장점이 있다.

2) 수자원의 현황

물은 지구상에 가장 풍부하게 존재한다. 지표면의 71%가 바다로 되어 있다. 전 수량의 97%는 바다에 있으며 인간생존에 직접 영향을 주는 강이나 호수는 1%이다. 그러나 물은 순환경로를 통하여 끊임없이 새로워질 수 있다. 물은 생명의 액체로서 생명 현상에 있어서 필수적이다. 사람은 체중의 65%가 물로 되어 있으며 인간의 최초 생활도 물에서부터 시작하였다.

물은 인간의 생리현상을 유지하고 각종 산업 및 문화생활을 하는 데 있어서 필요불가결한 요소이다. 따라서 인류역사의 수자원은 매우 일정한 관계를 가지고 있으며 인류문화가 발달하면서 인간은 식량생산과 목축을 위한 관계용수를 풍부하게 얻을 수 있는 곳을 찾아 정착하였다. 중국 고대문화는 양자강, 이집트의 고대문화는 나일 강, 그리스 문화는 유프라테스 강에 각각 의존하여 이루어진 것이다.

인류문명의 발달과 더불어 세계 각국에서는 도시지역에 급수시설을 설치하고 풍부한 하천수, 호소수 및 지하수 등을 정수 처리하여 안전하게 물을 공급하고 있으며 우물물 등 자연수에 의존하던 농촌에서도 간이급수시설을 설치하여 사용하고 있다. 그러나 근래에 와서는 지구환경 여건의 변화에 따른 물이용 가능량의 부족에 따라 세계 여러 곳에서 물 기근현상이 나타나고 있으며 또한 날이 갈수록 인구의 증가 및 산업의 발달에 따른 용수의 수요증대로 인해 물부족 문제가 점점 더 심각하게 대두되고 있다. 우리나라 강수량은 연평균 1,274㎜로서 세계 평균의 1.3배 정도이나 인구밀도가 높아서 인구 1인당 강수량은 세계평균의 1/10에 불과하므로 물 부족 국가에 속한다(국립환경과학원, 2008). 더구나 강수량은 계절적 편차가 심하여 6~9월에 약 2/3가 편중되어 있다. 이와 같은 강수량의 극심한 계절적 불균형은 하천의 하상계수(최대유량과 최소유량의 비)가 300~500으로서 유럽의 10~30보다 20~30배가 더 커서 수자원관리에 많은 주의가 요구된다(〈표 3-1〉).

〈표 3-1〉 국내외 주요하천의 하상계수

국내하천	하상계수	외국하천	하상계수
한강 (인동교지점)	580(170)[*]	센 강(프랑스)	34
낙동강 (진동지점)	360(180)[*]	라인 강(독일)	16
금강 (공주지점)	540(300)[*]	미주리 강(미국)	75
영산강 (나주지점)	330(170)[*]	대정천(일본)	110

[*] 다목적 댐에 의한 유량조절 후의 하상계수

지구상의 수자원량(〈그림 3-2〉)과 우리나라 수자원량(〈그림 3-3〉)의 현황은 다음과 같다.

- 세계 연평균 강수량: 973㎜
- 세계 1인당 강수량: 26,800㎥/년
- 지구상의 수자원량: 13억 8천5백만㎦

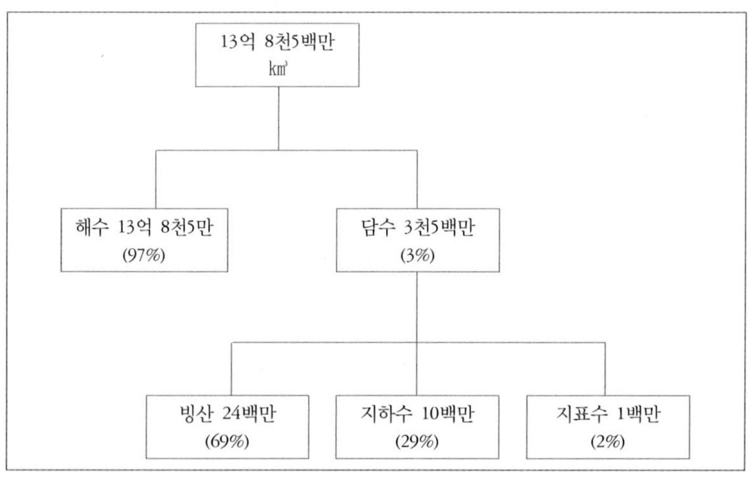

〈그림 3-2〉 지구상의 수자원량

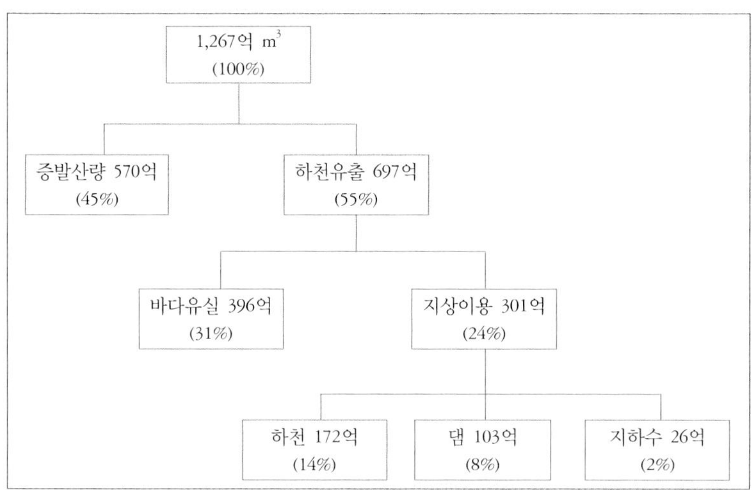

〈그림 3-3〉 우리나라의 수자원량

- 우리나라 연평균 강수량: 1,274㎜(세계 평균의 1.3배)
- 우리나라 1인당 강수량: 2,900㎥/년(세계의 11%)
- 우리나라의 수자원량: 1,267억㎥

3) 수력발전의 원리

국내에서 가동되고 있는 소수력발전소의 평균 설비용량은 약 2,000 ㎾ 정도이고 대부분이 낙차가 큰 곳에 위치해 있다. 그러나 낙차가 큰 입지가 줄어들고 있어 앞으로는 저낙차 소수력 자원을 효과적으로 개발할 수 있는 기술의 개발과 경제성을 극대화시킬 수 있는 최적 설계와 운영기법의 개발이 정부차원에서 적극적으로 추진되어야 할 것이다.

소수력발전의 발전원리로는 낙차가 큰 곳에 댐이 아니라 관을 설치해서 관 속 물의 힘으로 터빈을 돌리는 것과 흐르는 물을 그대로 통과시켜서(run of the river) 발전기를 돌리는 두 종류의 형태가 있다. 두 가지 방식 모두 댐을 건설할 필요가 없고, 강을 크게 변형시키지 않는다는 장점을 가지고 있다. 관을 설치하는 경우는 낙차가 큰 강의 강물 일부를 따로 끌어서 관 속을 흐르도록 하고 이 흐르는 힘을 이용해서 터빈을 돌려 전기를 생산한다. 강의 낙차가 크지 않은 경우에는 물속에 소위 '전구형 터빈(bulb turbine)'을 설치해서 전기를 생산한다. 기존의 수력터빈은 대형이든 소형이든 물이 터빈과 수직방향으로 떨어지면서 터빈의 날개를 때려서 돌리지만, '전구형 터빈'은 회전축이 물의 흐르는 방향과 평행으로 놓인다. 강물은 터빈 속으로 직접 들어가서 흘러나오고, 이때 물의 흐르는 힘에 의해 발전기가 회전하면서 전기가 만들어지는 것이다.

수력발전 시스템은 1차 에너지로서 하천, 호소 등이 갖는 물의 위치에너지를 이용하여 수차를 돌림으로써 기계에너지로 변환하고, 다시 이것은 발전기를 돌려 전력으로 변환하는 발전방식이다.

보통 물 에너지의 이론적 수력은 유량(Q)의 단위질량 $1Kg$당 유효수두 $H_e[Kg \cdot m]$에서 낙하해 수차를 회전시키는 에너지를 이론적 수력이라고 부른다.

$$mgH_e = 1000Q \times 9.8 \times H_e = 9800QH_e[J]$$

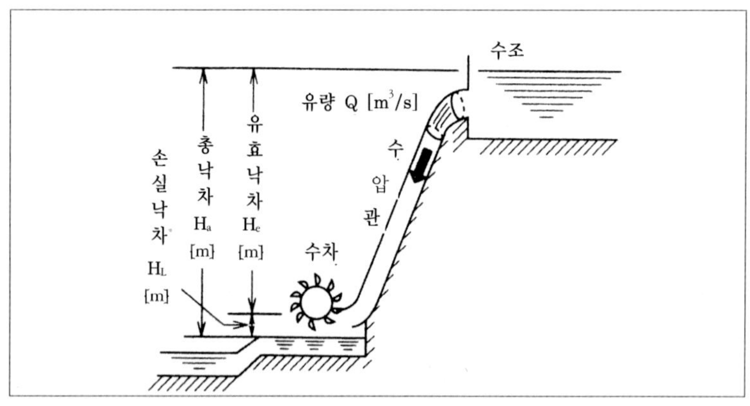

〈그림 3-4〉 물의 유효낙차와 총낙차

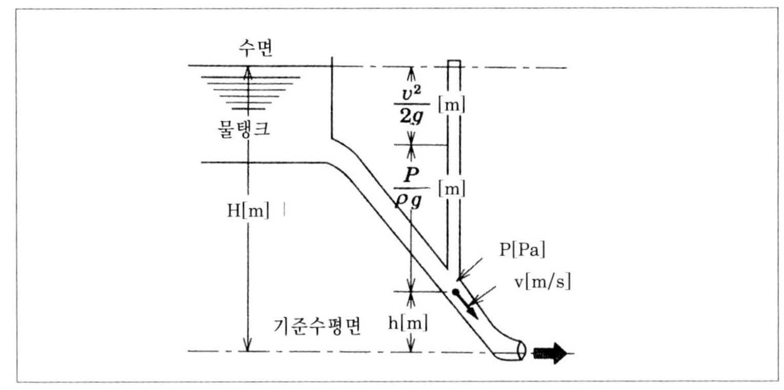

<그림 3-5> 베르누이의 정리

또한 베르누이의 정리를 응용하면 수력은 다음과 같다.

$$h + \frac{P}{\rho g} + \frac{v^2}{2g} = H[m]\,(일정)$$
$$P_o = 9800\,QH[W] = 9.8\,QH[KW]$$
$$P = 9.8\,QH\eta_w\eta_g\,[KW]$$

P_o : 이론동력

P : 실동력

η_w : 수차효율(80~90%)

η_g : 발전기효율(90~97%)

4) 발전방식

수력발전은 낙차를 조성하는 방법과 저수능력의 크기에 따라 형
식이 조금씩 다르다. 기본적으로는 하천의 기울기가 작은 곳에서 낙
차를 형성하기 위해 댐을 건설하여 저수지를 만들고, 저수지로부터
발전소에 필요한 수량을 통과시킬 수 있는 수로와 높은 압력에 견딜
수 있는 수압관로를 견고한 지형에 설치하며, 수압관이 끝나는 부분
에 발전소 구조물을 건축하고, 그 안에 수차발전기와 각종 부속장치

를 설치한다. 발생된 전력을 송전하기 위한 전기설비의 설치장소는 발전소가 소규모일 때는 건물의 일부분을 이용하기도 하나 대부분의 발전소는 가깝고 안전한 장소에 별도로 마련한다. 수력발전소는 지형조건에 따라 이용하는 방법이 달라지며, 특히 낙차를 얻는 방식에 따라 다음과 같이 분류한다.

(1) 수로식 발전

하천의 상류나 소지류와 같이 자연적으로 물매가 크고, 지형조건에 따라 커다란 Ω 자 형태로 돌아 흐르는 지점을 이용하여 단축된 경로에 기울기가 완만한 인공수로를 조성하면, 수로의 끝부분이 하천과 다시 만나는 곳에서 자연하천의 길이(L)와 평균물매의 각도($\alpha°$)에 의해 낙차($H=\tan\alpha\times L$)를 얻을 수 있으며 이를 발전에 이용한다.

댐은 저수능력을 거의 고려하지 않고, 취수기능만 갖도록 소규모로 건설하기 때문에 건설비용의 부담이 가벼워지는 이점이 있으나, 풍수기나 홍수기의 풍부한 수량을 저수할 수 없기 때문에 수자원의 이용률이 낮아지는 단점이 있다. 주요 시설물로는 취수댐, 수로, 침사지, 수조, 수압관, 수차, 방수구, 방수로 등이 있다. 침사지는 하천상류의 침식작용에 의해 수중에 포함되는 토사가 수차에 유입되지 않도록 수로의 도중에 설치하나, 충분한 크기의 저수지를 보유하는 일반 수력발전소는 저수지가 침전지 역할을 대신하므로 별도의 침사지를 설치하지 않는다.

(2) 댐식 발전

하천의 중·하류 지역은 수량이 상류에 비해 많으나, 하상(河床)의 물매가 크지 않아 많은 건설비를 들여 수로를 연장해도 낙차가

별로 증가되지 않는다. 따라서 입지조건을 고려하여 가능한 한 높은 댐을 설치하여 낙차를 형성한다.

댐이 높아지면 저수능력이 증대되므로 풍수기에 여유수량을 저수해 두었다가 갈수기에 이용하는 등의 수자원 이용률이 증가하나, 수몰되는 지역이 넓으며 건설비용이 많이 든다는 단점이 있다. 주요 시설물로는 댐, 취수구, 수로, 수조, 수압관, 방수구, 방수로 등이 있다.

(3) 댐·수로식 발전

하천의 물매가 다소 큰 중·상류 지역에 댐과 수로를 건설함으로써 어느 하나만 있을 때보다 더 큰 낙차를 얻을 수 있고, 보다 풍부한 수량을 이용할 수 있다는 장점을 지닌 댐식과 수로식의 절충방식이다. 주요 시설물로는 댐, 수로, 침사지, 수조, 수압관, 수차, 방수구, 방수로 등이 있다.

(4) 유역변경식 발전

낙차를 크게 하기 위해 하천의 상류에 설치한 댐으로부터 유량의 일부 또는 전부를 인접한 다른 하천이나 분수령을 달리하는 다른 유역으로 변경하여 발전하는 방식으로 수력자원의 가치가 상승한다. 그러나 이 방식은 원래의 하천 하류에 유량이 감소하는 데 따른 역기능도 함께 고려해야 한다. 함경남도의 허천강발전소·부전강발전소·장진강발전소, 강원도의 강릉발전소, 전라북도의 칠보발전소가 유역변경식 발전소이다.

(5) 양수 발전

양수발전소는 하천과는 무관하게 자연적인 지형을 이용하여 높은 곳과 낮은 곳에 각각 별개의 소규모 저수지를 건설하고, 심야나 주말 또는 휴일 등 전력의 수요가 적은 시간대에 다른 발전소(원자력 또는 대규모 화력발전소)로부터 전력을 공급받아 낮은 곳의 물을 높은 곳으로 양수하여 저수한 다음, 전력수요가 많은 시간대에 저수되어 있는 물을 이용하여 발전한다. 이와 같은 방식은 같은 규모의 석유 및 석탄을 원료로 사용하는 화력발전소에 비해 건설비용이 저렴하고, 양수 시 전력을 공급해 주는 기존 발전소의 이용률 및 열효율을 향상시켜 발전원가를 절감할 수 있으며, 환경오염이 거의 없다는 이점을 지닌다. 주요 시설물로는 상부댐, 취수댐, 수로, 수조, 수압관, 수차, 방수구, 방수로 등이 있다.

5) 수차의 종류 및 특징

수차(水車, waterwheel)는 움직이는 물이 날개에 힘을 가하면 바퀴가 회전하고, 이 회전은 수차축을 통해 기계에 전달된다. 이러한 수차는 인간과 가축을 대신한 최초의 기계 동력원이었으며, 처음에는 물을 끌어 올리거나 곡물을 빻는 일 등에 사용되었다.

각종 수차는 회전날개가 중력에 의해 운동하고, 관로(管路) 내부를 흐르는 물은 임의의 위치에 따라 속도 및 압력 에너지로 배분되어 존재한다. 이와 같은 수력 에너지로부터 동력을 얻는 기계의 형식은 여러 종류가 있으며, 위치에 따라 배분되는 에너지의 형태에 따라 효과적인 동력변환이 되도록 고안된 수차는 기본적으로 충동식과 반동식으로 분류된다.

수차날개 차의 분당 회전수는 물의 속도와 날개 차의 지름에 의해 결정되는 것으로 화력발전소의 증기 터빈에 비해 매우 속도가 낮다. 수력발전용 발전기는 특별한 경우를 제외하면 수차의 축에 직접 결합하여 사용된다. 수차발전기도 일반 원동기로 구분되는 발전기와 원리는 같으나 정격회전수가 수차의 회전수와 같게 되는 관계로 자극수(磁極數)가 증가하고, 내부구조와 형상이 약간 다르다.

수차발전기의 설치방식은 수차와 발전기를 각각 같은 높이에 설치하고 서로의 축이 수평 상태에서 결합되게 하는 가로축 방식과 수차축을 수직으로 하여

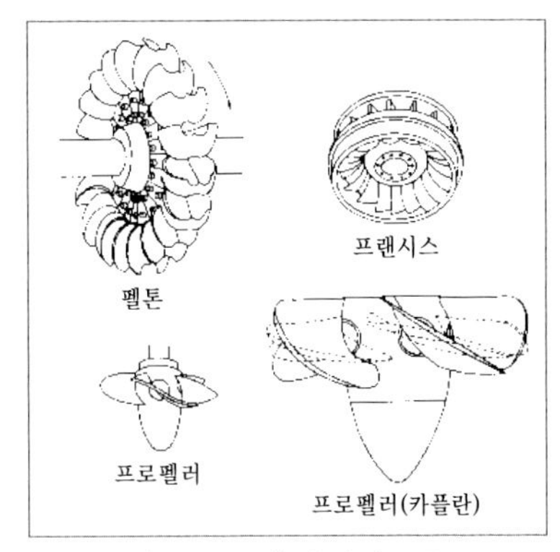

〈그림 3-6〉 수차의 종류

바닥에 먼저 설치하고 그 위쪽에 발전기를 결합시키는 세로축 방식으로 구분할 수 있다. 설비의 크기와 지형 및 이용되는 낙차의 높낮이에 따라 유리한 방식을 선택한다. 세로축 방식은 낙차의 유효이용, 설치면적의 축소 및 튼튼한 구조로 제작하기 쉬운 점 등의 장점이 있어 대형기에 주로 채택되나 기초의 굴착 깊이가 증가하고 건물이 높아지는 단점도 있다.

(1) 펠톤 수차(Pelton Turbine)

회전원판의 주위에 12~24개의 버킷을 부착하고, 높은 압력으로부터 노즐(nozzle)을 통해 뿜어져 나오는 고속도의 분사수(噴射水)를 충돌시켜 회전력을 얻는 충동식 수차의 대표적인 형식이다. 물의 압력 수두가 H(m)일 때 분사수의 이론적 속도 $v(\text{m/s}) = (2gh)^{0.5}$가 되므로 고낙차일수록 동력변환이 효과적으로 이루어진다. 이용되는 낙차의 범위는 100kW 이하의 소형 수차의 경우에는 50~100m에도 사용될 수 있으나, 대규모 발전소의 경우는 250~1,500m의 범위에 사용된다. 따라서 여러 형식의 수차 중 가장 높은 낙차 영역에 사용된다.

(2) 프랜시스 수차(Francis Turbine)

비교적 높은 낙차에 사용되는 반동식 수차로서 원추형 회전체 보스에 날개깃을 8~20매 붙이고, 날개깃 외곽의 가장자리는 링 모양의 밴드로 막는다.

큰 압력 에너지를 갖고 있는 물은 보스와 밴드 및 날개깃 사이로 빠르게 지나가며, 이때 날개 차도 상대속도로 운동하게 되어 회전한다. 동력 변환은 대부분 물의 압력 에너지에 의존하나 약간의 충동력도 작용된다. 이용되는 낙차는 소형 수차의 경우 30m 이하에도 사용되며, 용량이 클수록 증가하여 대규모 발전소의 경우 50~400m의 매우 넓은 범위에 사용된다.

국내의 발전소에 가장 많이 설치된 형식으로 양수발전소에 사용되는 펌프－터빈도 고낙차 지점에서는 프랜시스형을 사용한다.

(3) 프로펠러 수차(Propeller Turbine)

팽이 모양의 회전체 보스 주위에 3~7매의 날개깃을 부착한 간단한 구조로 가격이 저렴하다. 50m 이하의 낮은 낙차에 사용되나 정격유량 이외의 영역에서는 효율 저하라는 큰 결점이 있으므로 항상 일정한 수량을 사용할 수 없는 조건에는 적합하지 않다. 이 문제를 개선하기 위하여 수차에 들어가는 유량을 필요에 의해 가감시켜 날개의 열림 상태를 자동적으로 적당한 위치가 되도록 고안한 것이 카플란(kaplan)수차이다.

카플란수차는 구조가 복잡해 가격이 비싸지만 출력이 변동되어도 효율의 저하가 심하지 않으므로 대규모 발전소에서는 프로펠러 수차 대신 사용한다.

〈그림 3-7〉 상향식 수차　　　　　　〈그림 3-8〉 하향식 수차

　　그 밖에 저낙차 지점의 이용 효율을 개선하기 위해 모양을 조금씩 변화시킨 상향식 수차, 하향식 수차, 사류형 수차, 원통형 수차 등도 널리 사용된다.

　　낙차가 2m 이상인 경우에는 수차의 상단에서 물을 따르는 **상향식 수차**를 사용할 수 있다.

　　낙차가 2m 미만의 흐름은 **하향식 수차**를 사용하는데, 하향식 수차는 유럽에서 많이 발달되어 있다.

6) 발전기

(1) 개요

　　발전기(發電機, electric generator)는 중력 터빈, 댐에 있는 수차, 화석 연료의 연소에 의한 열이나 핵분열에서 발생하는 열로 만들어진 증기에 의해 작동되는 증기 터빈, 내연기관(디젤 기관 또는 가스 터빈 등) 동력원의 역학 에너지를 전기 에너지로 변환한다.

　　발전기 동작의 기본원리는 패러데이의 유도법칙이며 전동기의 동작원리와도 같다. 발전기처럼 움직이는 장치를 이용하여 전기를 얻는 전기 제품은 **플레밍의 오른손법칙**의 응용이고, 모터나 전자석처럼 전기로 기구를 움직이는 제품은 **플레밍의 왼손법칙**의 응용이다.

영국 전기공학자 J. A. 플레밍이 고안한 법칙으로 자기장 속에서 도선(導線)을 움직일 때, 유도기전력(誘導起電力)에 유도되는 전류의 방향을 나타내는 법칙(플레밍의 오른손법칙)과 자기장 속에서 전류가 받는 힘의 방향을 나타내는 법칙(플레밍의 왼손법칙)을 일컬으며 손가락을 써서 나타낸다.

전하가 자기장 속에서 운동하면 그 속력에 비례하는 힘을 받는다. 그 방향은 속도와 자기장이 정하는 면에 수직이고, 오른나사를 이 방향으로 놓고 속도 방향에서 자기장 방향으로 돌렸을 때 오른나사가 나아가는 방향이다.

플레밍의 오른손법칙은 오른손 엄지, 검지, 중지를 서로 직각되게 세운다. 검지를 자기장 방향, 엄지를 도선이 움직이는 방향이라 하면, 도선 속에 흐르는 유도전류 방향은 중지 방향이다.

플레밍의 왼손법칙은 왼손의 엄지, 검지, 중지를 서로 직각되게 세운다. 자기장을 검지, 전류를 중지 방향으로 하면, 이 전류가 자기장에서 받는 힘의 방향은 엄지 방향이다.

발전기는 코일과 연결되어 있는 자기력선의 수 또는 자속(磁束)이 변화할 때 코일에 전압이 유도되는 원리를 이용한 것이다. 이 원리는 말굽자석, 전선을 50회 정도 감은 코일 및 검류계를 사용해서 확인할 수 있다.

코일의 양 끝을 검류계의 단자에 접속하고 자석의 한 자극(磁極)을 코일이 둘러싸도록 놓은 후, 검류계 바늘의 움직임을 관찰한다. 자석이 코일을 향해 움직이면 검류계의 바늘은 패러데이의 유도법칙에 의해 코일에 전류가 유도되어 한쪽 방향으로 움직이지만, 반대로 자석이 코일로부터 멀어지면 바늘은 반대 방향으로 움직인다. 또한 자석의 움직이는 속도를 빠르게 하면 바늘도 빨리 움직인다.

자석이 코일에 대해서 정지하고 있으면 코일이 어떤 위치에 있어도 검류계의 바늘은 흔들리지 않는다. 그러나 자석이 정지하고 있어도 코일이 움직이는 경우에는 코일이 움직이는 동안만 바늘이 움직이는 것을 알 수 있다. 또한 코일이 자석의 한 자극을 둘러싸도록 놓고 양쪽 모두가 정지한 상태에서 다른 철판을 자석에 붙이거나 떼어내면, 철판이 자극에 가까워지는 경우에는 검류계의 바늘이 ＋, － 의 한쪽 방향으로, 반대로 자극에서 멀어지는 경우에는 반대 방향으로 움직이는 것을 볼 수 있다.

발전기는 기계적 회전에너지를 전기적 에너지로 변환하는 방법으로 ① 코일은 정지하고 그것을 통과하는 자기력선이 상대적으로 운동하는 것, ② 코일이 움직이면서 자기력선을 변화시키는 것, ③ 코일, 자석 모두 정지해 있고 자기력선 안에서 강체가 움직이는 것 등이 있는데, 발생되는 전기가 직류냐 교류냐에 따라서 직류(直流)발전기 또는 교류(交流)발전기라 한다.

(2) 직류발전기

직류발전기는 원주상에 N극, S극을 서로 같은 간격으로 배치한 계자(界磁: 또는 場磁石)와 적층 철심에 설치된 홈 안에 도체가 감겨 있는 전기자로 이루어져 있다. 계자나 전기자 어떤 것을 회전시켜도 되지만, 직류발전기의 경우는 기계적인 문제 때문에 전기자를 회전시키는 것이 보통이다.

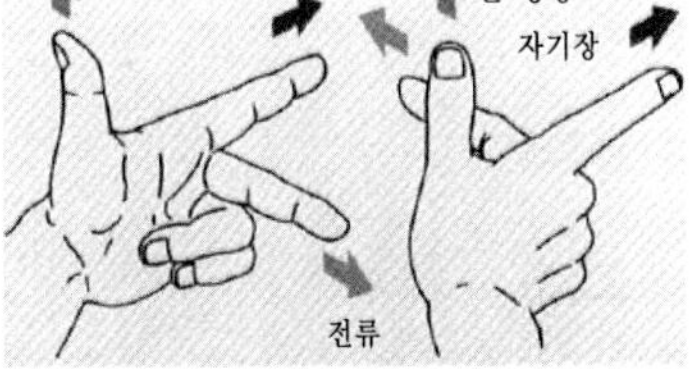

〈그림 3-10〉은 직류발전기의 구조를 나타낸다. 이 그림에서 축전지는 계자극에 감긴 계자 코일에 전류를 흐르게 하는 직류 전원이다. 이 직류 전원으로부터 전류

〈그림 3-9〉 플레밍의 법칙

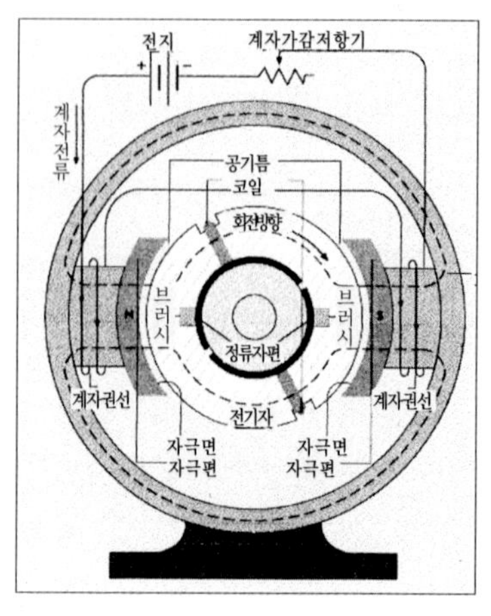

〈그림 3-10〉 직류발전기 구조

가 통하면 표시된 것과 같은 경로의 자기력선이 생긴다.

그림에서 전기자 코일을 통과하는 자기력선 선속(線束)은 코일면이 자기력선과 평행할 때 0이 되고 수직할 때 최대가 된다. 어느 순간에 코일에 생기는 전압은 그 코일을 통과하는 선속에 의해서 결정되는 것이 아니라 선속이 변화하는 비율에 비례한다. 코일면이 평행 위치에 도달하기 전까지 선속은 같은 방향으로 코일면을 지나가지만, 코일면이 이 위치를 통과한 직후에는 면을 통과하는 선속은 반대 방향으로 된다. 평행 위치에서 선속의 변화율은 최대가 되고 발생하는 전압은 최대치로 된다. 코일면이 수직으로 되었을 때 면을 통과하는 선속의 변화율은 0으로 되고 이 순간에는 전압이 유도되지 않는다. 거의 1/2회전 동안 한쪽의 브러시는 코일면이 수직 위치의 좌측에 있을 때 정류자편을 통해서 좌측의 코일과 접촉하고, 우측의 브러시는 코일면이 수직 위치의 한쪽에서 다른 쪽으로 움직이면 즉시 한쪽의 브러시와는 접촉하지 않게 되고 다른 쪽의 브러시와 접촉한다. 그러므로 코일에 교류전압이 발생해도 브러시의 극성은 변하지 않은 채로 직류전압을 얻는다.

〈그림 3-10〉에서 브러시의 극성은 플레밍의 오른손법칙에 의해서 결정된다. 〈그림 3-10〉에서 브러시 사이에 유도되는 전압의 시간변화(파형)는 자극면과 전기자와의 간격, 자극면의 모양, 자극면에 의해서 덮인 전기자 표면의 비율에 의해서 결정된다. 그림의 브러시 사이에 접속되어 있는 직류전압계는 전압의 평균값을 가리키

는데, 그 값은 대체로 최대 전압의 1/2 이상이다.

이 전압계의 바늘이 가리키는 값은 회전속도에 비례해서 증가한다. 또한 계자 회로의 전류는 〈그림 3-10〉의 계자 가감(가변) 저항기의 값을 조정함으로써 변화시킬 수 있다. 이 계자 전류를 증가시키면 전압계 바늘이 가리키는 값이 증가하는데, 전류에 정비례하지 않고 선속에 비례해서 증가한다. 전류를 0부터 증가시키는 경우, 선속은 전류의 증가에 따라 처음에는 전류에 거의 정비례해서 증가한다. 그러나 전류가 커다란 값이 되면 선속증가의 비율은 철의 자기 포화 특성 때문에 전류증가 비율보다 작아진다.

〈그림 3-10〉의 브러시를 그림에 나온 위치에서 90도 이동한 경우, 코일면이 하나의 자극 중심에서 다른 자극 중심으로 이동하는 동안 브러시는 정류자편과 접촉하며 브러시 사이의 전압은 평균치가 0인 교류전압이 된다. 그림에서 더 많이 감긴 코일을 홈 안에 두고 그 코일 끝을 정류자편에 접속한 경우, 브러시 사이의 전압은 감은 횟수에 비례해 증가된다.

〈그림 3-10〉의 발전기는 타려식(他勵式)으로 계자 코일이 전기자 이외의 전원으로부터 전류를 공급받는다. 여기에서는 전원을 축전지로 표시했지만, 대부분의 타려식 발전기에서 계자 전류는 여자기(勵磁機)라는 더 작은 발전기에 의해서 공급된다. 직류발전기의 계자 코일에 전류를 흐르게 했다가 그것을 끊은 다음에도 자기 회로에는 어느 정도의 잔류 선속이 남아 있다. 그 결과 발전기를 정격 속도로 운전한 경우, 정격 전압의 약 5% 정도의 전압이 전기자 단자 사이에 나타난다. 자려식(自勵式) 발전기는 이 전압을 이용해서 계자 코일에 전류가 흐르게 하여 더 높은 전압을 얻는다.

(3) 교류발전기

교류발전기는 〈그림 3-10〉에서 2개의 정류자편을 2개의 고리로 바꾼 형태이다. 이 고리를 전기자 코일이 회전하는 축 위에 연결시키고 서로 절연된 상태로 붙인다. 코일 한쪽 끝은 하나의 고리에, 다른 한끝은 다른 고리에 접속시킨다. 이 구조에 의하면 고리 사이에 교류전압이 생기는데, 이 전압은 각각의 고리 위 브러시로부터 외부로 나오게 된다. 이러한 형식의 발전기는 회전 전기자형이라고 부르는데, 최근에는 교류 여자기 이외의 것은 거의 제작되고 있지 않다. 그 이유는 전기자를 고정하고 계자극을 회전시키는 것이 전자기 코일의 지지와 절연을 더 값싸게 할 수 있기 때문이다. 자극의 코일은 축에 절연·부착된 집전자(集電子, slip ring)에 접속되는데, 고리 위의 브러시를 통해서 여자기로부터 나오는 직류에 의해서 자기화(磁氣化)된다.

교류발전기에서 발생하는 전압의 파형이 사인파인 것이 바람직하다. 자극면의 형태와 전기자 코일의 접속을 적절하게 조절함으로써 사인파에 아주 가깝게 만드는 것이 가능하다. 대부분의 교류발전기는 3개의 전기자 단자를 지닌 3상 교류발전기이다.

전기자 코일은 3개의 여러 다른 부분으로 나누어져 있는데, 각각은 시간적으로 1/3주기씩 어긋난 전압을 발생시킨다. 발생한 전압의 크기는 계자전류를 바꾸면 변화하는데, 이를 위해서 보통 여자기의 계자회로에 가감 저항기를 사용한다. 전기자 전류를 통하지 않고 전압을 정격치로 맞춘 다음, 부하를 걸어서 3개의 단자로부터 같은 전류를 끌어냈다고 가정하면, 전류에 대한 전기자의 반작용은 접속된 부하의 성질에 의존한다.

그 부하가 유도 전동기의 특징적인 지연출력률을 가진 것이라면, 그것의 자기력을 감소시키는 작용에 의해서 선속이 감속되고 유도기전력도 거의 비례하여 낮아진다. 이 감소분 외에 코일에 전류가 흐름에 따라 전압 강하가 발생하기 때문에, 단자 간의 전압은 더욱 감소하게 된다. 그리고 만일 부하가 앞선 출력률을 지니는 것이라면 그것의 자기력을 증가시키는 작용에 의해서 선속이 증가하여 단자 간의 전압이 상승한다.

(4) 수차발전기

수력발전소에서 수차에 의해서 구동되는 발전기이다. 보통은 교류의 동기(同期) 발전기로서 회전 계자형이다. 물의 낙차, 유량에 따라 가장 적당한 수차가 결정되고 발전기의 형태가 결정되는데, 최근에 제작되고 있는 용량이 큰 발전기는 거의 수직형 또는 우산형이다.

이 형태에서는 회전자의 축이 수직으로 되어 있으며, 이 축의 밑으로 나온 부문이 이 수차의 축과 직접 연결된다. 보통의 수직형은 회전자의 윗부분에 전체의 중량을 지탱하는 추력(推力) 베어링이 있는 것에 비해서, 우산형은 회전자 밑에 추력 베어링이 있고 일반적으로 회전자의 상부에는 안내 베어링이 없다. 이에 반해 상부에도 안내 베어링을 가지고 있는 것을 준우산형이라고 한다.

수직형 발전기는 고정자 틀의 구조, 축의 설계 등의 측면에서 기계적으로 유리한 점을 가지고 있기 때문에 대형 대용량 발전기로 적합하다.

수차발전기에서는 부하가 급히 차단된 경우에 회전자의 속도 상승이 제한되기 때문에, 속도 조절을 위한 장치가 필요하다. 수직형의 경우에는 필요한 속도 조절 장치를 발전기의 회전자 자체에 전부 부담시키도록 설치하는 것이 보통이며, 회전자의 무게와 지름도 크다. 회전자는 수차의 부하가 걸리지 않은 상태에서도 기계적으로 견딜 수 있도록 설계·제작된다. 부하가 없는 상태에서의 속도는 수차에 따라 다른데, 정격의 160~300% 정도이다.

발전 설비의 고효율화 운용이라는 관점에서 양수 발전이 중요해지고 있다. 이에 사용되는 발전기는, 평상시에는 발전기로서 운전되지만 심야에는 잉여 전력을 이용하여 전동기로 작동해서 저수지에 물을 퍼 올리는 것이다. 1대를 가지고 발전기 또는 전동기 2가지로 작동하기 때문에 특히 발전전동기라고 한다. 발전전동기는 일반적인 수차발전기에 비해서 시동·정지의 횟수가 많고 가열과 냉각이 반복되기 때문에 이에 견디는 코일이 필요하다. 그리고 베어링은 좌우 양쪽의 회전을 할 수 있는 구조를 가지고 있어야 한다.

2. 해양에너지

1) 조력발전

해양에너지는 바닷물이 가지고 있는 에너지를 이용하는 것으로서 조력발전, 파력발전, 해양온도차발전이 있다. 조력발전이란 바닷물의 조수간만 차이를 이용하여 전력을 생산하는 기술로서 환경오염 없이 대규모 전력을 생산하는 대체에너지 이용설비이다.

조수는 달이 지구에 가하는 중력의 힘에 의해서 일어나기 때문에, 조력발전은 다른 대부분의 재생가능에너지가 태양으로부터 오는 것과 달리 달로부터 전달되는 힘을 이용하는 것이다.

조력의 이용은 초기에는 간만의 차이가 심한 곳에 커다란 댐을 만들어서 전기를 생산하는 것이었다. 왜냐하면 당시의 기술은 수력발전으로부터 빌려 온 것으로 조수가 수력 터빈을 돌릴 수 있을 만큼 힘이 강해야만 하기 때문이다. 이러한 조력발전에 적합한 곳은 밀물과 썰물이 강한 좁은 만이나 양쪽에 삐죽 나온 곳이 있는 바닷물의

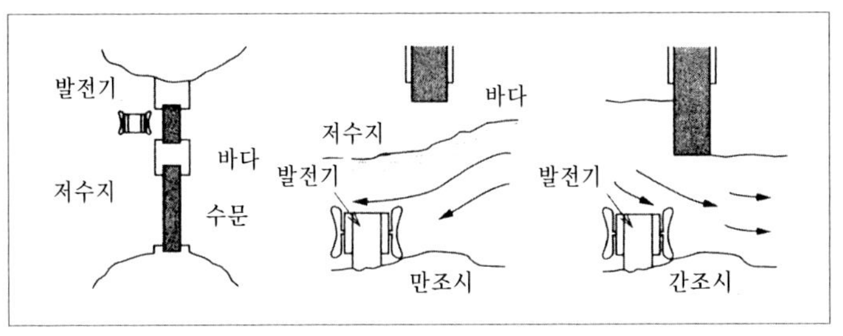

〈그림 3-11〉 간조 때와 만조 때의 조수 흐름

통로이다. 여기서 만이나 통로를 가로질러, 즉 조수의 방향과 직각으로 육지를 잇는 댐을 세우고 댐 속에 터빈을 설치하는 것이다. 그러나 여기서는 두 가지 토목공학적인 문제가 발생한다. 하나는 하루의 절반은 조수가 육지를 향해서 밀려 들어오고, 나머지 절반은 조수가 육지로부터 멀어져 간다는 것이다. 다른 하나는 조수의 힘이 계속해서 바뀐다는 것이다.

간조 때와 만조 때는 조수의 흐름이 정지되므로 이 힘도 제로가 된다. 그러나 간조에서 시작해서 조수의 흐름이 바뀐 후 세 시간이 지나면 힘은 최대가 된다. 만조 후 세 시간 후에도 흐름의 방향만 바뀌지 힘은 최대가 된다. 조수의 미치는 범위에도 연중 변화가 있다. 달이 보름달이거나 그믐달일 때는 달, 지구, 태양이 일직선으로 늘어서기 때문에 서로 끌어당기는 힘이 강해져서 바닷물도 높이 올라간다. 이때를 사리라고 하는데, 물이 높이 찼다가 밀려 가기를 반복하기 때문에 조수의 힘도 가장 강해진다. 그러나 반달일 때는 달, 지구, 태양이 직각으로 배열되어 있어 끌어당기는 힘이 약해지고 조수의 힘도 약해진다. 이렇게 물이 많이 차지 않는 때를 조금이라 한다.

조수의 힘이 하루에도 여섯 시간마다 제로로 떨어지는 등 변화가 심하기 때문에 댐을 건설할 때는 이러한 점을 세심하게 고려해야 하고, 물을 댐 속에 가두어 둘 수 있는 장치도 건설해야 한다.

　최근에 개발되어 실용 단계에 들어간 좀 더 환경친화적인 조력발전은 수력터빈을 이용하는 것이 아니라 풍력발전기에서 사용되는 것과 비슷한 날개를 돌려서 발전하는 것이다. 규모도 댐 방식에 비해서 훨씬 작다. 이것은 그림과 같이 바다 밑바닥에 박힌 기둥 중간에 날개가 달려 있고, 이 날개가 조수에 따라 회전하면서 전기에너지를 생산하도록 되어 있다. 날개는 해수면으로부터 10m 아래에 놓인다.

　이러한 발전방식은 댐 방식에 비해서 여러 가지 이점을 가지고 있는데, 바다의 경관을 해치지 않고 갯벌에도 아무런 영향을 미치지 않으며, 아무런 소음도 일으키지 않는다는 것이다. 이러한 발전기는 조수가 있는 곳에는 어디에나 문제없이 세울 수 있기 때문에 이로부터 얻을 수 있는 전력 잠재량은 대단히 클 것으로 예상된다.

　조석에 따른 해수면의 상승하강 현상을 이용해 전기를 생산하는 조력발전 방식은 대체로 3종류로 나눌 수 있다. 일정중량의 부체가 받는 부력을 이용하는 부체식(浮體式), 조위(潮位)의 상승하강에 따라 밀실에 공기를 압축시키는 압축공기식(壓縮空氣式), 방조제를 축조해 해수저수지를 형성하여 발전하는 조지식(潮池式)이 있다.

　그러나 오늘날의 실용화된 조력발전방식은 모두 조지식으로 조차가 큰 하구나 만에 방조제를 설치하여 조지를 만들고 외해 수위와 조지 내의 수위차(水位差)를 이용하여 발전을 하게 된다. 이외에 조석에 의한 해수의 흐름, 즉 조류(潮流)에서 에너지를 추출하는 조류발전방식이 있다.

　조력발전방식은 일반적으로 조지(潮池)의 수에 따라 단조지식(單潮池式)과 복조지식(復潮池式)으로, 또 조석(潮汐)의 이용횟수에 따라 단류식(單流式)과 복류식(復流式)으로 나눈다.

　시화호의 경우는 낙조(落潮) 시에 수문을 개방하여 조지수위를 간

조수위까지 낮춘 후 창조(漲潮) 시 발전을 한다. 발전 효율 면에서 낙조 시 발전보다 약간 불리하다. 어느 경우이든 발전을 함에 있어서 한 방향의 흐름만을 이용하므로 단류식이라 한다. 운전방식은 발전(發電)→대기(待機)→충수(充水)→대기(待機)의 사이클을 계속 반복하므로 발전출력의 단속이 불가피하다. 그러나 발전 방식이 간단하고 발전설비의 가격도

<그림 3-12> 조력발전

저렴하여 가장 실용적인 조력발전방식이다.

단조지복류식(單潮池復流式)은 창조와 낙조 모두 발전이 가능하며 단조지단류식에 비해 발전시간이 연장될 수 있다. 프랑스 랑스발전소는 단조지식이지만 단·복류발전과 양수발전이 가능하다. 그러나 이 경우에도 조지와 외해와의 수위차가 발전가능 낙차에 이를 때까지 대기해야 하기 때문에 발전은 단속적이다. 또한 수차도 2방향 발전이 가능해야 하기 때문에 단류식 수차보다 구조가 복잡해진다. 일반적으로 이 발전방식은 조차가 아주 큰 지역에서는 단류식보다 유리한 것으로 알려져 있으나 우리나라 서해안의 경우는 단류식이 유리하다.

2) 파력발전

외해에 면한 해안에서 큰 파가 반복하여 해안에 부딪치는 것을 보면, 그 파의 에너지를 무엇인가 유효하게 사용할 수 없을까 하고 누구나 생각할 것이다. 옛날부터 파를 이용하는 시도는 많았지만, 이것이 실용화된 것은 의외로 최근이다.

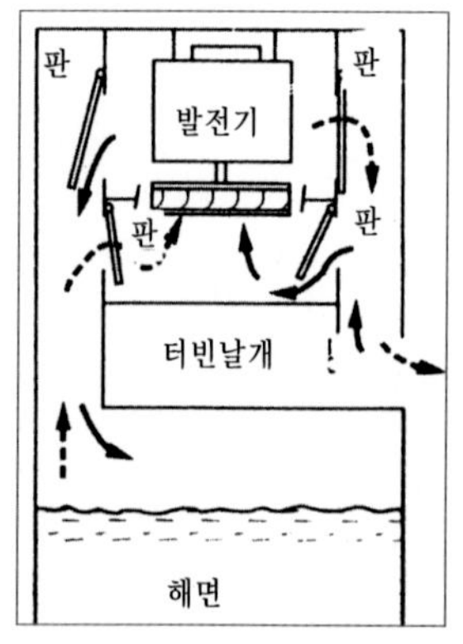

〈그림 3-13〉 파력발전

파력발전이란 파도에 의해 수면이 주기적으로 상하운동을 하면, 물입자는 전후로 움직이는데 이 운동을 에너지 변환장치를 통하여 전기에너지로 변환시키는 것을 말한다.

설치 방법에 따라 부체식과 고정식으로 나뉘게 되는데 부체식은 바다에 떠서 있는 장치로 파에너지의 효율적 이용과 시설주변 측면에서 좋고 고정식은 고정되어 있는 기질에 설치되는데 설계, 시공상 유리하며 방파제 등 타 시설물과 겸용할 수 있고 추출한 에너지 수용이 용이하다.

또한 파의 에너지를 이용하는 방법에 따라 각각 파의 상하운동, 수평운동, 수중압력을 이용하는 파력발전으로 나뉘게 된다.

3) 해양 온도차발전

바다에서의 온도차를 이용해서 에너지를 얻으려는 생각은 100년 이상 된 것이다. 이것이 실용화되면 가장 큰 재생가능에너지원이 얻어지는 셈이지만, 열역학적으로 보면 온도차가 클수록 에너지를 뽑아내기가 쉽기 때문에 바다의 그다지 크지 않은 온도차를 이용해서 에너지를 얻는 것은 기술적으로 쉬운 일이 아니다. 온도차가 적어도 섭씨 20도 이상은 되어야 기술적으로 에너지를 얻기가 적합한데, 이러한 곳은 열대의 깊은 바다밖에 없다. 그러나 깊은 바다에 장치를 설치하는 데는 여러 가지 어려움이 따르기 때문에, 온도차를 이용한 발전이 실용화되려면 상당한 시간이 걸릴 것으로 예측된다. 온도차로 에너지를 얻기 위해서는 기술적으로 두 개의 시스템을 적용할 수 있다.

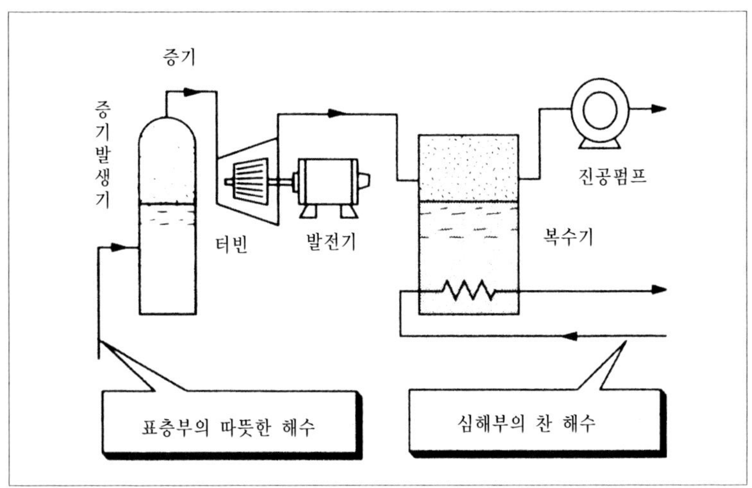

〈그림 3-14〉 해양 온도차발전

하나는 따뜻한 바닷물을 낮은 압력에서 증발시켜서 증기를 만들고 이것으로 터빈을 돌린 후, 터빈을 통과한 증기는 응축기에서 차가운 바닷물을 이용해서 냉각시키는 것이다.

다른 하나는 폐쇄된 회로 속에서 따뜻한 바닷물을 이용해서 암모니아같이 끓는점이 낮은 액체를 끓여 그 증기로 터빈을 돌리는 것이다. 터빈을 돌린 암모니아 증기는 열교환기에서 차가운 바닷물에 의해 응축되어 되돌려진다.

PART 04

태양에너지

태양에너지

1. 개요

태양에너지(solar energy)는 태양 내부에서 진행되는 핵융합 반응으로 네 개의 수소 원자핵이 헬륨으로 변화할 때 전자기파의 형태로 방출되는 에너지이다.

태양이 방출하는 에너지는 막대하지만 지구에 오는 것은 약 20억 분의 1에 지나지 않는다. 그중에서 70%만이 흡수되는데 세계 연간 에너지 소비량은 이 에너지의 1시간분에 불과하다.

우리가 사용하는 에너지는 핵분열이나 핵융합에 의한 원자력 에너지와 깊은 땅속의 지열을 이용하는 지열에너지 외에는 모두 태양이 발산하는 에너지가 여러 가지 형태로 변화된 것이다.

태양에너지를 받아서 바닷물이 데워지며, 이렇게 데워진 물에 비축된 열에너지를 이용하는 것이 해수 온도차 발전이다. 또한 바람의 에너지도 근원은 지역에 따라 태양에너지의 흡수량이 달라서 생기는 기압 변화이다. 수력발전도 산지에 내린 비의 위치에너지를 이용하는 것이다. 비는 태양열로 증발된 수증기가 공중에서 액화하여 내리는 것이므로, 근원은 역시 태양에너지이다.

석탄이나 석유 등의 화석 연료도, 아득한 옛날에 태양에너지를 받아서 광합성을 한 식물이나 동물이 땅속에 묻혀서 변화한 것으로 역시 태양에너지의 변형이다.

지구 표면에서의 단위 면적당 에너지 밀도는 1시간에 1㎡당 800 ㎉ 정도로서, 태양은 살아 움직이는 모든 것의 원천이며 우리가 살아가는 환경에도 많은 영향을 미친다. 비닐하우스 속에서 자라고 있는 온갖 농작물들은 우리가 태양열을 활용하고 있는 아주 평범한 예에 지나지 않는다.

태양에너지를 이용하는 방식은 크게 둘로 나눌 수 있다. 태양빛을 전기 생산에 이용하는 태양광발전과 태양에너지를 집열장치를 통해서 모아들여 난방용이나 온수용 열을 생산하는 태양열 장치로 나뉜다. 그 밖에도 빛을 모아서 요리를 하는 태양열 조리기, 접시 모양의 태양빛 응집기로 빛을 모아 수백 도 이상의 열을 발생시키는 접시형 집열장치, 포물선 형태로 구부러진 홈통형 반사판으로 빛을 모아서 열을 얻는 장치, 거대한 태양열 응축기를 이용해서 수천 도에 달하는 열을 만들어서 발전하는 태양열발전기, 태양열 건조장치, 태양열 냉방장치 등 다양한 장치가 나와 있다. 그러나 현재 세계적으로 널리 사용되고 있고 앞으로 빠르게 확산될 것으로 전망되는 것은 태양광발전기와 태양열 집열장치이다.

태양에너지를 이용한 발전에는 태양열발전과 태양광발전을 들 수 있는데, 태양열발전은 태양이 복사하는 열에너지를 흡수하여 열기관(熱機關)과 발전기를 움직여서 발전하는 방식이고, 태양광발전은 태양광을 받으면 직접 전기를 발생하는 반도체소자, 즉 태양전지를 이용하는 방식이다.

태양에너지로부터 얻은 전기에너지는 에너지가 필요한 곳에는 어디든지 사용할 수가 있으며, 태양광 자동차나 무인 항공기, 인공위성, 우주공간에서의 중장비 운송 등 아주 광범위하게 사용되고 있다.

현재 태양에너지 이용기술이 필요한 이유로는 화석에너지가 고갈되기 전에 기존 생산 시스템을 이용해서 하루라도 빨리 에너지 의존을 화석연료에서 대안에너지로 전환해야 되기 때문이고, 또 화석에너지의 환경파괴를 거울삼아서 이번 인류의 에너지선택을 환경 친화적 에너지로 개발해야 하기 때문이다. 태양에너지를 마치 식물이 광합성작용으로 에너지를 얻듯이 우리 인간에게 사용 가능한 에너지로 변환해서 사용하는 것이 우리가 살길임을 자각해야 할 것이며, 그에 따른 장단점을 요약하면 다음과 같다.

1) 태양에너지의 장점

- 태양에너지의 양이 거대하여 고갈될 염려도 없고 또한 환경오염물질의 배출이 없다.
- 미래의 에너지 산업에서 잠재력을 갖고 있다.
- 발전용량에 신축성이 있고, 발전시설의 유동성이 있다.
- 여러 분야에 적용 가능하다.
- 에너지 안보와 전략기술, 장기간의 경제성장과 밀접한 관련이 있다.
- 무공해, 무한정한 태양에너지를 이용함으로써 연료비가 들지 않는다.
- 20년 이상의 장수명, 자동화로 유지관리가 용이하다.

2) 태양에너지의 단점

- 태양에너지 자원은 에너지 밀도가 아주 낮아 수집하여 이용하는 데 아직까지는 많은 비용을 필요로 한다.
- 자연조건 등에 따라 출력이 변동하는 결점이 있으나 다른 에너지원과 병행하여 사용함으로써 문제를 해결할 수 있다.

- 태양에너지 자체는 무공해이나 태양전지를 만들 때 필요한 반도체의 경우 오염물질이 발생한다.

2. 태양광발전/태양전지

1) 태양광발전/전지의 원리

태양광발전/전지의 원리는 얇게 가공한 규소판 한쪽 면에 극미량의 인을 더해 주면 이 판에는 자유롭게 움직일 수 있는 전자(음전하의 전달자)가 생겨난다. 이 현상이 생기는 이유는 인 원자의 최외각 전자가 다섯 개인 반면 규소원자의 가전자는 네 개이기 때문이다. 규소판에 인이 더해지면 규소 원자는 이들 인 원자와 결합을 형성한다. 그러나 규소가 지닌 네 개의 원자가전자는 인의 원자가전자 다섯 개 중에서 네 개하고만 결합해서 전자쌍을 형성할 수 있기 때문에, 결합에 필요하지 않은 인의 나머지 한 개의 원자가전자는 규소판 속에서 자유롭게 움직일 수 있는 자유전자가 생겨나는 것이다.

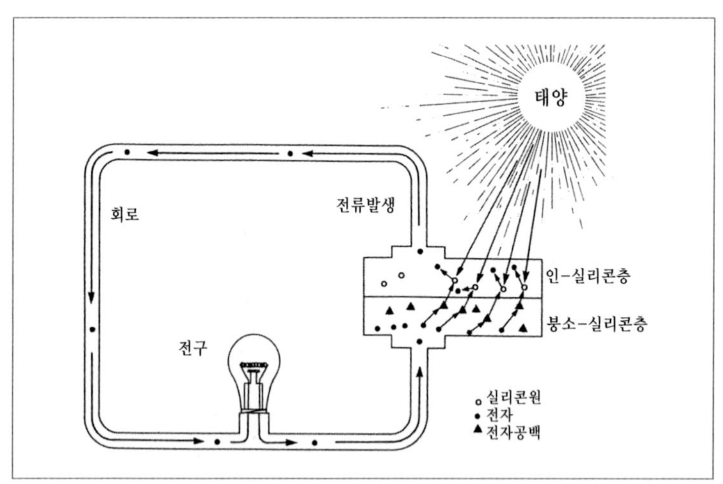

〈그림 4-1〉 태양전지의 전기 생성원리

규소판의 다른 쪽 층에는 원자가전자가 세 개밖에 없는 붕소 원자를 더해 준다. 그러면 여기서는 인이 더해진 반대쪽 층과 달리 전자가 부족한 자리(홀)가 생겨나고, 이 빈자리에서는 인이 첨가된 반대쪽에서 생겨난 자유전자를 받아들여 이 전자를 더 이상 움직이지 못하게 고정한다. 규소판 속에서 인이 첨가된 층의 자유전자가 붕소가 첨가된 층의 빈자리로 이동하는 것이다. 그렇다고 해도 규소판 전체는 전기적으로 중성을 유지한다. 그러나 국소적으로 볼 때, 규소판 내부에는 인이 첨가된 층에서는 전자가 반대쪽으로 이동하여 전자의 수가 양성자의 수보다 적어지기 때문에 양의 전하를 띠게 되고, 붕소가 첨가된 층은 전자가 유입되어 양성자의 수보다 많아지므로 음의 전하를 띠게 된다. 이 결과 두 접촉면이 만나는 경계면에서는 인이 첨가된 양과 붕소가 첨가된 음의 두 면이 대전되는 상태가 되고, 따라서 전기장이 형성된다. 이러한 규소판에서 인이 첨가된 면은 햇빛을 받으면 음극이 되기 때문에 n(negative)−도체 또는 n−면*이라 하고, 붕소가 첨가된 면은 반대로 양극이 되기 때문에 p(positive)−도체 또는 p−면*이라고 한다. 둘 사이의 경계면은 pn−경계면*이라고 한다. 태양전지는 이렇게 하나의 규소판 속에 n−면과 p−면이 서로 맞붙어 있는 형태를 하고 있다.

이 규소판이 태양빛을 받으면, 태양빛의 에너지를 전달하는 광자(photon)가 규소판에 부딪쳐 그 에너지의 일부가 규소를 붙들어 주는 결합 전자에 전달되어 이 전자가 자유롭게 움직일 수 있도록 한다. 이렇게 광자로부터 에너지를 받은 전자가 떨어져 나가면 n−면의 표면으로 이동하여 원래 자리에는 홀이 형성 된다. 이 빈자리는 전자 부족 상태의 양으로 하전된 것으로 볼 수 있는데, 이것은 아래의 p−면 쪽으로 이동하여 그 표면에 집결한다. 이러한 이동의 결과로 양쪽 면 사이에서는 위의 양전하와 아래의 음전하로 인해 전압이 형성되는데, 이때 두 면을 전자를 통과시키는 금속선으로 연결해 주면 n-면 표면의 전자들이 금속선을 통해서 p-면 쪽으로 이동하여 그곳에 모인 빈 곳을 채워 주게 된다. 이 과정에서 전자의 흐름인 전류가 발생하고 전기에너지가 생산되는 것이다.

규소판의 n-면이 다시 햇빛을 받으면 전자가 또 떨어져 나가고 이때 생긴 빈자리가 다시 이동하여 전자의 흐름이 일어난다. 이 과정은 햇빛이 태양전지에 비치는 동안 계속되고, 이에 따라 계속해서 전기에너지가 생겨난다. 이때 형성되는 전류의 세기는 햇빛의 세기와 태양전지판의 면적에 비례한다. $1㎡$당 900와트의 직광이 비칠 때 가로, 세로가 $10㎝$인 태양전지에서 발생하는 전류는 약 3암페어(A)이다. 태양전지 표면에는 들어온 빛의 반사를 방해하는 반사방지막이 코팅되어 있는데, 이것은 가능한 한 많은 양의 빛에너지를 태양전지판에 붙들어 들여서 전기에너지로 변환하기 위한 것이다. 규소는 원래 회색이지만 이 반사방지막 코팅으로 인해 규소 결정으로 만든 태양전지는 약간 푸른빛을 띠게 된다.

시장에서 판매되는 규소 태양전지는 어떤 결정형태의 규소를 가지고 만들었느냐에 따라 단결정(monocrystalline) 태양전지, 다결정(polycrystalline) 태양전지, 비결정질(amorphous) 태양전지의 세 종류로 나눌 수 있다. 이들 태양전지를 만드는 데 사용되는 규소는 순도가 거의 100%에 가까운 것으로 규사(SiO_2)를 규소로 환원한 후 여러 차례 정제해서 얻는다. 이들 중에서 값이 가장 비싼 것은 제조과정이 가장 복잡하고 에너지가 가장 많이 투입되는 단결정 태양전지이고, 값이 가장 싼 것은 비결정질 태양전지(amorphous solar cell)이다. 단결정 태양전지는 값은 비싸지만 오랫동안 안정적으로 전기에너지를 만들어 내고 빛을 전기로 바꾸는 (변환)효율이 가장 높다는 장점을 가지고 있다. 단결정 전지의 효율은 이론적으로는

30%에 달하고 실험실에서 만들어진 것은 24%의 효율을 보인다. 대량생산을 통해서 생산된 것은 16~18%의 효율을 나타낸다. 반면에 비결정질 태양전지는 값은 싸지만 효율이 낮고(5~10%) 시간이 지나면 안정성이 떨어진다는 흠이 있다.

비결정질 태양전지가 결정질에 비해 단점만 있는 것은 아니다. 장점도 여럿 가지고 있다. 결정질 태양전지는 대부분 단단한 형태로만 가공할 수 있고 두께를 0.2mm 이하로 줄이기가 어렵다. 원료가 많이 들고 유연하게 적용하기 어려운 것이다. 반면에 비결정질 태양전지는 박막 기술을 이용해서 엷고 유연한 판의 형태로 만들 수 있기 때문에 단단한 형태는 물론이고 휘거나 접어서 쓰는 용도로도 이용할 수 있다. 또한 단결정이나 다결정 태양전지는 여름에 온도가 올라가면 효율이 떨어지지만 비결정질 태양전지는 온도가 올라갈수록 효율이 높아지기 때문에 더운 여름이 긴 지역에서 사용하기에 유리하다.

다만 효율이 낮기 때문에 같은 양의 전기를 만들기 위해서는 단결정 태양전지보다 더 많은 면적에 설치해야 한다. 비결정질 태양전지는 현재 효율이 10%에 달하는 것이 개발되어 있지만, 아직도 시장 점유율은 낮다. 다결정 태양전지는 효율이 대략 14% 정도밖에 안 되지만, 가격이 단결정보다 싸다는 이점이 있기 때문에 태양광발전시설에 널리 이용된다.

아직 시장에서는 소량밖에 판매되지 않지만 규소가 아닌 다른 물질을 이용한 태양전지들도 여러 종류가 개발되어 있다. 이러한 것들로는 주기율표에서 제3족의 갈륨과 제5족의 비소를 섞어서 만든 갈륨-비소(Ga-As) 태양전지, 카드뮴-텔루륨(Cd-Te) 태양전지, 구리-인듐-셀레늄(Cu-I-Se, CIS) 태양전지 등을 들 수 있는데, 어떤 것은 실험실 내에서이긴 하지만 효율이 상당히 높은 것도 있다. 그 밖에 유기화합물 중에서 광감응성색소를 지닌 화합물을 이용한 태양전지도 연구 중이다. 색소화합물은 생산 단가가 규소 결정에 비해서 매우 낮기 때문에, 유기화합물 태양전지가 실용화되면 태양전지의 가격이 크게 떨어질 것이고 이와 더불어 태양전기의 발전단가도 크게 낮아질 것이다. 지금까지 개발된 색소화합물 태양전지의 최대 효율은 10%에 달한다.

〈표 4-1〉 원소 주기율표

1A																	8A
1 H	2A											3A	4A	5A	6A	7a	2 He
3 Li	4 Be				전이금속(Transition metals)							5 B	6 C	7 N	8 O	9 F	10 Ne
11 Na	12 Mg											13 Al	14 Si	15 P	16 S	17 Cl	18 Ar
19 K	20 Ca	21 Sc	22 Ti	23 V	24 Cr	25 Mn	26 Fe	27 Co	28 Ni	29 Cu	30 Zn	31 Ga	32 Ge	33 As	34 Se	35 Br	36 Kr
37 Rb	38 Sr	39 Y	40 Zr	41 Nb	42 Mo	43 Tc	44 Ru	45 Rh	46 Pd	47 Ag	48 Cd	49 In	50 Sn	51 Sb	52 Te	53 I	54 Xe
55 Cs	56 Ba	57 La	72 Hf	73 Ta	74 W	75 Re	76 Os	77 Ir	78 Pt	79 Au	80 Hg	81 Tl	82 Pb	83 Bi	84 Po	85 At	86 Rn

〈표 4-2〉 원소 주기율표의 족에 따른 전자 수

족	I	II	III	IV	V	VI	VII
가전자의 수	1	2	3	4	5	6	7
제공 가능한 전자의 수	1	2	3	4	5	6	7
산화수	+1	+2	+3	+4	+5	+6	+7
수용 가능한 전자의 수	7	6	5	4	3	2	1
산화수	−7	−6	−5	−4	−3	−2	−1

2) 태양광발전

태양광발전(太陽光發電, solar photovoltaic)은 반도체로 만들어진 태양전지에 빛 에너지가 투입되면 전자의 이동이 일어나서 전류가 흐르고 전기가 발생하는 원리를 이용하는 것이다. 태양전지는 하나의 크기가 대략 10×10㎠로, 빛을 받으면 0.6볼트의 전압이 생기고, 최대 1.5와트(W)의 용량을 갖게 된다. 전류의 세기는 태양전지의 크기에 따라 달라진다. 태양광발전은 무한정·무공해의 태양에너지를 이용하므로 연료비가 들지 않고, 대기오염이나 폐기물 발생이 없다. 또한 기계적인 진동과 소음이 없고, 수명이 최소 20년 이상으로 길며, 유지보수도 용이한 편이다. 하지만 전력 생산량이 지역별 일사량에 의존하는 것과 큰 설치면적을 필요로 하는 점, 초기 투자비 및 발전단가가 높은 점 등이 한계로 지적된다.

3) 태양전지

태양전지[10](太陽電池, solar battery)는 실리콘, 갈륨비소, 황화카드뮴과 같은 소재로 p-형과 n-형의 반도체[11]를 만들고 그 접합면에 태양빛을 쬐면 광자를 흡수하여 1쌍의 전자와 양공이 생긴다. 이때 전자는 n-형, 양공은 p-형 부분으로 이동하기 때문에 외부회로를 통해 n-형에서 p-형으로 향하는 전류가 발생한다. 이 방식에는 태양광을 직접 태양전지의 수광면으로 끌어들이는 것과 반사경이나 프레넬 렌즈를 사용하여 집광하는 방식이 있으며 또 태양빛을 추적하는 방식과 정지식이 있다.

태양전지는 이미 전자식 탁상용 계산기나 시계와 같은 가정용품, 등대, 인공위성용 전원에 사용되고 있으며 21세기에는 본격적인 태양광발전시대가 될 것으로 전망된다. 태양광발전이 종래의 화석이나 원자력발전과 경쟁하기 위해서는 발전비용을 kWh당 현재의 25센트에서 6센트 정도로 낮추어야 한다. 그 방법은 햇빛을 전기로 바

---

10) **태양전지**(光電池 : photovitaic cell): 빛에너지를 전기에너지로 변환하는 장치
11) **반도체**(半導體: semiconductor): 전기전도(電氣傳導)가 전자(電子: electron)와 정공(正孔: hole)에 의해 이루어지는 물질로서 그의 전기저항률, 즉 비저항(比抵抗)이 도체와 절연체 비저항 값의 중간 값을 취하는 것. 반도체의 재료로서는 실리콘, 갈륨비소, 황화카드뮴 또는 이것들을 복합한 것이 있으나 보통 실리콘이 많이 사용됨.

꾸는 광전 변환효율을 크게 높이거나 값이 싼 새로운 소재를 찾아내는 일이다.

　종래의 태양전지는 결정형과 비결정형 등의 2종류로 크게 나뉜다. 높은 순도의 실리콘 단결정을 소재로 하는 결정형은 광전 변환효율이 7~12%로 개선되고 수명도 50% 정도 늘어나 20년으로 연장되었으나 생산비가 많이 들어 값이 비싸다는 단점이 있다(kg당 78달러). 이에 비해 비결정성 실리콘은 단결정 실리콘보다 생산비가 수십 분의 1밖에 들지 않아 값이 싼 대신 광전 변환효율이 크게 뒤진다는 단점이 있다. 그러나 최근 비결정성 실리콘의 광전 변환율을 높이는 연구개발이 활발하게 이루어지고 있어 전망은 매우 밝다.

　한편, 종래와는 다른 종류의 태양전지 개발도 주목을 받고 있다. 예를 들면, 미국 텍사스인스트루먼트사와 서던캘리포니아에디슨사가 개발한 실리콘 알갱이(지름 약 1㎜)를 소재로 한 태양전지는 광전자변환효율이 10% 정도이지만 품질이 낮은 실리콘(kg당 2.2달러)을 이용할 수 있어 실용성의 전망은 매우 밝다. 이 밖에도 보잉사가 우주용으로 개발한 이중층(갈륨비소 및 갈륨안티몬)의 집광형 탠덤 광전지(tandem cell)는 광전 변환효율이 37%에 이른다. 태양전지의 생산공정은 로봇을 포함하여 자동화가 빠르게 진전되는 한편, 소재의 생산비용도 크게 줄어들 것으로 전망되어 유가상승이나 환경오염에 대한 관심이 커지면서 태양전지의 사용이 급격히 증가할 것으로 보인다.

4) 염료감응형 태양전지

　염료감응형 태양전지(dye-sensitized solar cell)는 색소증감형 태양전지라고도 하며, 산화환원 전해질로 구성되어 있으며, 이산화티탄 나노입자표면에 화학적으로 흡착된 염료분자가 태양빛을 받아

〈그림 4-2〉 태양전지

전자-홀쌍이 분리됨으로써 전류를 발생하는 전지이다.

작동 원리는 식물이 광합성 작용을 통해 태양에너지를 전자의 흐름으로 만들어 내어 산화환원작용의 에너지로 쓰는 것과 같은 원리를 가진다. 단지 식물의 잎에서 광합성을 할 때 빛을 엽록소라는 염료가 흡수하는 반면, 염료감응형 태양전지는 나노크기의 $TiO2$(이산화티타늄) 표면에 흡착된 염료분자에 의해 흡수가 이루어 진다. 표면에 염료분자가 화학적으로 흡착된 나노 입자 반도체 산화물 전극에 태양빛이 흡수되면 염료분자는 활성화되어 전자를 내놓게 되는데 이 전자가 여러 경로를 통하여 투명 전도성 기판으로 전달되어 최종적으로 전류를 생성한다. 전기적 일을 마친 전자는 전해질의 산화 환원을 통해서 다시 염료분자의 본래 위치로 돌아와 태양전지를 순환하게 된다.

염료감응형 태양전지의 **이점**은 기존의 실리콘 태양전지에 비하여 제조공정이 단순하며 그로 인해 전지의 가격이 실리콘 셀 가격의 20~30% 정도이다. 또한 안정성이 매우 높아 10년 이상 사용하여도 초기효율을 거의 유지하며 실리콘계 태양전지와 비교했을 때 일광량의 영향을 적게 받는다.

반면에 **단점**으로는 광전 변환효율이 기존의 태양전지에 비해 낮으며 전해질의 안정성이 높지 못하고, 액체 전해질의 경우 휘발하는 성질이 있다. 또한 상용화 단계에 이를 만큼의 충분한 연구가 이루어지지 않았다.

현재 염료감응형 태양전지는 수많은 연구와 실험을 통해 성능이 많이 좋아졌고, 단점도 많이 보완되었다. 액체 전해질을 고체 전해질로 치환함으로써 전해질 누수나 휘발의 문제점도 해결되어 가고 있는 추세이다. 최근에는 상용화된 전지도 출시되기도 했다. 그러나 아직 효율성은 실리콘계 태양전지에 비해 낮다는 단점을 가지고 있으며 고출력을 내는 제품에는 사용하기에 무리가 있다. 현재 우리나라를 비롯하여 전 세계적으로 높은 관심을 가지며 효율성 증진을 위해 연구를 하고 있고, 발전 가능성이 큰 전지라고 평가받고 있다.

- **광전효과(光電效果: photoelectric effect)**: 일반적으로 물질이 빛을 흡수하여 자유로이 움직일 수 있는 전자, 즉 광전자(光電子)를 방출하는 현상
- **광기전력(光起電力: photoelectro-motive force)**: 반도체에 빛을 조사했을 때 발생하는 전압
- **N형 도핑**: N형 도핑의 목적은 물질에 운반자 역할을 할 전자를 많이 만드는 것이다. 실리콘(Si)의 경우를 생각해 보자. Si원자는 원자가전자 4개를 가지고 있고, 각 전자는 주변의 Si원자 4개와 공유결합을 이루고 있다. 만약 이 Si 원자의 결정구조에 원자가전자가 5개인 원자(주기율표의 5족에 있는 원자: 인(P), 비소(As), 안티모니(Sb))가 들어간다면, 그 추가된 원자는 공

유결합 4개를 갖고, 결합하지 않은 전자를 하나 갖게 된다. 이 여분의 전자는 원자에 약하게 구속돼 있어서 쉽게 전도띠로 올라갈 수 있다. 상온에서 이런 전자는 사실상 전부 들떠서 전도띠로 올라가게 된다. 이런 전자가 들뜨는 것은 양공을 만들어내지 않기 때문에, N형 도핑을 한 물질에서는 전자가 양공보다 훨씬 많다. 이 경우 전자는 다수 운반자(majority carrier)이고, 양공은 소수 운반자가 된다. 전자를 5개 가진 원자는 여분의 전자를 '내놓기' 때문에, 이러한 원자를 donor 원자라고 한다. 반도체에서 이동 가능한 원자는 절대 불순물 이온에서 멀리 떨어지지 않는다. 다시 말해, 잉여전자가 원자에서 떨어져 나오긴 하지만, 그 원자에서 멀리 가진 않는다. 그리고 N형 도핑된 물질은 보통 전기적으로 중성을 띤다.

- **P형 도핑**: P형 도핑을 하는 것은, 양공을 많이 만들기 위해서이다. 실리콘의 경우에, 결정 구조에 3가 원자(붕소(B) 등)를 넣는다. 그렇게 하면, 보통 실리콘이 갖는 공유결합 4개 중에 전자가 하나 부족하게 된다. 그래서 이 도펀트는 4번째 결합을 완성하기 위해 주변 원자의 공유결합으로부터 전자를 하나 얻어 올 수 있다. 이러한 도펀트를 acceptor라고 한다. 이 도펀트 원자가 전자를 하나 받으면, 주변의 원자가 가진 공유결합에서는 전자가 하나 부족해져서 '양공'이 생기게 된다. 각 양공은 주변의 음전하 도펀트 이온과 연결되어서, 반도체 전체로 보았을 때에는 중성을 유지한다. 하지만 양공이 격자구조를 돌아다니게 되면 양공 위치의 양성자가 '노출'돼서 더 이상 전자로 상쇄되지 않는다. 그래서 양공이 양전하 같은 성질을 띤다. 만약 acceptor 원자가 많이 추가되면, 양공이 열로 인해 들뜬 전자보다 훨씬 많아지게 된다. 그래서 P형 물질에서는 양공이 다수

운반자이고, 전자는 소수 운반자이다. 붕소(B) 불순물을 포함하고 있는 파란 다이아몬드(IIb 형)는 자연에 존재하는 P형 반도체의 예이다.

- **P-N 접합:** 순방향 바이어스 전압에서 감소하는 공핍층 폭을 보여 주는 PN 접합의 띠(band) 다이아그램. p와 n 접합 모두 $1e^{15}/cm^3$의 레벨로 도핑되었고, ~0.59V의 built-in 전압을 만든다. 공핍층 폭의 감소는 증가하는 순방향 바이어스에서 더 적은 불순물(dopant)이 노출됨에 따라 줄어드는 전하의 프로필로부터 추측할 수 있다. 반도체에 P형과 N형 도펀트를 인접하게 도핑하면 PN 접합을 만들 수 있다. P형으로 도핑된 부분에 +바이어스 전압을 걸어 주면, P형 반도체의 다수 운반자(양공)가 접합면 쪽으로 밀려간다. 동시에 N형 반도체의 다수 운반자(전자)도 접합면 쪽으로 끌려간다. 그러면 접합면에는 운반자가 많아져서, 접합면이 도체 같은 성질을 띠게 되고, 접합면에 걸려 있는 전압 때문에 전류가 흐른다. 양공 구름(양공이 구름처럼 몰려 있는 것)과 전자구름이 만나면, 전자가 그 구멍(양공)으로 들어가서 움직이지 않는 공유결합을 이룬다. 만약 바이어스 전압이 반대로 걸리면, 양공과 전자는 접합면으로부터 서로 밀어낸다. 접합면에서는 새로운 전자/홀 쌍(pair)이 잘 생기지 않기 때문에, 접합면 주위에 있던 운반자는 모두 쓸려 가 버리면서, 접합면 주위에 운반자가 거의 없는 고갈영역을 형성하게 된다(전자는 +전압이 걸려 있는 N영역 쪽으로, 양공은 -전압이 걸려 있는 P영역 쪽으로 쓸려 간다). 역방향 바이어스 전압은 접합면에 전류가 아주 조금만 흐르게 한다. P-N접합은 전류가 한쪽 방향으로만 흐르게 하는 다이오드라는 소자의 원리이다. 비슷한 원리로, 세 번째 반도체 영역은 N형이나 P

형으로 도핑해서 단자가 3개 있는 소자를 만들 수 있다. 이렇게 만들어 낸 소자가 BJT(bipolar junction transistor)이다. 이 BJT는 P−N−P로 만들 수도 있고, N−P−N으로 만들 수도 있다.

3. 태양열발전

1) 개요

태양열발전(solar power generation)은 태양의 복사에너지를 효율적으로 모아 열기관과 발전기를 움직여 전기에너지를 만드는 발전 방식이다.

지구에 도달하는 태양에너지는 생태계를 유지하고 대기권의 기상현상을 일으킨다고 할 수 있다. 바람을 일으키거나 물이 이동하도록 만드는 근본원인이 되는 에너지가 태양에너지이므로 수력발전이나 풍력발전 등도 넓은 의미로 보면 모두 태양열발전이라고 할 수 있다. 그러나 흔히 태양열발전이라고 하면 직접적으로 태양에너지를 이용하는 발전 방식을 뜻한다.

대용량 태양열발전 방식으로는 중앙집중형(탑집광, 전력타워) 방식과 홈통형(포물면 집광) 방식이 있다. 중앙집중형 방식은 높은 탑 위에 물탱크를 설치하고 탑 주위에 수많은 반사경들을 설치하여 반사된 태양빛으로 물탱크의 물을 가열하게 하는 것이다. 이때 물탱크에서 발생된 증기로 터빈을 돌려 발전하는 방식이다. 또한 홈통형 방식은 태양을 향해 일렬로 배치한 포물면 거울의 초점 위치에 물이 흐르는 도관을 설치하여 증기를 얻어 발전하는 방식이다.

한편, 태양열발전에 사용하는 터빈에는 증기터빈 외에 가스터빈, 유기매체 터빈 등이 있는데, 태양열을 이용해 얻을 수 있는 집열온도에 따라 터빈을 달리 사용한다. 즉 집열온도가 300~550℃인 경우에는 증기터빈을 쓰는 반면, 집열온도가 낮은 경우에는 끓는점이 낮은 프레온 가스 등을 사용하는 유기매체 터빈을 사용한다. 태양열발전의 또 다른 방식으로는 태양전지가 있는데, 이것은 인공위성과 우주탐사선에 부착되어 자체적으로 전력을 공급하는 중요한 기능을 담당하고 있다. 태양열발전소는 일사량이 많은 사막지역 같은 곳에 대규모로 건설되어 시험되고 있지만, 아직까지 효율이 낮아 완전한 실용화 단계에 이르지는 못한 상태이다.

2) 태양열발전 시스템

태양열발전은 햇빛을 반사판을 통해서 집중시켜 섭씨 1,000도 가까운 열을 얻은 다음 이 열을 이용해서 전기를 생산하는 것이다. 이때 반사판은 집열판의 경우 간접광도를 이용하는 것과는 달리 직광만을 이용할 수 있기 때문에, 태양열발전을 하기에는 구름이 적고 햇빛이 강한 지역이 적합하다. 사막이 최적지라 할 수 있는데, 이러한 사막의 1%에만 태양열발전 시설을 설치하면 전 세계의 전기 수요가 모두 충족될 수 있을 것으로 추정된다.

태양열발전 시설은 대체로 홈통형(trough) 시스템, 분산형(접시/엔진, dish/engine) 시스템, 중앙집중형(전력타워, power tower) 시스템의 세 가지 형태로 나눌 수 있는데, 이것들은 모두 집중장치(concentrator), 흡수장치(receiver), 전달/저장장치, 변환장치라는 네 개의 핵심장치로 구성되어 있다.

- **집중장치**는 볼록렌즈나 파라볼 반사판과 같이 햇빛을 한곳으로 집중시키는 작용을 한다.
- **흡수장치**는 집중장치를 통해서 집중된 햇빛을 흡수한 후 그 열에너지를 작용매체로 전달하는 작용을 한다.

- **전달/저장장치**는 이 작용매체를 에너지 변환기로 전해 준다.
- **변환기**에서는 전달된 열에너지를 전기에너지로 바꾸는 일이 이루어진다.

홈통형 발전 시스템에서 가장 눈에 띄는 것은 포물선형으로 구부러진 홈통처럼 생긴 집중장치와 그 초점들의 연결선에 길게 자리한 흡수장치이다. 집중장치로는 보통 포물선형으로 구부러진 긴 금속 반사판이나 유리거울을 사용하는데, 이 장치가 길게 남－북 방향으로 하나의 축으로 연결되어 있다. 이 축은 회전할 수 있도록 되어 있어 해가 동쪽에서 서쪽 방향으로 움직일 때 집중장치를 해를 따라 돌게 해서 가능한 한 많은 직광을 받도록 한다. 흡수장치는 긴 관의 형태로, 내부에는 섭씨 400도까지 올라가는 기름이 들어 있다. 이 뜨거운 기름은 물을 증기로 만들어서 증기터빈을 회전시키고, 이 회전에 의해 전기에너지가 만들어진다.

분산형(접시형) 시스템은 여러 개의 접시형 반사판을 반사된 빛이 하나의 초점으로 모이도록 오목거울 형태로 조합하고 초점에는 흡수장치와 엔진을 설치한 모양을 하고 있다. 햇빛은 접시에서 반사되어 흡수장치로 집중되고, 흡수장치에서는 흡수된 에너지를 엔진의 작용매체로 전달한다. 엔진에서는 열을 이용해서 기계적인 힘을 만들어 내고 이 힘은 다시 전기에너지로 변환된다. 이 시스템에서는 높은 열을 얻어야 하기 때문에, 집중장치는 항상 해가 움직이는 방향으로 향할 수 있도록 이중의 축이 설치되어 있다. 한 개의 축은 하루 동안의 해 움직임을 추적하고, 또 하나의 축은 일 년간의 움직임을 추적한다. 이 시스템은 7~25kW급의 소형 발전시설이 개발되어 있다.

중앙집중형(전력 타워) 시스템은 수백 개에서 수천 개에 이르는 거울과 이들 거울의 초점 부분에 위치한 타워로 구성되어 있다. 거울에는 두 개의 축이 달려 있어 해를 추적할 수 있도록 되어 있고, 이

<그림 4-3> 중앙집중형 태양광발전

들 거울 조합의 초점에는 흡수장치가 설치되어 있다. 흡수장치는 타워 꼭대기에 위치해 있는데, 여기에는 용융된 소금과 같이 열을 흡수하고 보유하는 능력이 뛰어난 열매체가 흐르고 있다. 이 열매체는 물을 증기로 변환시켜 증기터빈을 돌리는데, 이 과정에서 전기가 생산된다. 흡수장치 속에서 태양에너지를 흡수한 용융 소금은 온도가 섭씨 1,000도 가까이 상승한다.

3) 터빈발전기

터빈에 의해서 구동되는 발전기이다. 일반적으로 증기터빈으로 구동되는 교류의 동기발전기를 말하지만, 최근에는 가스터빈이 사용되는 것도 있다. 터빈은 고속도의 것이 효율적이기 때문에 이것에 직접 연결되어 있는 발전기도 고속이 좋다. 일반적으로 2극기이며, 50Hz에서는 매분 3,000회전, 60Hz에서는 3,600회전이다. 그러나 핵 발전용에서는 증기조건에 의해서 터빈의 회전 속도가 낮아지기 때문에 발전기로는 4극기가 사용된다. 이 경우에는 50Hz에서 매분 1,500회전, 60Hz에서 1,800회전이다. 어떤 경우에도 회전자는 강한 원심력을 받기 때문에 강도가 높아야 함은 물론이고, 지름이 제한되고 길이가 길어진다. 현재 사용되고 있는 최대 회전자는 지름이 약 1m, 전기장은 수십m에 달한다.

터빈발전기의 대용량화는 냉각방법의 진보에 힘입은 바 크다. 출력이 큰 발전기는 밀폐한 뒤 내부에 수소를 채운 수소 냉각식 발전기이다. 대기압에서 수소의 비중은 공기의 0.07배이지만, 비열은

14.3배나 되고 열용량은 공기와 거의 같다. 그렇기 때문에 수소 냉각의 경우에는 풍손(風損)이 공기 냉각 시의 약 1/10 정도로 줄어든다. 특히 고속에서는 손실 중에 풍손이 점하는 비율이 크기 때문에 수소 냉각을 한 경우에는 공기 냉각의 경우에 비해서 효율이 1~2% 정도 증가한다. 냉각 능력이 더 뛰어난 방식으로서는 직접 냉각하는 것이다. 구조는 복잡하지만 냉각 능력은 비약적으로 향상한다.

터빈발전기의 대용량화와 함께 발전기의 계자전류를 공급하는 여자기의 용량도 증가한다. 그러나 발전기에 직접 연결되는 직류여자기는 약 300㎾ 이상 되면 정류상의 문제가 발생되기 때문에 제작이 곤란해진다. 최근에 반도체 정류기의 신뢰성이 향상됨에 따라, 직류여자기 대신에 교류발전기를 사용하고 그 출력을 조정하여 계자 코일에 공급하는 교류여자기 방식이나 발전기의 출력 전압을 사이리스터 정류 회로로 정류해서 계자전류를 얻는 사이리스터 여자기 방식이 사용되고 있다. 후자는 계자전류의 고속 제어가 가능하기 때문에 전력 계통의 안정도 향상에 효과적이다.

4. 태양열 집열장치

1) 개요

태양열은 신·재생에너지 분야 중 가장 널리 보급되어 이용되고 있다. 주로 주택의 지붕이나 옥상에 설치된 태양열 집열판을 전국 어디서나 비교적 쉽게 볼 수 있는데 주로 급탕용 온수제조에 많이 쓰이는 것으로 알려져 있다. 태양열은 태양에너지의 광열학적 이용 분야로 태양열의 흡수, 저장, 열변환 등을 통해 건물의 냉·난방 및 급탕, 산업공정열, 농수산분야, 폐수처리 등에 이용할 수 있고 태양열 이용기술은 많이 발전되어 있어 태양열이용에 기술적으로 큰 어려움은 없다.

태양열 이용시설은 집열부, 축열장치, 이용시설 등으로 구성되며 크게 자연형과 설비형으로 구분된다. 자연형은 주로 60℃ 이하의 온도를 필요로 하는 냉·난방 부문에 주로 이용되고, 설비형은 100℃ 이하의 저온용, 300℃ 이하의 중온용, 300℃ 이상의 고온용으로 구분되는데 평판형집열기, 진공관형집열기, 접시형집열기, 태양로 등 집열설비가 설치된다. 주거생활에서 에너지소모가 가장 많은 것이 난방 및 급탕이다. 이 가운데 급탕에너지의 전부 또는 일부를 태양에너지로 대체하기 위해 저렴한 가격, 간편한 작동, 용이한 설치가 가능한 것이 태양열 온수급탕기인데 최근 들어 급속한 보급이 이루어지고 있다.

2) 집열장치

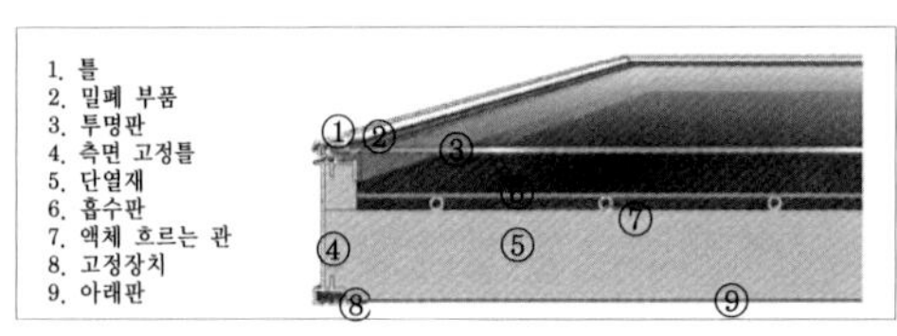

〈그림 4-4〉 태양열 집열장치

태양에너지를 난방, 온수에 이용하기 위한 장치를 보통 태양열 장치(solar thermal facility)라고 부르는데, 여기서 가장 중요한 부분은 태양열을 붙잡아 두는 집열장치(collector)다. 집열장치는 말 그대로 태양으로부터 오는 에너지를 열로 바꾸어 모아 두는 장치로, 아주 다양한 형태로 만들 수 있다. 집열장치도 여러 부분으로 이루어져 있다. 핵심 부분은 빛을 흡수하는 장치인데, 모든 집열장치에는 흡수장치(absorber)가 반드시 들어 있다. 집열장치 중에서 가장 널리 퍼진 것은 평판형 집열장치(집열판)이다. 이것은 빛을 투과하는 윗부분의 투명판(유리나 플라스틱으로 만들어진)이 빛을 빨아들이는 내부의 흡수장치를 덮고 있는 형태로 이루어져 있다. 빛이 들어오면 그 속에서 온실효과가 일어나서 뜨거운 열이 생성된다. 집열판의 아랫부분과 옆 부분은 열 손실을 가능한 한 줄이기 위해 두터운 단열재로 둘러싼다.

집열판 내부의 온실효과는 다음과 같은 과정을 통해서 일어난다. 우선 투명층을 통과한 직광 또는 간접광이 내부의 흡수판에 부딪치면 빛의 일부는 흡수되고 일부는 반사된다. 빛의 흡수율은 흡수판의 색이나 표면 구조에 따라 달라지는데, 색이 어둡고 표면에 미세하게 굴곡이 있으면 흡수율이 높아진다. 밝고 매끄러운 표면은 빛을 많이 반사하기 때문이다. 반사된 빛은 밖으로 빠져나가지만, 흡수된 빛은 유리나 플라스틱으로 이루어진 투명층을 통과하지 못하는 열선인 적외선으로 바뀐다. 외부에서 빛이 계속해서 집열판으로 들어와서 흡수되어 적외선으로 변환되면 이것은 빠져나가지 못하고 내부에는 계속 에너지가 축적되게 되므로, 집열판 내부는 점점 더 뜨거워져서 온실효과가 일어나는 것이다. 이때 집열판 내부에서 얻어질 수 있는 흡수장치의 온도는 섭씨 약 200도에 달하고, 그 속을 흐르는 열매체의 온도는 90도 이상 올라갈 수 있다. 집열판으로 들어온 빛에너지의 양과 집열판 속에서 빛이 변환되어서 축적되는 열의 양 사이의 비례관계는 집열판의 효율로 나타난다.

집열판의 효율이 높을수록 집열판으로 들어오는 전체 빛 중에서 열로 변환되는 빛의 비율이 높다.

집열판 속에는 열매체가 흐르는데, 흡수장치에 축적된 열은 열매체로 전해지고 열매체는 열교환기 속으로 통과하면서 난방용이나 온수용 물을 가열한다. 그러므로 집열판이 제대로 작동하여 난방열이나 온수생산이 잘 이루어지려면, 흡수장치가 가능한 한 많은 양의 열을 흡수할 수 있고 또한 이 열을 열매체로 전해 주는 능력(열전도율)이 뛰어나야 한다.

흡수장치로부터 열을 전해여 받는 열매체로는 여러 가지 재료가 사용될 수 있다. 열매체로는 일반적으로 액체가 사용되는데, 이것은 열흡수능력(열용량)과 끓는점이 높고, 반면에 어는점은 낮아야 한다. 온도가 높이 올라가도 끓지 않고 추운 겨울에도 얼지 않아야 하기 때문이다. 기온이 영하로 내려가지 않는 지역에서는 보통 물을 열매체로 사용하기도 한다. 열매체로 가장 흔하게 사용되는 것은 에틸렌글리콜이나 프로필렌글리콜 같은 부동액이 첨가된 물이다. 이러한 열매체는 축열조로 전달되어서 그곳에 담겨 있는 물을 가열하고 다시 흡수장치로 되돌아온다. 이 과정을 통해서 열교환이 이루어지는 것이다. 축열조에서 가열된 물은 최종적으로 난방용이나 온수용으로 이용된다.

흡수장치는 여러 가지 방식으로 구성될 수 있다. 보통의 평판형 집열판 흡수장치는 짙은 색 막이 씌워진 금속판(알루미늄, 구리, 또는 강철)에 열매체가 흘러가는 관이 부착된 형태를 하고 있다. 이 짙은 색 금속 흡수판은 빛을 가능한 한 많이 흡수하고, 이것을 열로 변환하고, 이 열을 붙잡아 두었다가 판 위에 부착된 열매체에 전달하는 작용을 잘해야 한다. 판의 막을 만드는 데 사용되는 것으로는 검은색 특수 도료, 검은색 크롬막, 이산화티탄 박막 등이 있다. 도료를 분무하여 금속판에 입히는 것은 가장 간단한 방식인데, 다른 막에 비해서 효율이 떨어지고 수명이 길지 않다는 단점이 있다. 집열판의 수명은 최소 20년은 되어야 한다. 지붕이나 벽에 부착한 후 20년은 그 상태로 유지될 수 있어야 하는 것이다. 그러나 도료를 분무하여 흡수판을 만들 경우에는 20년이 되기 전에 막이 강한 햇빛에 손상되어 성능이 크게 떨어질 수 있다. 도료를 입혔을 경우에는 흡수판의 온도가 섭씨 130도를 넘으면 안 되기 때문이다. 검은색 크롬은 도금을 통해서 금속판에 씌운다. 도금을 하여 단단히 부착하기 때문에 수명은 반영구적이다. 효율도 도료를 입힌 것보다 훨씬 높다. 도료의 경우 들어온 빛의 95%를 흡수하지만 80%를 다시 방출하여 흡수

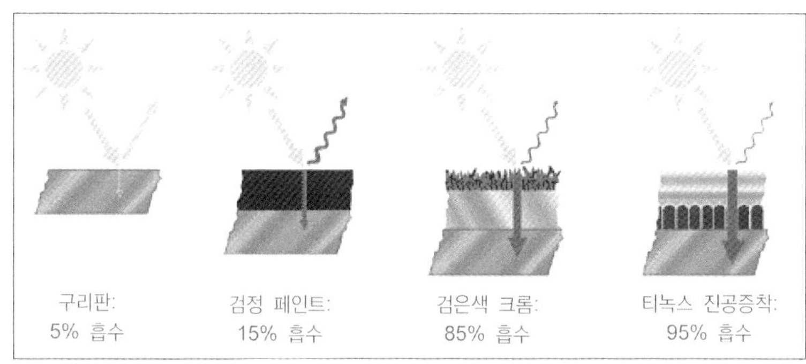

〈그림 4-5〉 집열판의 효율

율이 15%밖에 안 된다. 그러나 검은 크롬은 95%를 흡수하고 12%만 방출하기 때문에 흡수율이 85%이다. 이산화티탄 같은 선택적 코팅제는 진공증착 등의 방식으로 씌우는데, 이 방식은 도금보다 환경친화적이고 에너지도 적게 필요하다. 게다가 빛의 흡수율이 95%에 달한다. 수영장용으로 쓰이는 집열판의 경우는 검은색으로 된 플라스틱관이 흡수장치로 사용된다.

집열판을 둘러싼 아래와 옆의 부분은 흡수장치를 외부의 풍화작용으로부터 보호하고 흡수장치로부터의 열 방출을 최소화하기 위한 것으로, 단열성이 뛰어난 재료를 사용한다.

건축 단열재로 사용하는 스티로폼은 햇빛이나 열에 약하기 때문에, 집열판에는 섭씨 160도까지도 견디는 5~8㎝ 두께의 암면, 유리면 또는 폴리우레탄폼을 사용한다. 집열판에서 햇빛을 통과시키는 투명덮개는 풍화작용에 강하고, 가능한 한 많은 햇빛을 통과시키면서 적외선의 방출은 최소화할 수 있는 것이어야 한다. 이러한 재료로는 유리나 플라스틱이 적당한데, 이것들을 이중으로 붙여서 사용하기도 하고 유리판에 열에 강한 플라스틱 막을 씌운 것을 사용하기도 한다. 최근에는 효율을 더 높이기 위해서 반사방지 유리를 사용하기도 한다.

집열판의 흡수장치가 햇빛을 열로 변환하는 능력이 아무리 뛰어

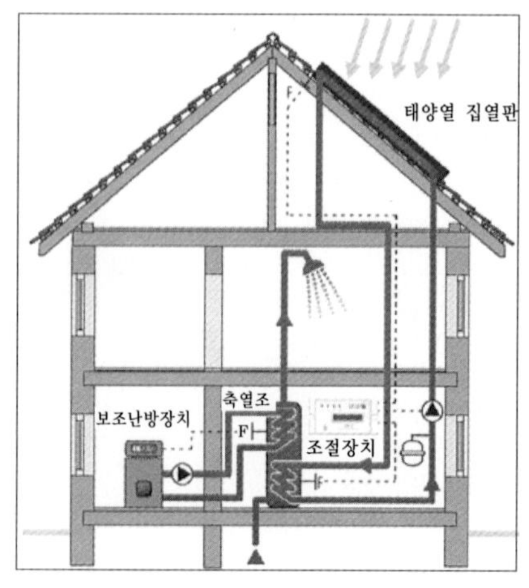

〈그림 4-6〉 집열판 열매체의 순환경로

난다 해도 이 효율이 집열판 전체의 효율로 이어지는 것은 아니다. 집열판 전체에서 어떤 형태로든 열손실이 일어날 수밖에 없기 때문이다. 열손실은 대류, 열전도, 열복사의 형태로 일어난다. 대류는 뜨거워진 흡수판 위에서 이것과 똑같이 뜨거워진 공기가 위로 올라가면서 차가운 공기를 밑으로 밀어 내리는 것을 말하는데, 이 차가운 공기가 흡수판과 접촉하면 열의 일부를 빼앗고 이것을 밖으로 내보낸다. 열전도를 통한 손실은 집열판 속의 공기가 밖으로 이어진 관을 통해서 열이 밖으로 빠져나가는 것을 말한다. 열전도는 진공 속에서는 일어나지 않는다. 또한 단열을 하면 대부분 막을 수 있다. 집열판은 아래와 옆은 단열을 충분히 하지만 위의 유리는 단열을 할 수 없기 때문에, 열전도로 인한 손실은 대부분 유리를 통해서 일어난다. 집열판 속의 흡수장치도 뜨거워지면 열을 복사한다. 복사는 뜨거운 물체의 경우에는 무엇이든 일어나기 때문에, 흡수판에서도 복사가 일어난다. 선택적 코팅은 열복사를 최소화하기 위한 것이다. 이러한 방식의 코팅은 들어오는 광선과 나가는 열선의 파장이 다르다는 점을 이용한 것인데, 즉 이 경우 짧은 파장의 광선은 흡수하고 긴 파장의 열선은 내뿜지 않는 것이다. 집열판 중에서 열손실이 가장 적게 일어나는 것은 진공관형 집열판이다. **진공관형 집열판**에서는 대류나 열전도로 인한 손실이 거의 일어나지 않는다. 흡수장치가 진공 속에 놓여 있기 때문에, 공기로 인한 대류나 열전도가 일어나지 않는 것이다. 열복사로 인한 손실만 일어날 뿐이다. 진공관형 집열판은 빛 흡수판과 열매체관이 담긴 진공관이 여러 개 합쳐져서 이루어진다. 진공관 집열판에서는 유리로 된 진공관이 흡수판을 보호해 주고 열매체관과 진공관이 접촉하는 끝부분에서만 아주 적은 열손실이 일어나기 때문에, 다른 단열재료를 가지고 집열판을 싸 줄 필요가 없다. 그러나 진공관형 집열판은 제작비용이 많이 들고, 따라서 가격이 평판형 집열판에 비해 비싸다는 흠이 있다. 또한 흡수판이 하나하나의 진공관 속에 들어 있어 설치면적 대비 흡수판 면적이 평판형 집열판에 비해 크게 줄어든다는 단점도 있다. 평판형의 경우는 흡수판의 면적이 집열판 전체 면적의 85% 이상을 차지하지만, 진공관형에서는 60% 정도밖에 안 된다. 진공관형에서는 빛의 변환효율은 높지만 흡수할 수 있는 면적은 상대적으로 줄어드는 것이다.

진공관형 집열판의 제작방식도 진공관 속에 흡수판을 어떤 방식으로 집어넣느냐에 따라 여러 가지로 나뉜다. 진공으로 만든 유리관 속에 흡수관을 집어넣는 방식, 보온병처럼 U자형의 이중유리를 진공으로 만들고 그 속에 흡수판을 넣는 방식 등이 있다. 진공 유리관 속에 흡수판을 넣는 경우는 흡수판과 유리관의 연결부위를 완전히 밀봉하지 않으면 유리관 속으로 공기가 들어가서 집열판의 효능이 떨어진다는 단점이 있다. U자형 이중 유리관은 빛이 두 장의 유리를 통과하기 때문에 투과율이 약간 떨어진다는 단점이 있지만, 유리가 깨지지 않는 한 진공이 손상되지 않는 장점이 있다. 진공 유리관 아래쪽에 파라볼 반사판을 부착하면 아래쪽으로 내려간 빛을 반사시켜 효율을 높일 수도 있다.

진공관형 집열판은 주위의 온도와 흡수판의 온도차가 클 때 큰 효능을 발휘한다. 대류와 열전도는 내부와 외부의 온도차가 클 때 더 활발해지기 때문에, 이때 평판형의 성능은 크게 떨어진다. 그러나 진공관형의 경우에는 대류나 열전도가 일어나지 않기 때문에, 성능이 그대로 유지되는 것이다. 진공관형은 겨울에 평판형보다 효율이 두 배 이상 높다. 겨울 난방용으로는 진공관형이 평판형보다 훨씬 적합한 것이다.

집열판 속에서 데워진 열매체는 축열조 속에 설치되어 있는 열교환기로 이동하여 축열조 속의 물을 가열한다. 축열조 속에서는 밑으로부터 찬물이 유입되기 때문에, 열교환기는 이 물을 데울 수 있도록 하기 위해 축열조 아랫부분에 설치된다. 축열조에는 햇빛이 오랫동안 비치지 않을 경우 물을 데우기 위해 가스나 석유 또는 전기를 사용하는 보조 가열장치가 설치되기도 한다. 축열조는 열손실이 가능한 한 적게 일어나도록 하기 위해 두터운 단열재로 둘러씌운다. 축열조는 보통 부식에 강한 강철이나 특수강으로 제작한다. 그 속에는 금속에 대한 부식성이 높은 뜨거운 물이 들어 있고, 이 물속에 또한 염소 이온과 산소 등 금속을 부식할 수 있는 물질이 포함되어 있기 때문이다.

3) 태양열 온수급탕기

태양열 온수급탕에서 요구되는 적정온도의 수준이 40~60℃ 정도의 저온이므로 집열장치의 가격이 비교적 저가이고 단순하여 생산 및 설치에 경제성이 높으므로 다른 태양열 이용 분야보다 온수급탕 분야가 보급에 앞서 있다. 온수급탕은 1년 내내 필요하고, 다른 태양열시설, 즉 냉난방보다 시설의 사용시간, 이용률이 높고 설치 및 조작의 단순함 등이 경제성을 높이는 이유이다. 특히 에너지절약이라는 측면에서 온수급탕이 항상 40~60℃ 저온의 온수를 가열하므로 평균 집열온도가 낮고 집열효과가 높아 흐린 날이나 겨울철 같은 때에도 온도가 그다지 높아지지 않더라도 그만큼의 에너지절약을 할 수 있다는 장점이 있다.

뱃치형 온수급탕기는 유리를 통해 들어온 태양열이 직접 탱크에 있는 물을 덥히는, 가장 간단한 구조로 되어 있으며 아침에 물을 넣어 오후에 데워진 물을 사용한다. 박스의 측면과 바닥은 단열재로 하고 박스의 내부는 다시 열반사재를 부착하였으며 전면부는 경사로 형성하되 새시를 받쳐 이중유리를 끼우고 상하에 덮개를 경첩으로 설치하되 상부 덮개에는 조정기를 부착하고 덮개의 내부는 열반사 단열재를 설치한 구조이다. 즉, 탱크가 집열과 축열을 동시에 하며 탱크의 배열을 위아래로 두어 뜨거워진 물이 되도록 위에 있는 탱크에 모이게 설계된 것으로서 기존의 온수기 중 가장 가격이 저렴하다.

자연 대류형은 집열판에서 데워진 열매체가 축열탱크에 있는 물을 데우는 방식으로, 펌프 등의 동력을 사용하지 않고 뜨거워진 열매체가 위에 있는 축열조로 올라가 축열조 안의 물에 열을 전달하고 차가워진 열매체는 다시 집열판의 아래쪽으로 들어가 태양에 의해 다시 가열이 되어 축열탱크로 올라가 열을 전달하는 열매체의 순환에 의해 축열조의 물이 데워지게 된다. 요즘 흔히 일반주택에서 설치되어 있는 모습을 볼 수 있는 태양열 온수기는 모두 이 방식이다.

상변화형 온수급탕기는 자연대류형과 원리는 같으나 상변화 물질을 열 전달매체로 하고 열 교환기를 사용하게 되는데 자연순환에 의한 열교환 형태로 온수를 가열하는 방식이다. 상변화(像變化) 물질은 배관 내에서 부식을 일으키지 않는 물질이며 일사되는 동안 집열기에서 액체상태에서 증기상태로 바뀌어 높은 열전달을 한다. 집열기가 태양열에 의해 가열되기 시작하면 액체상태의 상변화 물질은 증기상태로 바뀌고, 이것은 비중차에 의해 상승하며, 집열기 위에 설치된 축열탱크 내의 열교환기를 통과하면서 상변화 물질의 잠열이 물을 데우는 열교환이 일어나며, 이 증기상태의 상변화 물질은 응축되기 시작한다. 그런 다음 응축된 상변화 물질은 중력에 의해 집열기 하부로 다시 돌아가 순환을 계속하게 된다.

PART 05

풍력에너지

풍력에너지

1. 개요

바람을 에너지로 이용하는 기술은 예로부터 유명한 네덜란드의 풍차를 비롯하여 대양을 횡단하는 범선에 이르기까지 동력으로 많이 이용되어 왔다.

지금도 드물기는 하지만 바람의 힘은 풍차를 통해 기계적인 힘으로 변형되어서 물을 끌어 올리거나 곡식을 가공하는 데 이용되기도 한다. 그러나 최근에는 바람을 이용하여 풍차를 돌려 전력을 생산하는 풍력발전기술이 큰 각광을 받고 있다.

풍력발전기는 발전용량이 10W밖에 안 되는 마이크로 급에서 5MW에 이르는 대형 발전기까지 아주 다양한 종류가 개발되어 있다. 마이크로 급의 발전기는 손으로 들고 다닐 수 있을 정도로 작고, 3~5MW급은 날개의 지름만 100여 m, 지지대의 높이가 100m가 넘는 엄청난 규모의 것이다. 마이크로급의 발전기는 전기가 들어오지 않는 외딴집에서 사용하기에 적당하고, 대형 풍력발전기는 많은 양의 전기를 생산해서 주위의 주택들에 전기를 공급할 목적으로 세워진다.

유럽과 미국에서는 대형 풍력발전기들이 한곳에 수십 개 이상 들어서 있는 풍력발전 단지를 드물지 않게 찾아볼 수 있다. 이들 단지 중에는 전체 발전용량이 100MW(10만 kW)에 달하는 것도 있다.

최근에 와서는 풍력발전기의 보급이 가속화되고 있는데, 그 배경을 요약하면 다음과 같다.

원가적 측면

- 바람은 무한정하고 무비용의 청정에너지원
- 발전원별 전력생산단가의 가격경쟁력 향상
- 발전시스템 설치의 소요면적 최소
- 시스템의 대용량화 구현이 가능하다.

사회/환경적 측면

- 지구환경보호, 지구온난화방지, 온실가스감축의무
- 에너지 장기 수급의 안정성(화석에너지 산업 대체효과)
- 도시, 산간, 오지의 전력공급 가능
- 화석에너지 고갈에 대한 대체에너지원
- 농업과 공업활동에 비제한성이다.

경제적 측면

- 풍력단지 조성으로 인한 관광산업 활성화
- 공급의 안정성－에너지 수입의존도 감소
- 시스템의 대용량화/기술개발로 인한 대형시장 잠재력이 크다.

〈그림 5-1〉 해양 풍력발전

2. 풍차

회전축에 달린 날개를 이용해 바람의 에너지를 끌어내는 장치를 풍차(風車, windmill)라고 한다.

〈그림 5-2〉 풍차

풍차의 날개는 비스듬히 또는 비틀리게 달려 있어 풍차에 가해지는 풍력은 날개면에 작용하여 회전력을 준다.

풍차는 수차(水車)와 같이 인간을 대신해서 동력을 제공하던 초기의 원동기로서 10~12세기 약 650년간 유럽에서 널리 사용되었다. 증기기관의 발달로 풍차의 사용은 점진적으로 감소해 제1차 세계대전 이후에는 내연기관의 발달로 인한 전기 보급으로 급속하게 쇠퇴했다.

그러나 이후 풍력발전(風力發電)에 대한 연구는 더 많이 이루어졌다. 풍차에 대한 가장 오래된 기록은 644년의 물방아 제작자와 915년의 페르시아 세이스탄의 풍차에 대한 것이다. 당시 사용하던 풍차는 수평형 풍차로서 건물에 고정된 수직축에 날개들이 방사상(放射狀)으로 달려 있고 바람의 출구와 입구가 서로 정반대 편에 달려 있다.

각 날개 풍차는 기어를 이용하지 않고 한 쌍의 맷돌을 직접 가동시키는데, 이 설계는 최초의 수차에서 사용되었던 방법이다. 칭기즈칸은 페르시아의 물방아 목수를 중국으로 압송해 가서 풍차 만드는 방법을 가르치도록 했다. 풍차는 중국에서 주로 관개용(灌漑用)으로 아직까지 사용되고 있다.

수평축에 날개가 달려 있는 수직형 풍차는 한 쌍의 기어를 통해 맷돌과 수직으로 연결된 전동체계를 가진 로마 시대의 수차에서 연유했다. 최초의 수직형 풍차는 회전식 풍차로 알려져 있다. 회전식 풍차는 기어, 맷돌, 기타 기계장치들이 들어 있고 날개를 지지하는 상자 모양의 몸체를 가지고 있는데, 그것은 방앗간의 2층에 있는 수평보에 끼인 목제 기둥에 의해 견고히 지지되어 있고 바람을 맞는 방향으로 향하도록 회전할 수 있다. 그 이후 맷돌과 기어를 고정된 탑에 설치하는 방식의 발달된 형태가 등장했다.

가장 오래된 탑형 풍차의 기원은 1420년까지 거슬러 올라갈 수 있다. 회전식 풍차나 탑형 풍차는 유럽 도처에서 사용되었으며, 미국에서 정착민들이 만들기도 했다. 효율적인 작동을 위해서 날개는 바람을 정면으로 맞아야 하므로 회전식 풍차의 몸체 또는 탑형 풍차의 덮개는 회전해야 했는데, 이런 기능은 지면까지 내려와 있는 꼬리막대를 손으로 돌려 얻을 수 있었다. 1745년 영국의 E. 리는 자동으로 풍차를 회전시킬 수 있는 소형 날개를 발명했다. 이 소형 날개는 5~8개이며 회전식 풍차의 꼬리막대 또는 사닥다리에 직각으로 달려 있으며, 기어에 의해 풍차 주위의 궤도 위에서 움직이는 바퀴에 연결되어 있다. 바람의 방향이 바뀌게 되면 바람은 그 소형 날개의 측면을 쳐서 돌리고, 따라서 궤도의 바퀴도 돌아 바람의 방향이 다시 풍차 날개와 직각이 될 때까지 풍차의 몸통 또는 덮개를 돌린다.

1772년 스코틀랜드의 A. 미클은 기존의 범포 대신 베니션 블라인드(venetian blind: 끈으로 오르내리게 하고 채광조절을 하는 올이 넓은 발)의 경첩이 달린 빈지문(빈지로 된 문)을 가진 스프링 날개를 발명하여, 각 날개에 스프링과 막대기를 연결해 조절했다. 각각의 스프링이 요구되는 힘에 따라 조절되도록 풍차의 지주에 각각 달면 날개는 일정한 한도 내에서 스스로 조절된다. 1789년 잉글랜드의 S. 호퍼는 빈지문 대신 감아올리는 차양을 사용했으며, 풍차가 작동하는 동안 모든 차양들이 동시에 원격 조정될 수 있도록 만들었다. 1807년 W. 큐비트 경은 미클의 경첩이 달린 빈지문과 S. 호퍼가 발명한 원격조정방식을 체인(지면에서 굴대를 관통한 구멍을 지나는 막대로 연결된)을 사용해 결합시킨 날개를 만들어 특허를 냈다. 이 조절방식은 우산의 작동원리와 비교할 수 있는데, 체인에 걸리는 무게의 변화로 날개는 자체 조절이 되도록 만들어졌다.

1854년 미국에서 D. 할러디에 의해 환상(環狀) 날개가 달린 풍차 펌프가 발명되었다. 또한 1833년 S. 페리는 이것을 철로 만들었는데, 비효율적임에도 불구하고 값이 싸고 신뢰성이 있어 전 세계적으로 널리 사용하게 되었다. 이것은 바퀴에 방사상으로 작은 날개가 달려 있는 구조로 되어 있다. 속도는 자동조절식인데, 바람이 강하면 풍차는 수직축을 따라 돌아 유용면적을 줄여 속도를 줄인다. 풍차는 곡식을 제분하는 데 가장 유용하게 쓰였다. 특정 지역에서는 배수·양수에도 중요한 역할을 했다. 1890년 덴마크에서 P. L. 쿠어가 철제 탑 위에 큐피트 경이 특허를 낸 날개와 한 쌍의 소형 날개를 장치해서 제작한 풍차가 나온 이후로 풍차는 전력원으로 사용되어 왔다. 발전에 풍차를 이용하고자 하는 관심은 1970년대에 들어와 다시 일기 시작했다.

3. 풍력발전의 원리

1) 원리

풍력발전은 풍차에 의해 풍력에너지를 회전에너지로 변환하여 발전기를 구동시킴으로써 전기에너지를 생산하는 것이다.

풍력발전기 꼭대기에서는 날개와 함께 거대한 발전기가 회전한다. 이것은 자전거 발전기와 비슷한 원리에 따라 작동한다. 그런데 자전거 발전기는 어떻게 작동하는 걸까? 자전거의 발전기 위쪽에는 작은 구동 바퀴가 붙어 있고, 이것은 거기에 붙은 막대를 돌게 만드는데, 이 막대는 발전기 통 속까지 뻗어 있다. 막대에는 코일이 달려 있고, 코일에는 구리선이 감겨 있다. 이 코일 둘레를 자석이 빙 둘러싸고 있는데, 코일은 이 자석 외피 속에서 회전하게 된다. 자석은 고정되어 있어 움직이지 않게 되어 있다.

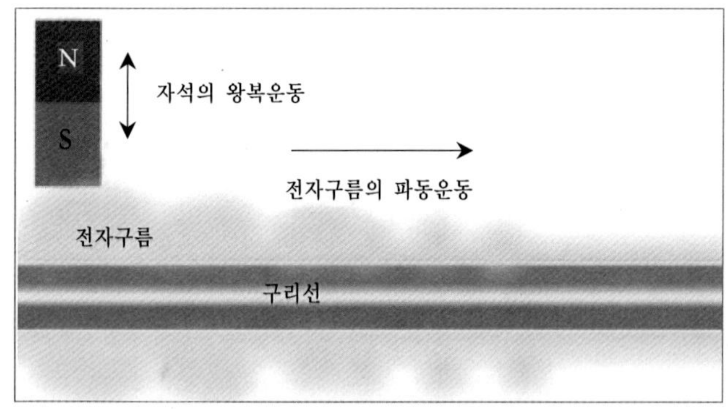

〈그림 5-3〉 발전기의 기본원리

자석은 철로 된 물체를 끌어당기는 힘을 가지고 있을 뿐만 아니라, 금속선이 자석 위에서 평행으로 움직이면 금속선 속에서 전자라고 하는 작은 입자가 운동을 하게 되는데, 이 운동이 바로 전류이다. 발전기 속에서는 바로 이런 일이 일어난다. 코일을 둘러싼 자석 외피는 감긴 구리선 속의 전자들을 움직이게 되고, 이 전자는 전류로 변환된다.

풍력발전기 속에 들어 있는 발전기는 자전거 발전기보다 훨씬 더 크고 강하며, 그렇기 때문에 훨씬 많은 전기를 만들어 낼 수 있다. 발전기의 내부는 코일뭉치 여러 개를 원형으로 배치하여 고정자를 만들어 가운데 놓고, 그 양옆에 영구자석 여러 개를 원형으로 놓아 만든 회전자로 구성되어 있다. 회전자를 회전시키면 자석에서 나온 자기력이 코일에 전자를 발생시켜 전기가 생성된다. 이때 회전자를 돌리는 회전력을 바람으로부터 얻으면 풍력발전기이고, 페달을 통해 연결해 주면 자전거 발전기가 된다.

2) 운동에너지

운동에너지(kinetic energy)는 물체나 입자가 운동하기 때문에 갖게 되는 에너지로 정의된다.

어떤 물체에 힘을 가해서 에너지를 전달하는 일이 행해지면 물체의 속도가 증가하여 운동에너지를 가지게 된다. 운동에너지는 움직이는 물체나 입자가 가지는 특성이며 물체의 운동뿐만 아니라 질량에도 의존하는 양이다. 운동의 형태로는 병진운동(어느 지점에서 다른 지점까지의 경로를 따르는 운동), 축에 대한 회전운동, 진동과 같은 운동의 조합으로 이루어지는 운동 등이 있다.

물체의 **병진 운동에너지**는 이 물체의 질량 m과 속력 v의 제곱에 1/2를 곱한 값, 즉 $(1/2)mv^2$과 같은 값이다. 그런데 이 공식은 저속에서만 성립하며 고속의 입자에 대해서는 실제보다 작은 값을 나타 낸다. 물체의 속도가 광속3×10^8m/s에 근접하면 질량이 증가하여 상대성법칙을 적용해야 한다. 상대론적인 운동에너지는 정지해 있는 상대의 질량에 비해서 증가한 질량을 광속의 제곱에 곱한 값이다.

SI단위계에서 에너지의 단위는 J(줄)이다. 2kg의 질량이 1m/s의 속력으로 움직이면 1J의 운동에너지를 갖는다. cgs단위계에서 에너 지의 단위는 erg(에르그), 즉 10^{-7}J인데 아주 작은 값이다. 에너지 의 단위로서 특별한 분야에서 사용하고 있는 단위로는 원자나 원자 구성입자에서 사용하는 매우 작은 단위로 전자볼트(eV)가 있다. 회 전하는 물체에 대해서는 질량에 해당하는 관성모멘트 I, 직선·병진 운동의 속도에 해당하는 각속도(ω)가 있다. 따라서 **회전운동에너지** 는 관성 모멘트와 각속도의 제곱에 1/2를 곱한 값, 즉 $(1/2)I\omega^2$가 된 다. 물체나 계의 **전체 운동에너지**는 각각의 운동 형태에 대한 운동 에너지를 합한 값이 된다.

3) 입지선정

풍력발전기를 세우려면 먼저 발전기를 세우려 하는 후보 지역에 서 부는 바람의 세기와 성질을 조사해야 한다. 이것은 풍력자원 측 정기기를 이용해서 1년 동안 실시한다. 보통 20m 높이에 세우지만, 더 정확한 결과를 얻기 위해 풍력발전기 기둥높이까지 측정기기를 올리는 경우도 있다. 1년 동안 조사한 결과 풍향이나 풍속이 적합한 것으로 나오면, 이에 따라 그곳에 가장 적합한 풍력발전기의 형태와 크기 그리고 여러 개를 설치할 경우에는 어떻게 배치할 것인가를 결 정한다. 일반적으로 바람의 세기가 연평균 약 4m/s 이상인 곳에는 풍력발전기를 세울 수 있다. 바람은 공중으로 올라갈수록 강하게 불 기 때문에, 바람이 강하지 않은 곳에도 풍력발전기를 높게 세우면 전기를 생산하기에 충분한 바람을 얻을 수 있다. 풍력발전기가 내는 힘(전기)은 바람 속도의 3제곱에 비례한다. 풍속이 4m인 경우와 6m인 경우 바람의 세기는 6m가 1.5배지만, 여기서 얻어지는 전기의 양은 5배 가까이 된다. 그러므로 풍력발전기를 세울 때 1년간 풍속을 측정하는 등 가능한 한 적합한 입지를 선정하기 위한 노력이 요구된다.

4. 풍력발전기의 분류

1) 개요

풍력발전기의 분류방식은 다양하게 분류되고 있다. 날개의 회전축이 놓인 방향에 따라 수평축 발전기와 수직축 발전기, 운전방식에 따라 정속운전과 가변속운전, 전력사용 방식에 따라 계통연계와 독립전원 방식 등으로 분류된다.

〈표 5-1〉 풍력발전기의 분류방식

방 식	종 류
구조상 분류(회전축방향)	수평축 풍력시스템(HAWT) : 프로펠러형
	수직축 풍력시스템(VAWT) : 다리우스형, 사보니우스형
운전방식	정속운전(fixed roter speed type) : 통상 Gearless형
	가변속운전(variable roter speed type) : 통상 Gearless형
출력제어방식	Pitch(날개각) Control
	Stall(失速) Control
전력사용방식	계통연계(유도발전기, 동기발전기)
	독립전원(동기발전기, 직류발변기)

이 발전기는 바람 속에 저장된 엄청난 양의 에너지를 전력으로 변환하는 데 사용하는데, 일반적으로 수직축형과 수평축형의 2가지 기본형으로 나눌 수 있다. 수직축형에서 가장 널리 사용되는 것은 다리외 터빈이다. 이것은 축의 꼭대기와 바닥에 붙어 있고 중간은 구

부러진 알루미늄 판으로 된 2개의 날개(믹서기의 날개와 매우 흡사함)를 가지고 있다. 수평축형은 회전자에 비행기 프로펠러처럼 비틀린 날개가 달려 있는데, 이 날개는 발전기 속도를 적당히 유지하는 자동조속기에 의해 지지축을 중심으로 회전한다.

2) 수평축 풍력발전기

〈그림 5-4〉 수평축 풍력발전기

수평축 풍력발전기는 날개의 수가 세 개, 두 개, 한 개인 것으로 나눌 수 있는데, 현재 시판되는 대형 풍력발전기는 대부분 세 개의 날개를 가지고 있다. 날개의 도는 힘이 발전기에 전달될 때 기어라는 중개장치를 이용하는가 또는 그 힘이 아무런 매개체도 거치지 않고 직접 전달되는가에 따라서도 두 가지로 분류된다.

기어구동식의 경우에는 일정속도로 운전이 가능하고 직접 계통연계가 가능하며 발전기 가격이 상대적으로 낮은 반면 유도전동기의 효율이 낮고, 기어박스 유지보수 및 신뢰성 문제가 발생할 뿐만 아니라 소음이 높은 단점이 있다.

반면 **직접구동식**은 가변속도 운전으로 계통연계성이 우수하며 증속기 제거로 신뢰성이 향상되지만, 발전기 중량이 증가하고 유도발전기에 비해 가격이 높을 뿐만 아니라 계통연결을 위해 AC/DC/AC 변환이 필요한 단점이 있다.

또한 최근에는 안정적으로 풍력을 얻기 위하여 상공에 비행선을 띄워 풍력을 얻는 기술이 개발되고 있다.

수평축 공중부양 풍력발전기는 지상 300m 상공에 비행선을 띄워

전기를 생산하는 풍력발전기이다.

공중부양 풍력장치는 헬륨가스를 채워 넣은 비행선 두 대를 연결해 그 사이에서 회전하는 바람개비를 설치해 전기를 생산하게 되는데, 지상 300m 이상만 올라가게 되면 평지나 바다, 산악을 막론하고 거의 전 지역에서 안정적으로 풍력을 얻을 수 있다는 이점이 있다.

〈그림 5-5〉 공중부양 풍력발전기

지상에 설치된 제어장치가 비행체와 실시간으로 교신하면서 돌풍이나 고도변화, 압력 등을 점검해 문제가 생기면 끌어 내리게 되며, 용량은 10kW급 소형부터 2MW급 대형까지 다양하다. 1MW 생산용량을 기준으로 할 때 기존 타워 형태의 풍력발전기는 약 330가구가 사용할 수 있는 전기를 만드는 반면 공중부양 풍력발전은 약 1,000가구 이상이 사용할 수 있는 전기를 생산할 수 있다. 태풍 같은 강한 바람이 불 때나 안전점검 시간을 제외하고는 연중 24시간 발전이 가능해 80% 이상 효율을 얻을 수 있는 것으로 알려져 있다. 비행체에 카메라, 레이더 등 각종 장치를 탑재해 산불감시나 기상관측용으로도 활용이 가능하고, 사진 및 홍보물을 부착하여 광고 목적으로도 사용할 수 있다.

3) 수직축 풍력발전기

수직축 풍력터빈은 땅 위에 세워진 기둥 주위에 볼록한 형태의 큰 날개가 붙어서 서서히 도는 형태를 하고 있다. 그러나 수직축 발전기는 수평축에 비해 바람의 힘을 전기로 바꾸는 능력(변환 효율)이 떨어지기 때문에 현재 풍력발전기 시장에서 판매되는 것은 거의 모두 수평축 발전기이다.

5. 풍력발전 시스템

1) 개요

〈그림 5-6〉 풍력발전기의 구조적 분류

풍력발전기는 회전날개와 회전축 및 증속기를 포함함 기계장치부, 발전기와 전력안정화 장치로 구성된 전기장치부, 무인운전이 가능하도록 설정하여 원격 운전하는 제어장치부로 구성된다.

풍력발전에서 가장 중요한 것은 설비의 신뢰성이다. 만약 풍력발전기가 고장이라도 나서 날개를 수리하게 되면 날개를 올리고 내리는 데 드는 비용만 수천만 원이 들기 때문에 풍력발전으로 수년간 애써 벌어 놓은 돈을 모두 까먹기가 십상이다. 설비 용량이 커짐에 따라 풍차날개의 크기도 거대해져서 과거와 같이 바람이 많은 높은 산간지역은 접근성이 부족하여 점차 바닷가에 설치하는 사례가 증가하고 있다.

풍력발전기는 아주 강한 폭풍도 견뎌야 하기 때문에 기둥은 두꺼운 강철이나 콘크리트로 만들어 견고한 기초 위에 세워야 한다. 기둥의 안쪽은 비어 있기 때문에, 그 속의 계단이나 사다리 또는 엘리베이터를 통해서 발전기 통까지 올라갈 수 있게 되어 있다.

기둥 위에는 커다란 럭비공처럼 생긴 통이 놓여 있고, 그 속에서 회전축이라고 불리는 긴 축이 돌아간다. 통은 영어로 나쎌(nacell)이라 부르고 우리나라에서도 영어를 그대로 사용하지만, 발전기 통

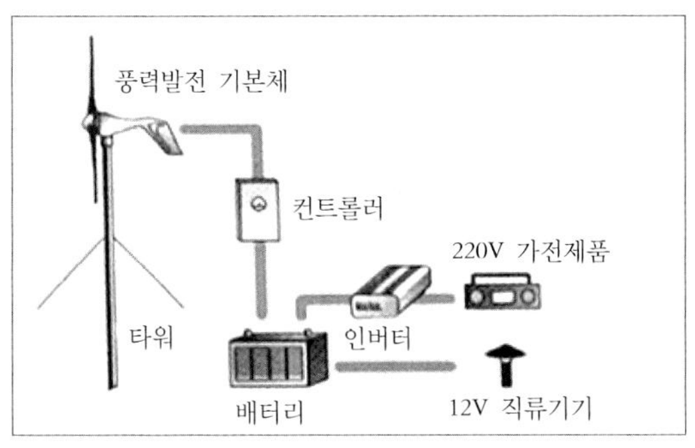

〈그림 5-7〉 풍력발전기의 구성도

〈그림 5-8〉
풍력발전기의 기둥 내부

이라고 부르는 것이 적합할 것이다. 통 속의 회전축에는 바깥을 향해 날개가 연결되어 있고, 안에서는 발전기와 연결되어 있다.

날개는 바람을 가장 잘 받아서 전기로 바꿀 수 있도록 특수한 형태로 휘어져 있다. 바람은 어떤 때는 강하게 불다가 곧 약하게 불고, 계속해서 방향이 바뀌기도 한다. 그래서 통 위의 뒤쪽에 작은 풍향계와 측정기기가 붙어 있는데, 이것들은 바람이 어떤 방향에서 불어오고 얼마나 강한지를 감지해서 통 속의 컴퓨터에 전달하고, 컴퓨터는 이 데이터들을 처리해서 발전기 통이 항상 바람 부는 방향을 향하도록 하고 날개가 바람의 에너지를 가장 잘 전기로 변환할 수 있도록 날개의 위치를 조종한다. 날개는 바람의 세기에 따라 평평한 부분이 앞뒤로 돌 수 있도록 되어 있다. 이렇게 해서 바람 속 공기의 흐름으로부터 힘을 최대한 끌어내는 것이다. 바람이 아주 강하게 불면 날개의 평평한 부분은 바람 방향과 수평으로 서게 되는데, 이때는 날개가 바람을 조금도 받지 않기 때문에 돌지 않고 정지한다. 태풍이나 강풍이 불 때 날개가 계속해서 돌아가면 날개가 파손되기 때문에 이를 막기 위해서 날개가 바람을 받지 않도록 조정해서 풍력발전기의 회전을 정지시키는 것이다.

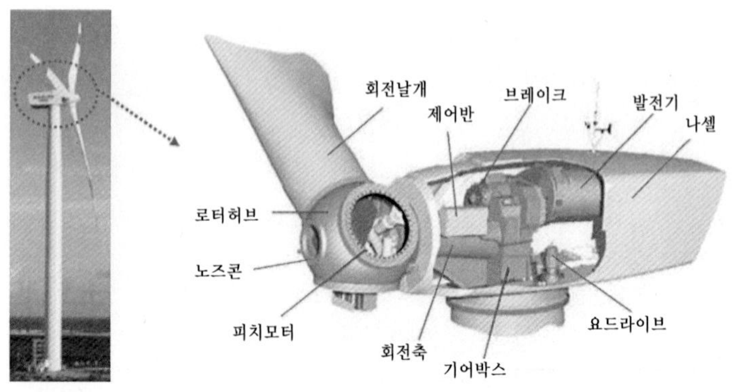

〈그림 5-9〉 기어형(geared type) 풍력터빈의 구조

2) 시스템 구성

(1) 로터 블레이드 및 로터허브

바람에너지를 회전력으로 변환시키는 장치로서, 블레이드의 설계 시 공기역학(aerodynamics) 및 소재가 풍력발전기의 성능에 중요한 영향을 미친다. 제작용 재료는 일반적으로 섬유(fiber), 수지(resin), 발사(balsa, 열대 아메리카산의 가볍고 단단한 나무) 폼 등이 사용된다.

로터블레이드는 고장이 발생한 경우 현장 수리가 매우 어렵고 비용이 많이 들어가기 때문에 품질이 매우 중요하며, 손상되는 원인 중 51%가 설계나 제작에서의 문제로 발생하고 있는 것으로 알려져 있다. 또한 로터블레이드는 설계해석만으로 완전히 이루어지지 않기 때문에 경험적 기술축적이 상당히 요구되는 분야이다.

(2) 주 회전축, 베어링, 기어

주 회전축은 로터허브와 연결이 되며 베어링으로 고정된다.

풍력터빈에 사용되는 베어링은 발전기 베어링, 기어박스 출력축용 베어링, 드라이브 레인에 사용되는 롤러 베어링, 로터 블레이드 베어링, 요 베어링이 있다.

동력전달 장치는 풍력터빈의 회전부를 포함하는 로터에 연결되는 저속축(low speed shaft), 저속의 회전속도를 발전기의 정격 회전속도로 증속시켜 주는 역할을 담당하는 기어박스, 그리고 발전기에 직접 연결되는 고속축(high speed shaft)으로 구성된다.

기타 기계요소들로서 지지 베어링과 다수의 커플링, 제동장치, 그리고 발전기의 회전부 등이 있으며, 기어 및 샤프트 조립과정에서 주축은 단강품으로 제작된다.

(3) 너셀(Nacelle)

너셀은 풍력터빈의 하우징(housing)과 베드 플레이트(bed plate), 메인 프레임(main frame), 방향제어 시스템 등을 포함한다.

메인 프레임은 동력전달 장치의 장착 및 정확한 고정을 위한 장치이며, 너셀 커버는 외부환경으로부터 주요 기계요소들을 보호하는 역할을 한다.

방향제어 시스템은 로터 축을 항상 바람이 불어오는 방향에 일치하도록 제어하는 장치로서, 주된 장치는 메인 프레임과 타워를 연결하는 대형 베어링이다.

요 능동제어(active yaw) 시스템은 일반적으로 단일 혹은 이중 요 모터를 장착한 전 방향 풍력발전시스템에 적용되며, 요 베어링에 장착된 불 기어(bull gear)에 대해 피니언 기어(pinion gear)가 맞물려 구동한다.

이러한 방향제어 시스템은 풍력터빈의 너셀 후방에 장착된 풍향 센서 신호에 의해 자동으로 제어되며, 너셀의 방향을 제자리에 고정하기 위한 목적으로 사용되기도 한다.

(4) 요잉 및 피칭 기어

모든 수평축 발전기에 사용되는 시스템으로 풍향의 변화로 발생하는 요 에러에 대응하거나 긴급상황 시 요 에러를 통해 로터블레이드의 회전속도를 줄이기 위해 필요한 장치이다.

이 시스템은 전기적 제어장치에 의해 구동되며, 모터, 기어박스, 브레이크, 베어링 등으로 구성된다.

요 에러(yaw error)라 함은 로터의 회전면과 풍향이 수직되지 않았을 때 에너지 활용도가 떨어지는 현상을 의미하며, 이때 블레이드가 플랩방향의 앞뒤로 휘어지는 현상 및 로터의 진동과 피로하중이 증가하는 현상이 발생하게 된다.

가변피치각 구동장치(블레이드 피치각 조절 장치)는 블레이드의 피치각 조절을 위해 사용되는 장치로서 이를 통해 블레이드의 성능을 조절할 수 있다. 피치각의 조절은 다음과 같은 조건에서 사용되게 된다.

- 기동 풍속 이상 시 로터의 기동 토크를 얻기 위한 기동운전 시
- 정격 풍속 이상에서의 정격출력을 유지하기 위한 정격운전 시
- 정지하기 위한 피치 조정 시
- 변동이 심한 하중 발생 등의 조건에서 사용된다.

(5) 잠금장치 및 기계식 제동장치(Locking Device and Mechanical Brake)

기계적 브레이크는 강풍이 불거나 시스템 이상 시 또는 보수점검 등의 비상사태로 로터를 정지시키기 위해 사용되는 브레이크이다.

시스템에 무리가 가지 않도록 에어 브레이크나 피치 조절 등으로 로터 회전속도를 감소시킨 후 사용한다. 이러한 브레이크는 스틸 브레이크 디스크로 구성되며, 로터 샤프트(저속)나 기어박스와 발전기

사이의 고속 샤프트에 설치할 수 있다. 이때, 브레이킹 토크가 기어박스에 전달되어 로터의 회전을 멈출 수 있게 된다.

내열, 내마모성 재료로 제작하는 것이 일반적이며, 풍력터빈 제동장치로는 공기식, 기계식, 유압식 등이 있다.

(6) 동기발전기

로터블레이드가 바람의 운동에너지를 회전력으로 변환하고 동력전달 장치를 통해 발전기로 전달하면 발전기는 최종적으로 전기에너지로 변환하여 전력계통에 공급하게 된다.

동기발전기는 로터의 회전속도와 자기장의 회전속도가 같은 형태의 발전기로 평균풍속이 일정한 장소에 설치될 경우 일정 전압 및 주파수 유지가 용이하여 정전 시 단독 발전이 가능하다. 즉 전압, 주파수, 위상을 사용전원에 맞추어 자동동기 투입장치를 설치하면 계통선의 전압강하 등에 미치는 부정적인 영향을 최소화할 수 있다.

(7) 유도발전기

유도발전기는 발전기의 회전자가 동기 속도인 1,500rpm을 넘어설 때 로터의 속도가 자기장의 회전속도보다 빨라지게 되는데, 이때 회전자에 강한 전류가 유도되는 성질을 이용한 발전기이다.

신뢰성이 뛰어나며, 구조가 간단하기 때문에 동기식 발전기보다 가격이 저렴하며, 정속 회전 방식에 사용되는 발전기이다.

기어를 사용해 동기속도인 1,500rpm을 유지해야만 하는 단점이 있으며, 종류로 농형유도발전기, 권선형 유도발전기, 영구자석형 유도발전기 등이 있다.

(8) 전기시스템

풍력발전시스템 내부에는 전기시스템이 설치되는데, 이러한 전기설비들로는 회전기계, 정지형 전력변환장치, 개폐장치 및 보호장치, 배전반, 케이블, 변압기, 고전압 전기설비, 축전지 및 충전장치, 낙뢰보호 장치 등이 있다.

(9) 제어 및 안전시스템(Control & Safety System)

풍력발전기 운전 중 풍력터빈을 최적의 상태로 운전하기 위해 풍력터빈 또는 주위환경의 상태 정보를 받아 풍력터빈의 운전을 제한하고 유지할 수 있도록 제어하는 시스템이 설치되어야 한다.

또한, 풍력발전기 운전 중 풍력터빈 내부의 기기 및 장치 등에 중대한 기능 장애가 발생할 경우에는 기기 및 장치 등의 손상을 방지하기 위한 시스템이 설치되어 자동적으로 풍력발전시스템을 안전한 상태로 유지할 수 있도록 한다.

(10) 상태감시시스템(CMS: Condition Monitoring System)

풍력터빈 기기들의 상태를 정기적인 측정과 분석을 통해 진동, 충격 등에 의한 상태를 관찰함으로써 보수 정비에 대한 판단을 내리고, 기기의 상태를 감시할 수 있는 시스템 장치이다.

(11) 타워 및 Foundation

풍력발전기를 지지하는 구조물로서 수평축 풍력발전기(HAWT)의 경우 너셀과 로터부를 지상에서부터 일정한 높이에 위치시켜 지지해 주는 역할을 하는 구조물이며, 수직축 풍력발전기(VAWT)의 경우에는 회전축의 역할까지 담당하는 구조물이다.

대형 구조물의 경우 내부에 엘리베이터 시스템 등 여러 가지 유지보수를 위한 장치들이 장착되기도 한다. Foundation은 타워를 육상이나 해상에 고정시키기 위한 구조물로 설치 위치에 맞게 다양한 형태로 제작된다.

지열에너지

지열에너지

1. 개요

최근 국내의 전력수요는 여름, 겨울 구별 없이 매년 늘어나고 있는 추세이나 기존 발전소의 전력용량은 한정적이다. 또한 국내 발전량의 대부분을 차지하는 원자력이나 화력발전의 경우 원료수급이나 운영을 위해 바다와 인접한 곳에 위치하고 있다. 그러나 에너지 수요가 많은 곳은 바닷가와 거리가 먼 내륙지역이어서 전력과 열을 수송하기 위해서 많은 비용을 들이고 있다.

이와 같은 문제로 인해 최근에는 고밀도 에너지 수요 지구에 소형 발전소를 건립해 그 지역에 필요한 전력 및 열을 충당하고 있다. 이는 최근 각광받고 있는 분산형 발전시스템으로 설명할 수 있는데, 이러한 분산형 발전시스템에 적합한 것이 지열발전이다. 지열발전의 성패는 좋은 입지를 발굴하는 일에 좌우된다. 국내의 경우 온천지역이 많아 그 성공 가능성이 매우 높다.

지열발전은 초기 투자비용이 많이 들지만 운영비가 다른 열원에 비해 저렴하고 1년 365일 언제나 안정적인 에너지 공급이 가능해 다

른 에너지원보다 경제성이 높다. 그리고 오염물질 배출량이 가장 낮
아 신재생에너지원 중에서 가장 효용성이 높다. 따라서 지리적 환경
을 활용한 신규 연구와 지열에너지 이용기술 개발 프로젝트를 통해
지열발전 시스템을 연구, 설치하는 것이 바람직하다.

　지열에너지(geothermal energy)의 자원은 화산활동지역에 분포
하는데, 이 중에서 온천, 간헐천, 끓는 진흙탕, 분기공(화산 가스와
뜨거운 지하수의 분출구멍) 등은 쉽게 개발할 수 있는 지열자원이
다. 고대 로마인들은 온천을 온수욕과 가정 난방에 이용했으며, 지
금도 아이슬란드, 터키, 일본과 같이 세계의 지열대에 위치한 나라
에서는 비슷한 방법으로 지열을 이용하고 있다. 지열에너지의 가장
큰 잠재력은 전기발전에 이용하는 것인데, 1904년 이탈리아의 라데
렐로에서는 최초로 지열을 이용해 전기를 생산했다. 20세기 후반에
는 이탈리아, 뉴질랜드, 일본, 아이슬란드, 멕시코, 미국, 소련 등지
에 지열발전소가 건설되어 발전에 들어갔으며, 그 밖의 다른 여러
나라에서도 건설 중에 있다.

　지열 자원 중 가장 유용한 것은 온도범위가 80~180℃가 되며 지
표 아래의 층이나 저장고에 있는 열수와 증기이다. 180℃ 이상 되는
열수와 증기는 가장 쉽게 발전용으로 개발되는데 현재 가동 중인 지
열발전소에서 효과적으로 이용되고 있다. 이들 발전소에서는 열수
를 증기로 바꾸어 터빈을 돌리고, 여기서 생긴 기계적 에너지는 발
전기에 의해 전기에너지로 바뀌게 된다. 지표 아래의 뜨겁고 건조한
지층들도, 물을 층 내로 주입시켜 뜨겁게 만든 다음 증기로 전환시
키는 문제만 완전히 해결된다면 지열에너지의 자원으로 광범하게
이용될 수 있다. 지열에너지는 공해가 없고, 또 석유가격이 상승함
에 따라 지열자원개발에 대한 관심이 점차 높아지고 있다.

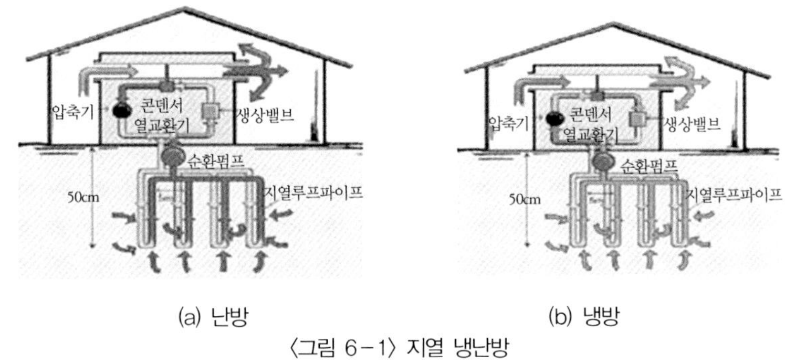

〈그림 6-1〉 지열 냉난방

2. 지하수

우리나라의 연간 강수량이 1,274㎜로서 세계평균 970㎜보다 30% 정도 많으나 우리나라의 지형이 동쪽이 높고 서쪽이 낮아 수계의 길이가 700㎞ 이하로 짧아 빗물을 땅 위에 오래 보유하지 못하고 바다로 흘려보내기 때문에 물을 효과적으로 이용하지 못하고 있다. 물은 지구상에서 가장 풍부한 자원이지만 지구 상 물의 97%가 바닷물이고 나머지 3%가 담수인데 그중 2.5%의 물은 남·북극의 빙하로 묻혀 있어 활용할 수 없기 때문에 우리가 활용할 수 있는 물은 불과 0.5% 미만의 아주 적은 양이다. 그런데 한정된 물이 계속 나오는 이유는 무엇일까? 이것은 물이 한 군데에 고정되어 있는 자원이 아니고 지구가 태양에너지를 받으면 수증기 증발이 일어나게 되는데 특히 바다표면에서 대량으로 증발된다. 대기 중으로 증발한 수증기는 대류권에서 응결되어 비나 눈의 형태로 땅으로 돌아오게 되며 이 중 일부는 지하로 들어가서 지하수로 다시 채워지며 물은 끊임없는 순환에 의해 재공급되는 재생자원이고 이러한 물 순환의 원동력은 모두 태양에너지이다.

물을 공급해 줄 수 있는 수자원은 두 가지로 볼 수 있는데 호수,

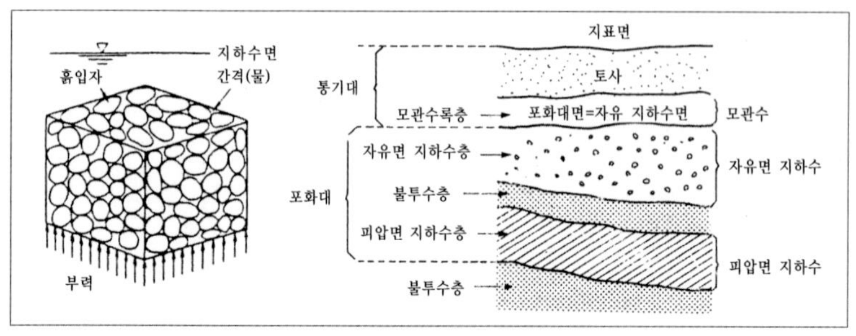

〈그림 6-2〉 지하수의 분포

하천, 지표면에 흐르는 물, 빗물을 저장한 저수지에 채워진 표면수와 우물 또는 샘물에서 얻을 수 있는 지하수이다.

지표면 내부에 있는 암반으로 구성된 지층의 입자들 사이에는 충분한 틈이 있어 그 틈을 통하여 다량의 물이 흐를 수 있는 층을 대수층이라 하고 입자 사이의 틈이 너무 작아서 물이 흐르지 않을 경우 이 층을 불투수층이라고 한다. 모래나 흙 속 공간 또는 화강암의 갈라진 틈은 보기에 작아 보이지만 빈 공간을 합치면 거대한 동굴보다도 더 큰 공간임을 아는 사람은 많지 않다.

지표면에 토양이나 암석은 공극을 가지고 있고 공극에는 우리가 생각할 수 있는 강, 호수에 있는 물보다 훨씬 많은 양의 지하수를 포함하고 있다.

지하수는 지표수보다 더 유용성이 있는 수자원으로 볼 수 있는데 그 이유로는 세균이 없어 정수할 필요가 없고 계절에 관계없이 온도가 일정하며 무색투명하고 화학적 물질이 균일하게 녹아 있으며 단기 기후변화에도 그 양이 항상 일정하고 방사성이나 생물학적 오염 우려가 적으며 어느 지역에서나 비교적 쉽게 개발할 수 있다. 지하수의 단점으로는 많은 지역이 암석으로 덮여 있어 충분한 양의 지하수를 얻기 어렵고 지하수가 지표수보다 많은 양의 용존 고형물을 가지고 있으며 개발에 드는 비용이 지표수보다 많다는 점이다. 지하수면은 보통 우물수면과 일치하는데 지형에 따라 오르내리기 때문에 지하수면은 일정하지 않고 중력에 의해 낮은 쪽으로 흘러내리며 치하수면과 지표면이 교차하면 샘이 형성되기도 한다. 지표에서 지하수면까지를 통기대 또는 불포화대라 하는데 이 구간이 지표수가 지하로 스며드는 구역이다. 지하수의 대부분은 순환수이며 지하수를 만드는 중요한 암석으로는 화강암과 편마암을 들 수 있는데 이러한 암석은 틈새가 많아 지하로 물이 잘 스며든다. 건물의 냉·난방에 풍부한 지하수를 활용하게 되면 여름철 냉방 시에는 외기온도보다 지하수의 온도가 낮아 냉방에너지를 줄일 수 있고 겨울철 난방 시에는 외기온도보다 지하수 온도가 높기 때문에 난방에 유용한 자원으로 활용될 수 있다.

3. 지열에너지

지열은 에너지의 근원으로 될 수 있는 지구 내부의 열로 지구가 가지고 있는 열에너지를 말한다. 그 근원은 지각과 맨틀 구성 물질 중 우라늄이나 토륨 등이 붕괴되면서 내는 열이 대부분을 차지한다. 지표면 온도는 기온 변화에 따라 달라지지만 지하 20m 이하는 그날그날의 기온이나 계절의 변화에 영향을 받지 않고 일정하다. 대개 화산이나 간헐천, 온천, 화산의 분기공들이 지열에너지의 근원이다. 지열에너지는 지각의 표면에서 수km 이내에 있는 기공성의 고온 암반에서 발생한다. 여기에 구멍을 뚫고 물을 넣어 열에너지를 빼내어 난방이나 발전기용으로 사용한다. 이탈리아, 뉴질랜드, 미국, 아이슬란드 등이 이러한 방식을 사용하고 있다. 지구는 중심부로 갈수록 온도가 높아지며, 중심부는 섭씨 4,000도에 이른다. 지열은 화산이나 지진이 많은 곳에서는 지열자원이 풍부하여 이미 오래전부터 친

숙한 에너지이나, 우리나라에서는 몇 년 전까지만 해도 지열에 대한 관심이 아주 낮았다. 지열을 이용하는 기술개발이 제대로 안 된데다 일반인들의 인식도 낮았기 때문이다. 그러나 최근 들어 땅속 몇 백 m까지만 파서 지하수를 끌어 올리거나 단순히 구멍을 뚫은 뒤 물을 집어넣어 다시 뽑아 쓰는 방법으로 지열을 이용해도 효율이 높다는 것이 알려지면서 그 수요가 크게 늘고 있다. 땅속은 깊이 1㎞씩 내려 갈 때마다 섭씨 40도 정도 온도가 올라간다. 비용을 따지지 않는다 면 깊게 파면 팔수록 높은 열을 얻을 수 있는 셈이다. 사람이 구멍을 팔 수 있는 깊이 10㎞ 정도까지가 지열을 이용할 수 있는 한계다. 우 리나라에서는 지열을 이용하기 위해 가장 깊게 파고 있는 곳이 포항 시 성곡리 한국지질자원연구원의 시험 관정으로 2㎞에 달한다. 여기 서는 섭씨 70~75℃의 물을 끌어올릴 수 있을 것으로 기대하고 있 다. 지하는 지표면과는 달리 온도가 일정하다. 우리나라와 같이 여 름철은 냉방, 겨울철은 난방을 번갈아 가며 해야 하는 곳에서는 지 열 냉난방 기술을 고려할 필요가 있다. 여름철은 대기 온도보다 섭 씨 10℃ 정도 차이가 나는 지하수 또는 지열을 뽑아 냉방으로, 겨울 에는 역시 대기 온도보다 10~20℃ 높은 지열로 난방을 하기 때문이 다. 이렇게 지열을 뽑아 써도 지구 중심부에서 계속 열이 올라오기 때문에 에너지가 고갈될 염려는 없다. 그러나 지하수를 뽑아 쓰는 방법은 지하가 함몰될 여지가 있다. 지하수를 이용하는 방법은 지하 수가 풍부한 곳이나 호수 주변 등에서 적합하다. 물을 지하에 넣은 뒤 다시 뽑아 올려서 쓰는 방식은 그럴 염려는 없다. 이 때문에 지역 사정에 맞게 시스템을 설계해야 효율을 높이고 환경에 부담을 주지 않는다는 게 전문가의 조언이다. 지열은 건물 냉난방에만 사용하는 것이 아니다. 지열이 풍부한 외국의 경우 전기를 생산하기도 하고 농사나 어류 양식 등에도 활용한다. 초기 시설비가 많이 드는 게 단

점이지만 장기적으로 에너지 절감과 부존 에너지를 이용할 수 있다
는 점에서 매력이 크다.

4. 천부/심부지열

지열은 지하토양이 보유한 에너지를 의미한다. 우리나라에서 지
열이라 하면 주로 지하온천수를 개발하는 정도로 인식되고 있으나
엄밀한 의미에서 온천수는 온천수일 뿐 에너지자원이라고 볼 수는
없다. 지열에는 땅속 얕은 곳의 토양 온도차를 이용하는 **천부지열**과
땅속 깊은 곳의 뜨거운 열을 이용하는 **심부지열**로 구분된다. 최근
많이 보급되고 있는 지열 냉난방 기술은 지하 100~200m의 얕은 곳
의 토양 온도차를 이용하는 천부지열방식이다. 땅속 수십 km의 깊은
곳에는 마그마가 있으며 마그마란 바위가 녹아 있는 용융체를 의미
하는데 온도가 천 도 이상으로 아주 뜨겁다. 화산지대에는 마그마가
지각의 틈새로 솟아올라 용암으로 분출되기도 하는데 지열발전이란
화산지대의 지각근처에까지 올라온 마그마의 열을 이용하여 증기를
만들고 증기터빈을 돌려 발전을 하는데 수천 kW 규모의 큰 발전소도
있다. 마그마가 지표부근에서 굳으면 화성암이 된다.

마그마가 지표 가까이까지 올라온 화산지대에는 심부지열이 많아
서 고온열을 얻을 수 있으나 우리나라는 활화산지대가 없기 때문에
지열발전에 이용할 만한 심부지열은 기대하기 어렵다. 심부지열을
이용하기 위해서는 **첫째,** 마그마가 지표 가까이까지 올라와 있어야
하고, **둘째,** 마그마 주위의 지반에 파쇄대가 형성되어 물이 침투할
수 있어야 하며, **셋째,** 파쇄대 상부에 충분한 양의 지하수가 함양된
지하수가 파쇄대로 유입되어 고온의 열수가 지상으로 분출되어야만
심부지열을 에너지로 이용할 수 있다. 지열온도가 120℃ 이상의 고

온이면 지열발전 등에 이용할 수 있다.

한국지질자원연구소에서 우리나라의 440개 지역에 대하여 평균 600m 최장 지하 1,500m까지 심부지열 부존량을 조사한 결과에 의하면 국내에서 고온지열 분포지역은 발견하지 못하였으며 경북 포항, 울산광역시, 경북 경주, 강원 속초, 강원 양양 인근지역이 중·저온 지열이 분포할 가능성이 높은 곳으로 조사되었다.

지열을 이용하기 위해서는 먼저 대상지역을 선정하고 지질조사와 물리탐사를 통해 지질구조와 지열수 배태구조를 확인한 후에 수리지질학적 지열수 모델을 설정하고 시추위치를 확정한다. 시추위치가 확정되면 시추조사를 통해 지열구조와 저류층 모델을 확정하고 저류층 용량을 평가하여 경제성을 확인한 후에 지열이용시설을 설치하게 되므로 지열이용에는 많은 시간과 비용이 필요하게 되어 국가적 지원이 뒷받침되지 않으면 심부지열이용은 기대하기 어렵다. 지질자원연구원에서는 국내 심부지열 이용의 계기를 만들기 위해 심부지열 이용에 가장 효과적일 것으로 추정되는 경북 포항시 흥해읍 성곡리를 시추위치로 선정하여 지하 2㎞까지 시추를 추진하고 있다. 예상되는 열수온도는 70℃ 이상이며 열수 가채량과 경제성을 분석한 후 이 열수로 인근 아파트 지역의 난방을 계획하고 있다.

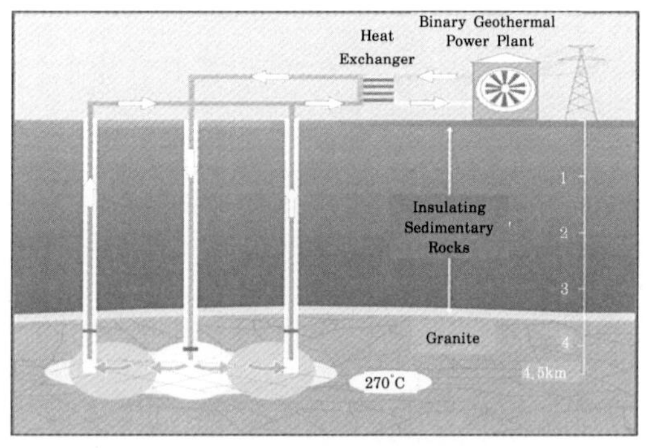

〈그림 6-3〉 심부지열

5. 지각 내부의 구성

지각 내부에 대한 연구에는 주로 지진파가 이용된다. 지진파에는 빠른 속도로 진행하는 P파와 느린 속도로 진행하는 S파의 2종류가 있으며, P파는

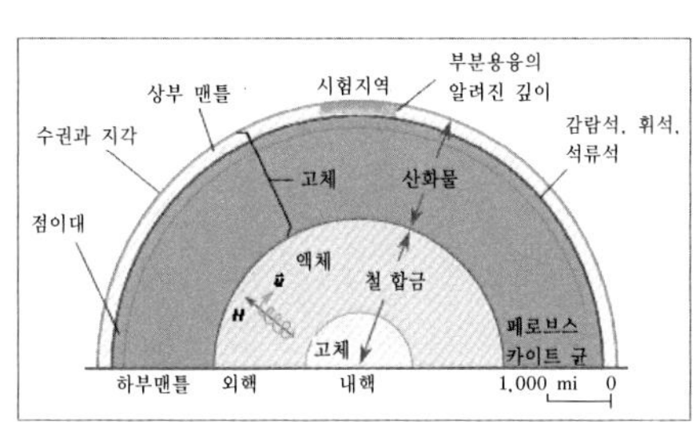

〈그림 6-4〉 지각 내부의 층상구조

종파(縱波)이고 S파는 횡파(橫波)이다. P파와 S파는 지구 내부에 관한 많은 정보를 제공해 준다. 지진파를 이용한 조사 결과, 지각 아래는 맨틀, 외핵, 내핵의 순서로 층상구조임이 밝혀졌다(〈그림 6-4〉).

지진파는 이러한 층들의 경계에서 반사와 굴절을 일으키며 이들 경계면을 불연속면이라고 한다. 맨틀과 지각의 경계는 모호로비치 불연속면이라고 하며 그 깊이는 평균 35㎞이다. 맨틀은 감람석을 주성분으로 하는 감람암으로 되어 있다. 맨틀은 고체이지만 느린 속도로 대류하고 있는 것으로 추측된다.

외핵과 맨틀의 경계부는 지하 약 2,900㎞에 있다(지구 중심으로부터는 약 3,470㎞). 핵의 가장 두드러진 특징은 P파는 통과시키지만 S파는 통과시키지 않는다는 사실이다. 횡파인 S파를 통과시키지 않는 것은 액체의 특징이므로, 외핵을 구성하는 물질은 액체일 것으로 보이며 주로 용융상태의 철 성분으로 되어 있을 것으로 여겨진다. 외핵 아래에는 내핵이 지구 중심부를 이루는데 내핵의 반지름은 약 1,190㎞이며, 극고압 상태에서 고체상태로 존재하고 주로 철로 구성되어 있는 것으로 보인다.

맨틀과 내핵의 물질은 고압하에서 고화되어 있으므로 지하 심부에서의 지진파 속도는 증가하지만, 지하 심부의 밀도분포는 지진파 속도의 자료만으로 결정되지는 않는다. 지구 내부의 상태에 관한 또

다른 정보는 정밀도가 매우 큰 천문학적 및 측지학적 관찰사항과 함께 지축 주변에 나타나는 지구의 관성(慣性) 모멘트에 관한 지식으로 얻을 수 있다. 일반적으로 질량이 m이고 반지름이 a인 균질한 구(球)의 중심에 있는 축의 주변에 형성되는 관성 모멘트는 $0.4ma^2$이다. 그러나 여러 가지 관찰에 의하면 지구의 관성 모멘트는 $0.334ma^2$인 것으로 밝혀졌는데, 이는 지구의 밀도가 균일하지 않으며 중심부로 가면서 증가함을 반영하는 것이다. 지구 내부의 압력은 비교적 규칙적이며 깊이에 따라 증가한다. 맨틀에서의 압력 상승률은 약 470기압/㎞이다. 맨틀과 핵의 경계부에서 압력은 약 137만 기압이며, 지구 중심부에서의 압력은 약 370만 기압이다. 중력의 세기도 지구 내부의 깊이를 측정하는 데 사용되지만, 중력은 중심부에서 소멸하는 단점을 갖고 있다. 중력은 맨틀에서 12% 정도의 변화만을 보일 정도로 매우 일정하지만, 핵과의 경계부에서 점진적으로 감소하기 시작해 중심부에서는 완전히 소멸된다.

지구 내부의 온도분포를 측정하는 직접적인 방법은 없지만, 여러 가지 간접적인 정보를 이용해 측정할 수 있다. 한 예로 광산의 깊은 갱도의 온도가 높다는 것은 잘 알려진 사실이며 지구 내부 온도에 대한 간접적인 정보를 제공해 준다. 지표면으로 운반되는 열의 전도율은 온도상승률과 물질의 고유특성인 열전도도에 의해 좌우되므로, 이 2가지를 측정할 경우, 지구 내부로부터 나오는 열류량(熱流量)을 측정할 수 있다. 해저에서 측정한 지열(地熱) 자료에 의하면 매우 깊은 바다의 열류량은 대륙의 열류량과 비슷하다. 지구 최외각 층의 평균 온도는 25~30℃/㎞이며, 지표면 근처의 평균 열류량은 1초당 $1.2 \times 10-6cal/㎠$이다. 지구 심부(深部)에서의 평균 온도를 14℃/㎞라고 가정했을 경우, 300㎞ 깊이에서의 온도는 약 4,200℃로, 깊이에 따른 고압(高壓)을 고려하더라도 어떠한 종류의 규산염

광물의 녹는점보다도 높아지게 된다. 그러므로 이러한 관계를 고려해 보았을 때, 온도경도는 지구 내부의 적당한 깊이부터는 급격히 감소하는 것으로 생각할 수 있다. 한편 지구 열류량의 대부분은 오랫동안 방사성동위원소의 붕괴 시에 발생하는 열에서 생성된다고 여겨져 왔으며, 따라서 오늘날에는 방사성물질이 지구의 상부층에 많이 농집되어 있는 것으로 생각된다.

지구 내부 심부층의 온도 및 열류에 대해서는 주로 추측에 의존하고 있지만, 어떠한 조건에 따른 가상적인 온도분포의 설정은 가능하다. 즉, 맨틀의 온도는 맨틀을 구성한 규산염광물의 녹는점보다 낮은 것이 확실하며, 외핵의 온도는 철의 녹는점보다 높은 것이 확실하다. 또한 내핵이 철로 구성되어 있다면, 내핵의 경계부 온도는 철의 녹는점 부근까지 상승할 것이며 경계부 내부는 이보다 높을 것이다. 결국 지구 내부의 온도를 알아내는 가장 좋은 방법은 압력의 증가에 따른 녹는점의 온도를 측정하는 것이다. 현재까지 알려진 지구 내부의 온도는 비교적 낮은 경향을 띠는데 핵의 경계부 온도는 약 3,000℃ 정도이며, 지구 중심부의 온도는 약 4,000℃이다. 그러나 이러한 측정치는 아마도 수백 ℃의 오차가 있을 것으로 추정된다.

6. 지열 냉난방시스템

1) 개요

땅속 깊은 곳에서는 방사성동위원소들의 붕괴로 끊임없이 열이 생성되고 있고, 땅속 마그마는 종종 지각이 얇은 곳에서 화산이나 뜨거운 노천온천의 형태로 열을 분출한다. 이러한 열을 보통 지열이라 부르는데, 지열은 방사성물질과 마그마의 작용으로 생성되는 것이기 때문에, 태양에너지와는 관계없는 것이다. 지구상에서 이용될 수 있는 재생가능에너지의 99.8%가량은 태양에너지 또는 태양에너지가 변형된 것이지만 지열과 조력은 여기에 속하지 않는다. 지열은 직접적인 전력생산, 열펌프를 통한 난방과 냉방, 제조용 열 등 여러 가지 형태로 이용될 수 있다.

열역학 제2법칙에 의해 열은 높은 곳에서 낮은 곳으로 이동하는데 이를 가역적으로 낮은 곳에서 높은 곳으로 끌어 올리도록 고안된 기계장치를 히트펌프라고 하는데, 급수펌프가 물을 낮은 곳에서 높은 곳으로 끌어 올리는 것처럼 열을 저온에서 고온으로 끌어 올린다 하여 히트펌프라고 한다.

히트펌프는 폐쇄회로 내에서 냉매를 압축, 응축, 증발시킨다는 점에서 일반 냉동기나 에어컨, 냉장고와 동일한 작동 메커니즘을 갖는데 다만 이들 기기가 냉매의 증발과정에서 발생하는 냉열만을 이용하는 데 비해 히트펌프는 냉열뿐만 아니라 응축과정에서의 온열도 이용한다는 점만 다르다.

기존의 히트펌프 냉난방기(EHP)는 증발과정에서 외부공기로부터 열을 흡수하거나 외부로 배출하여 냉열 또는 온열을 생산하는 방식인데 난방 중에는 외기의 온도가 낮고 반대로 냉방 중에는 외기온도가 너무 높아 열의 흡수와 배출에 많은 에너지가 소비되었으나 지열 히트펌프는 외기온도에 의한 영향을 받지 않는 지중의 열을 이용하므로 공기열원식 히트펌프보다 2배 이상의 높은 열효율을 나타낸다.

2) 사이클 시스템

지중의 온도는 연중 일정하게 유지되는데(지하 2m의 지중온도는 보통 그 지역의 연간 평균기온 수준) 지열시스템은 지중에 매설된 폐쇄형의 지열루프를 통해 지중의 열을 히트펌프로 전달하거나(난방 중) 실내의 열을 지중으로 배출(냉방 중)하는데 대기 중의 열을 이용하는 기존의 히트펌프(시스템에어컨 또는 멀티에어컨)에 비해 2배 이상의 높은 에너지 효율을 나타낸다.

또한 적용방법도 바닥난방(온돌방식)뿐만 아니라, 팬코일을 이용한 수순환식 냉난방, 덕트를 이용한 공기순환식 냉난방 등으로 다양하고 냉난방과 동시에 급탕공급이 가능하며, 온수를 다량으로 사용하는 곳을 위해 온수전용시스템도 개발되어 있다.

3) 난방 사이클

압축기(compressor)에서 고온, 고압으로 압축된 냉매가 슈퍼가스(supergas)의 형태가 되어 온수생성기(desuperheater)에서 온수를 생산한 후 전환밸브를 통해 응축기(condenser)로 전달되며 응축기에 부착된 열교환기에서 실내공기 또는 난방순환수와 열교환이 되어 이 열이 난방에 이용된다.

열교환에 의해 열을 빼앗긴 냉매는 액체상태가 되어 증발기(evaporator)에 도달되면 증발기에 부착된 열교환기에서 지중으로부터 올라온 지열에 의해 기화된 후 압축기로 보내져 다시 고온, 고압의 가스가 되는 사이클을 반복한다.

실외의 공기를 이용하는 기존의 멀티에어컨이나 시스템에어컨은 난

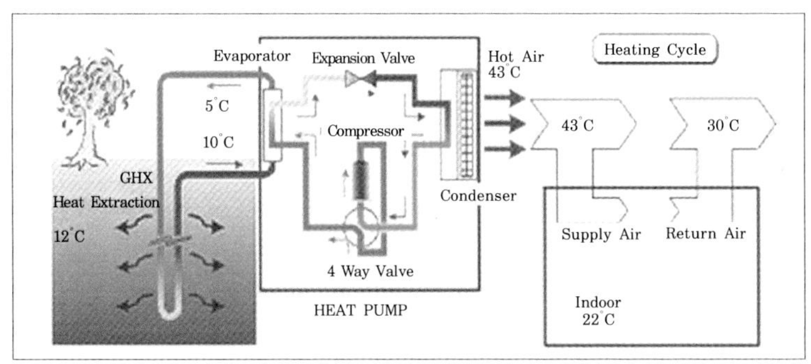

〈그림 6-5〉 난방 사이클

방 사이클 중 증발기가 영하의 외부 공기로부터 열을 흡수하여야 하므로 많은 에너지가 소요되며, 혹한기 중에는 별도의 보조열원을 부착해야만 난방공급이 가능한 데 비해 지열시스템은 혹한기에도 13~16℃ 이상의 지중열이 공급되므로 3배에 가까운 에너지 효율을 나타낸다.

4) 냉방 사이클

냉방 사이클은 난방 사이클의 반대로 작동되는데 압축기에서 발생된 고온, 고압의 슈퍼가스는 1차로 온수생성기에 열을 빼앗긴 후 전환밸브를 경유하여 응축기로 전달되는데 이때 응축기에 부착된 열교환기에서 지중으로 올라온 지열에 2차적으로 열을 빼앗긴 후 팽창밸브를 통과하며 저온(보통 7℃ 이내), 저압으로 냉각된 후 증발기에서 더운 실내공기 또는 냉방순환수와 열교환이 되는데 이 냉열이 냉방에 이용된다.

증발기에서 실내공기 또는 냉방순환수에 열을 빼앗기고 다시 반기체 상태로 변한 냉매는 압축기를 통해 고온, 고압가스로 압축되는 사이클을 반복한다. 기존의 멀티에어컨이나 시스템에어컨은 냉방 사이클 중 응축기에서 고온의 열을 더운 외기 중으로 배출하여야 하므로 많은 에너지가 사용되어 에너지 효율이 낮은 데 비해 3~16℃ 수준의 저온인 지중으로 전달하는 지열시스템은 에너지 효율이 높고 냉방능력이 증대된다.

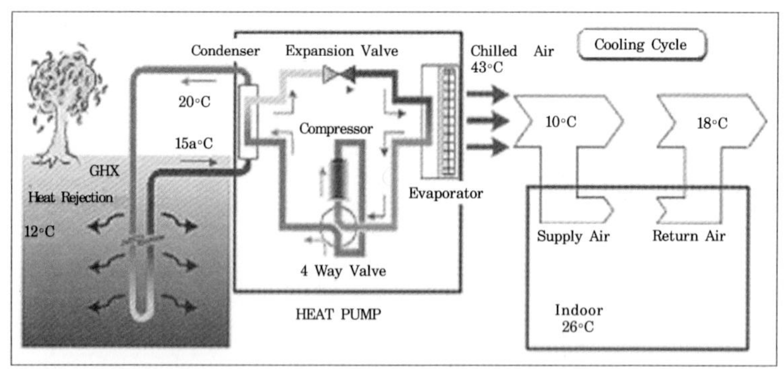

〈그림 6-6〉 냉방 사이클

5) 지열루프

지열시스템에서 대표적으로 지열을 회수하는 파이프(열교환기) 회로구성에 따라 폐회로(closed loop)와 개방회로(open loop)로 구분되며, 폐회로시스템은 루프의 형태에 따라 수직, 수평루프시스템으로 구분된다.

- 폐회로는 파이프가 폐회로로 구성되어 있는데, 파이프 내에는 지열을 회수(열교환)하기 위한 열매가 순환되며, 파이프의 재질은 고밀도 폴리에틸렌이 사용된다.

- 개방회로는 수원지, 호수, 강, 우물 등에서 공급받은 물을 운반하는 파이프가 개방되어 있는 것으로 풍부한 수원지가 있는 곳에서 적용될 수 있다. 폐회로가 파이프 내의 열매(물 또는 부동액)와 지열source가 열교환이 되는 것에 비해, 개방회로는 파이프 내로 직접 지열source가 회수되므로 열전달 효과가 높고 설치비용이 저렴한 장점이 있으나 폐회로에 비해 보수가 필요한 단점이 있다.

- 수직형(vertical circuit)은 U 자형의 지열루프를 지하 50~150m 깊이로 매설하는 방식인데 냉난방부하가 크고 지열루프 설치공간이 제한된 곳에 적합하다. 보통 100~120m의 지열파이프가 매설되는데, 지열루프는 주차장, 조경지, 보도 밑에 설치되므로 토지의 이용에 제한을 주지 않는다.

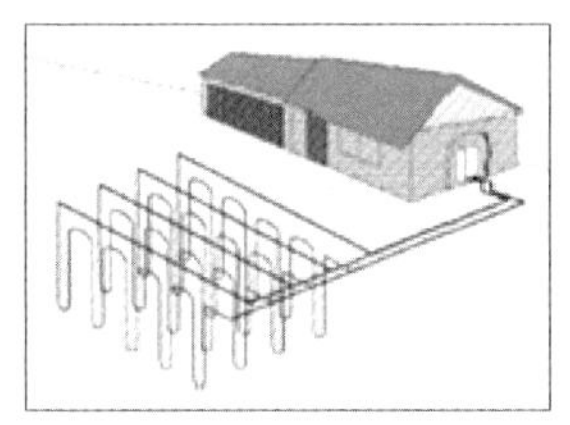

〈그림 6-7〉
수직형 지열루프

- 수평형(horizontal circuit) 방식은 넓은 면적의 여유 대지가 확보된 곳에 적합하다. 1자형 또는 두루마리형(slinky)의 지열루프 파이프를 지하 1.8~2.4m 깊이로 매설하는데, 보통

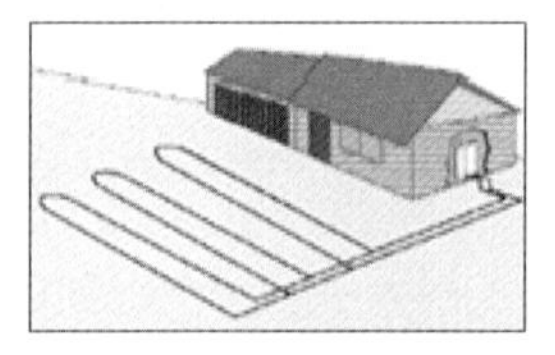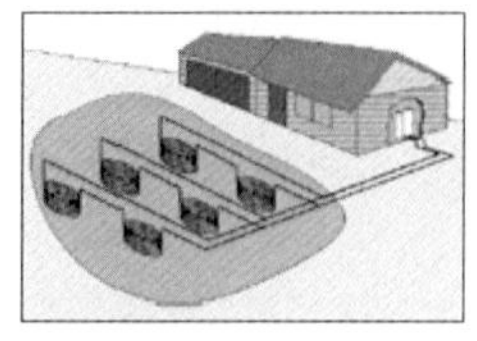

<그림 6-8> 수평형 지열루프

150~180m의 지열파이프가 매설된다.

6) 히트펌프

최근 전 세계적으로 히트펌프가 에너지를 절감하고 온실효과를 줄이는 냉난방시스템으로 각광을 받고 있다. 국제에너지기구는 열 펌프를 가장 가능성이 높은 에너지 절약기기로 지목하고 있다.

그렇다면 히트펌프는 어떤 기술이기에 물, 땅, 공기로부터 에너지를 얻을 수 있을까? 물은 높은 곳에서 낮은 곳으로 흐른다. 마찬가지로 열도 흐르는 방향이 있다. 즉 고온에서 저온으로 이동하는 것이 자연스럽다. 히트펌프는 이 자연스런 흐름을 거꾸로 해 주는 장치이다. 냉난방을 하는 데 필요한 열을 만드는 것이 아니라 운반하는 기능을 갖는다. 즉, 공기, 물, 땅과 같은 저온의 열원에서 실내공기와 같은 고온의 열원으로 마치 펌프처럼 열을 끌어 올리는 장치이다. 히트펌프라는 이름이 붙여진 것도 바로 이 때문이다. 히트펌프는 겨울철 외부온도가 영하인 상황에서도 실내를 20℃로 유지하게 해 줄 수 있다. 그래서 히트펌프는 단지 이 시스템을 구동하는 데 필요한 에너지만 있으면 된다. 그리고 냉난방에 들어가는 에너지는 공기, 물, 땅으로부터 얻는다. 이런 까닭에 히트펌프는 작동하는 데 필요한 에너지보다 더 많은 에너지를 공급할 수 있다. 에너지 절약형 열공급 장치인 까닭이 바로 이 때문이다.

일반적으로 석유 100을 태워 생산한 전기에너지는 가정에서 35 정도밖에 안 된다. 따라서 전열기로 난방을 한다면 전열기의 효율이

100%라고 하더라도 투입한 에너지 100에 대해 35의 열을 얻을 뿐이다. 직접 석유나 가스를 태워 난방을 하는 보일러의 경우에는 70의 열을 생산할 수 있다.

반면 전기에너지를 사용하는 히트펌프의 경우에는 우선 공급되는 전기에너지가 35이다. 이때 일반적인 히트펌프 효율을 고려해 보면 외부공기나 폐수와 같은 저온열원에서 70 이상의 열을 덤으로 얻는다. 물론 공기, 물, 땅과 같은 열원의 온도, 그리고 열펌프 시스템의 규모 등에 따라 히트펌프의 효율이 다르다. 특히 히트펌프는 물에서 100 정도의 열을 흡수할 수 있다. 결국 이 경우는 전기에너지 35를 생산하는 데 드는 석유에너지 100을 투입하면 전기에너지를 통해 얻는 열 35와 자연열원에서 얻는 열에너지를 더해 105~135의 열에너지를 얻을 수 있다. 이처럼 히트펌프는 다른 난방기구에 비해 공급할 수 있는 열에너지가 훨씬 많다.

그렇다면 히트펌프는 어떤 방법으로 공기, 물, 땅으로부터 열을 운반하는 것일까. 그 원리는 에어컨이나 냉장고와 같은 냉동기와 비슷하다. 뜨거운 여름날 에어컨은 실내의 저온에서 실외의 고온으로 열을 배출한다. 그 결과 실내는 차갑게 유지되고 바깥은 더워지는 것이다. 이때 냉장고, 에어컨에서 열을 운반하는 역할을 담당하는 것이 냉매다. 히트펌프도 마찬가지로 냉매를 쓴다.

히트펌프와 냉동기는 증발기, 압축기, 응축기, 팽창밸브로 구성된 사이클로 이뤄져 있다. 냉매는 이들 각 부분을 순환하면서 열을 운반한다.

먼저 냉매는 낮은 온도와 낮은 압력의 상태에서 증발기로 흘러간다. 이 증발기에서는 공기, 물, 땅으로부터 열을 흡수하는데, 그 결과 액체상태의 냉매가 증발하게 된다. 저온 기체상태의 냉매는 압축기에서 고온, 고압상태로 바뀐다. 고온고압의 냉매는 응축기에서 열

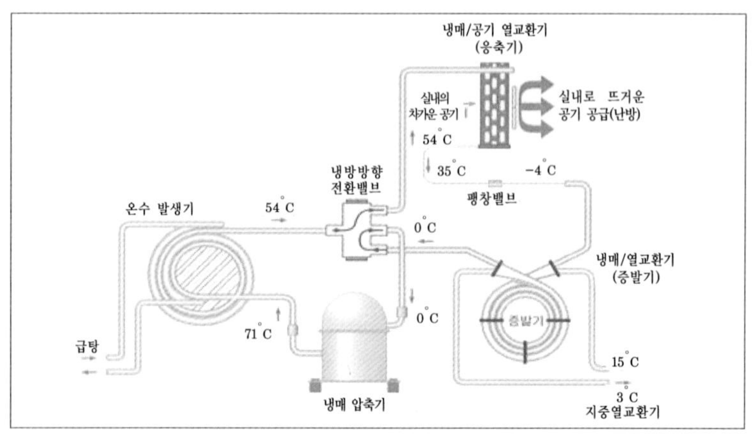

<그림 6-9> 히트펌프 사이클

을 방출하면서 액체상태로 바뀐다. 마지막으로 냉매는 팽창밸브를 거쳐 압력이 낮아진다. 그런 다음 냉매는 저온저압상태로 다시 증발기를 거치면서 순환과정은 반복된다. 이 같은 냉매의 순환과정을 통해 히트펌프와 냉동기는 저온의 열원에서 고온의 열원으로 에너지를 운반한다.

그렇다면 냉동기와 히트펌프의 차이점은 무엇일까? 냉동기는 히트펌프의 냉방능력만 이용하는 것이다. 증발기에서 열을 흡수하는 과정에서 증발기 주변은 온도가 떨어진다. 이 저온상태를 활용하는 것이 냉동기다. 예를 들어 에어컨의 경우 증발기를 통과해서 차가워진 공기가 실내로 들어와 냉방을 해 주는 것이다. 그리고 응축기에서 내놓는 열은 바깥으로 버려진다. 이때는 증발기가 실내에, 응축기가 실외에 장착된다.

지열을 이용한 히트펌프는 공기열원 히트펌프와 마찬가지로 땅에서 열을 얻어 냉난방을 할 수 있다. 하지만 히트펌프는 응축기의 열을 버리지 않고 난방에 활용한다. 덕분에 히트펌프는 여름철과 겨울철 모두 이용될 수 있는 시스템이다. 또한 히트펌프는 냉난방을 동시에 이뤄지도록 할 수도 있다. 목욕탕의 경우 여름철에는 온수도 필요하고 사람들의 휴식공간은 시원해져야 한다. 이를 위해 온수는 가스보일러가 데우고, 휴식공간은 에어컨으로 냉방시키는데, 히트펌프는 하나로 이 두 가지를 해낼 수 있다.

히트펌프는 시스템 사이클에 냉매의 흐름방향을 조작하는 장치가 추가적으로 필요하다. 이 장치는 4방밸브라는 것인데, 냉매의 흐름을 역전시켜 실내와 실외에 각각 설치되는 증발기와 압축기의 역할을 바꿔 준다. 그 결과 여름철에는 차가운 공기가 겨울철에는 따뜻한 공기가 실내로 들어온다.

우리나라의 히트펌프 시장은 시작단계라고 할 수 있는데, 공기식 히트펌프는 기후 때문에, 그리고 수냉식 히트펌프의 경우 시장 여건의 미성숙과 사용자 인식 부족으로 널리 이용되지 않고 있다.

전 세계적으로 히트펌프 보급이 좀 더 활성화되려면 몇 가지 문제가 해결돼야 한다. 최대난점은 초기 투자비가 크다는 점이다. 일반 냉온수시스템과 비교할 경우 공기열원 히트펌프는 설치 시 가격이 30% 정도 더 비싸다. 또 다른 문제점은 설치업자들의 기술수준이 낮아 소비자의 만족도가 낮다는 점이다.

이를 타개하기 위해 세계 각국은 히트펌프 사용에 대한 장려금을 지급하는 등 직접적인 보급정책을 시행하고 있다. 하지만 21세기 고유가 시대가 본격적으로 접어들면 자연스럽게 히트펌프의 인기가 높아지리라 전망된다.

7. 지열발전

1) 발전

지열발전을 이용해서 전력을 생산하기에 적합한 곳은 뜨거운 증

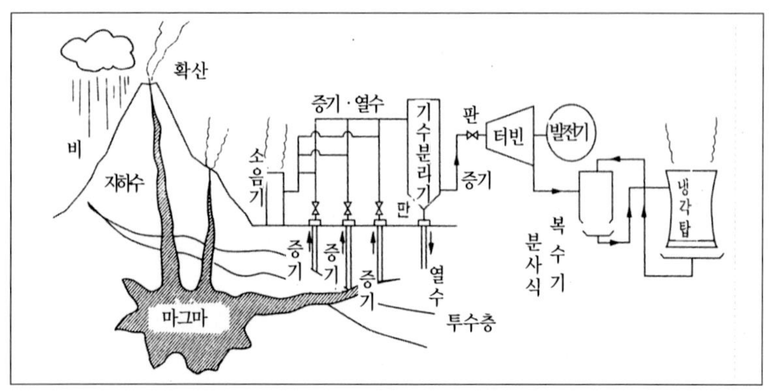

〈그림 6-10〉 지열발전

기나 뜨거운 물이 나오는 곳이다. 증기가 솟아나오는 곳에서는 이 증기로 직접 터빈을 돌려서 발전을 한다.

뜨거운 물이 나오는 경우 물의 온도는 섭씨 182℃ 이상이 되어야 하는데, 이 물은 땅속에서 높은 압력을 받고 있기 때문에, 지상으로 끌어 올리려면 압력이 떨어지면서 일부가 증기로 바뀐다. 이 증기는 물로부터 분리되어 터빈으로 전달되어 터빈을 회전시키고, 이때 전력이 생산된다. 증기와 분리되어 나온 물과 터빈을 통과한 후 응축된 증기는 원래의 저장소로 되돌려진다.

물의 온도가 섭씨 107~182℃에서 전기를 생산할 수 있는데, 이때는 물을 열교환기로 보내서 낮은 온도에서 끓는 액체를 증기로 변환시켜야 한다. 이 증기는 터빈을 돌리고 이때 발전기가 함께 회전하면서 전기를 만들어 낸다. 끌어 올려진 물은 열교환기를 통과한 후 땅속으로 보내져서 가열되어 다시 끌어 올려진다. 이 시스템에서는 물이

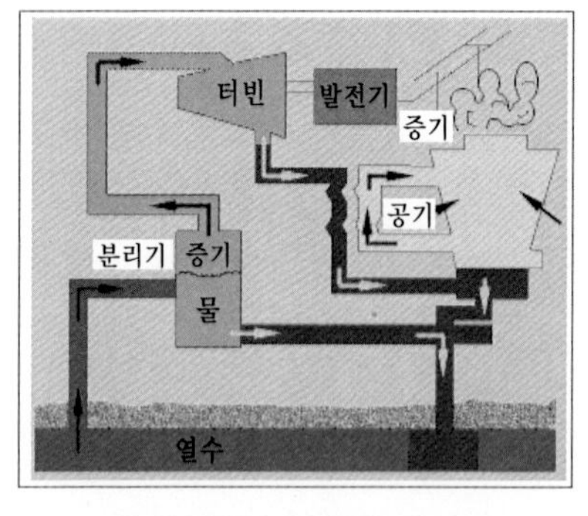

〈그림 6-11〉 지열발전 시스템

흐르는 회로가 완전히 닫혀 있다. 그렇기 때문에 이러한 방식의 발전은 땅속에 뜨거운 물이 없고 뜨거운 암석층만 있어도 가능하다. 암석층에 구멍을 뚫고 물을 흘려보내서 가열시킨 다음 끌어 올린 후 끓는점이 낮은 액체의 증기를 만들어 터빈을 돌리고, 이때 식힌 물은 다시 땅속으로 보내 가열시켰다가 끌어올리기를 반복하면 되는 것이다. 뜨거운 암석층은 거의 식지 않기 때문에 이 과정은 발전시설의 규모가 적당하면 오랫동안 반복 가능하다.

물론 땅속 암석층에 의해서 뜨거워진 물은 전기 생산뿐만 아니라 난방열이나 제조용 열을 공급하는 데 직접 이용될 수도 있다. 뜨거운 암석층으로부터 에너지를 뽑기 위해서는 우선 암석층을 높은 압력을 지닌 물을 이용해서 깨뜨려서 물이 저장될 수 있는 공간을 만들어야 한다. 이 공간으로 물이 통과하면서 뜨거워지는데, 이곳은 열교환기 역할을 하는 것이다.

현재 지열을 이용해서 발전하고 있는 곳은 전 세계에 널리 퍼져 있는데, 가장 많이 하고 있는 나라는 1998년 현재 2,850MW의 발전용량을 지닌 미국과 1,848MW의 발전용량이 설비된 필리핀이다. 그 밖에 인도네시아, 이탈리아, 일본, 멕시코, 뉴질랜드 등에도 상당한 용량이 설비되어 있다.

땅속으로부터 뜨거운 증기나 물을 끌어 올려서 발전하는 것은 엄밀한 의미에서 재생 가능한 것은 아니다. 현재 지열발전을 하는 모든 곳의 열 저장량은 점차 줄어들어 가고 있는데, 그 이유는 발전을 위해 빠져나가는 지열의 양이 저장소의 재충전 능력보다 더 빠르게 나가 버리고 있기 때문이다. 물론 오랜 시간이 걸리기는 하겠지만, 땅속에서 뜨거운 물이나 증기가 고갈되고 뜨거운 암석층이 식어 버리면 더 이상 열을 끌어 올릴 수 없게 되는 것이다.

지열은 원래 뜨거운 물이나 스팀이 나오는 곳에서만 이용 가능한 것으로 여겨졌다. 그러나 최근에 땅을 열 저장소나 열 싱크로 이용하여 난방이나 냉방을 하는 열펌프가 개발되어 퍼지면서 지열 이용은 어디서나 가능한 것으로 바뀌었다.

2) 증기터빈

증기터빈은 증기(steam turbine)가 가지고 있는 열에너지를 회전운동을 통해서 기계적 일로 바꾸는 원동기로서, 증기기관과 달리 증기의 동적(動的) 압력을 이용한다. 고온·고압의 증기를 노즐 또는 고정날개로부터 고속 증기류를 분출·팽창시켜 날개차에 부딪히면 그 반동으로 날개차가 회전한다. 증기의 열에너지를 고속기류로 변환하는 노즐과 기류를 기계적 일로 바꾸는 터빈날개로 이루어지며, 그 한 조(租)를 단(段)이라고 한다. 증기터빈은 이 단을 다수 배열한 것이다. 증기의 작동방식에 따라 충동터빈, 반동터빈, 혼식(混式)터빈으로, 증기의 이용법에 따라 복수식(復水) 터빈, 응축식 터빈, 배압(背壓)터빈, 배기터빈 등으로 나눈다. 대출력을 얻을 수 있으므로 발전기에 가장 적합하다. 선박용 원동기, 공장 동력용에 쓰이며, 발전용으로는 수십만 kW까지 출력되는 고출력 증기터빈이 쓰이고 있다.

일반적으로 응축식 터빈이 많이 사용되는데, 이 응축식은 다량의 냉각수를 복수기의 관을 통해 순환시킴으로써 증기를 응축시킨다. 냉각수는 응축 시 발생하는 열을 흡수하여 방출시킨다. 이 연속적인 응축과정을 통해 복수기에서는 저압이 유지되어 증기의 팽창비(증기의 원래 부피에 대한 팽창된 부피의 비)를 증가시킨다. 그 결과 터빈의 효율과 일의 출력이 높아진다. 가능한 한 최대 효율을 유지해야 하기 때문에 모든 주요 발전소에서 대형 발전기와 직접 연결된 응축식 터빈을 사용한다. 불응축식 터빈에서 증기는 터빈을 통과하면서 팽창한 뒤 대기·난방장치 등을 비롯한 그 밖의 여러 장치로

배출된다. 이 터빈은 저압 또는
고압 증기를 이용하거나 증기
발생기와 증기를 사용하는 장
치 사이에 터빈을 설치하여 경
제적으로 부산(副産) 전력을 발
전할 수 있는 산업공장에서 널
리 사용된다.

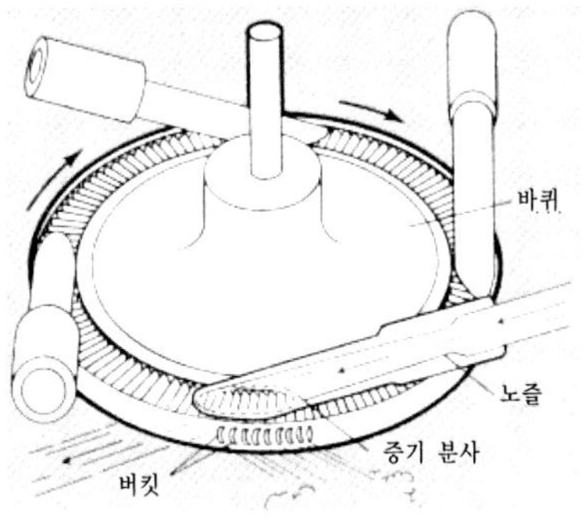

〈그림 6-12〉 증기터빈

PART 07

바이오매스 /
폐기물에너지

바이오매스 / 폐기물에너지

1. 개요

식물유기물 및 동물유기물, 유기폐기물 등을 열분해하거나 발효
시키면 메탄 또는 에탄올, 수소와 같은 액체·기체의 연료를 얻을

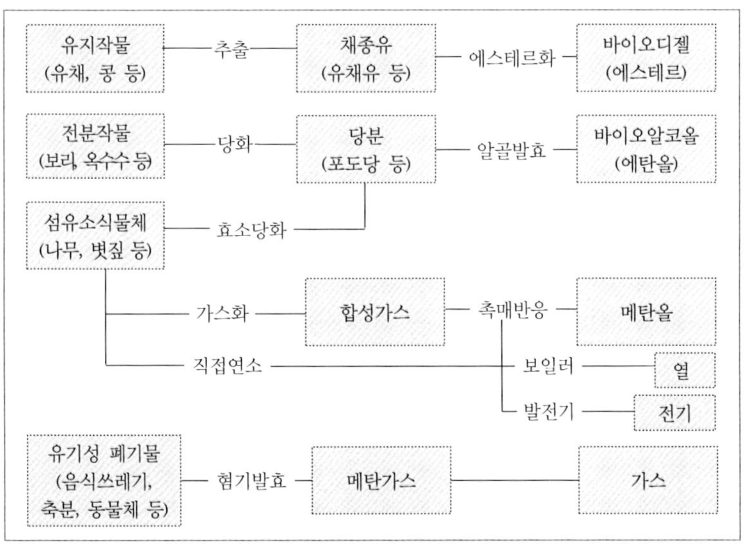

〈그림 7 - 1〉 바이오에너지 변환 시스템

수 있는데, 이러한 모든 생물유기체(바이오매스)를 통해 얻을 수 있는 에너지를 바이오에너지(bio-energy)라고 한다(출처: 시사상식사전).

바이오매스는 생화학적 변환, 기름추출 변환, 열화학적 변환, 직접 연소방식을 통해서 에너지를 얻거나 연료로 변환할 수 있다.

생화학적 변환방식으로는 혐기성 분해와 발효를 이용한다. 혐기성 분해는 박테리아를 이용한 소화와 유사한 것으로, 음식 찌꺼기, 가축 분뇨 같은 유기질 쓰레기를 공기를 차단한 상태에서 박테리아를 이용해서 분해하는 것이다. 이 과정에서 주로 메탄이 50% 이상 함유된 가스가 생성되는데, 이것은 정화과정에서 수분 등을 제거한 후 열병합 발전기에서 전기와 열을 생산하는 데 이용한다. 발효는 사탕수수, 사탕무, 옥수수, 감자 등 곡물이나 나무, 볏짚 등에 함유된 당을 에탄올로 변환하기 위해서 이용된다. 액체 바이오연료 중에서 가장 일찍 개발되어서 수송용으로 사용되는 것은 에탄올이다. 에탄올은 바이오매스에 함유되어 있는 탄수화물을 당으로 변환한 다음 이것을 알코올로 발효시켜서 얻는다. 사탕수수나 사탕무의 경우에는 직접 당을 추출하여 알코올 발효를 시킨다.

기름추출 변환방식으로는 바이오디젤이 있다. 바이오디젤은 최근에 개발된 것이지만 전력생산이나 난방용 또는 수송용으로 점차 이용범위를 넓혀 가고 있는데, 이것은 메주콩, 유채씨앗, 동물성 지방, 폐, 식물성 기름 등의 바이오매스로부터 유기질 기름을 직접 추출하여 촉매작용하에서 에탄올이나 메탄올과 결합시켜 에스테르로 변환시켜서 얻는다.

열화학적 변환방식으로는 가스화, 열분해가 있는데, 바이오매스를 산소가 소량 공급되는 상태에서 가열하면 중질의 가스가 만들어진다. 이 가스는 정화한 후 열병합 발전기를 통해 난방열과 전기를 생산하는 데 이용할 수 있다. 바이오매스를 공기를 완전히 차단한 상태에서 섭씨 500℃ 정도의 고온으로 가열하면 열분해가 일어난다. 열분해를 거치면 바이오기름, 가스, 목탄이 나오는데, 가스와 기름은 전기와 열을 생산하는 데, 목탄은 연료로 이용된다.

직접 연소방식은 벽난로, 온돌, 화로를 이용한 난방이나 오븐을 이용한 요리 등에서 볼 수 있는 것처럼 아주 오래된 것이지만, 최근에는 조금 큰 규모의 정교한 장치를 통해서 바이오매스로부터 에너지를 얻는 시설들이 보급되고 있다. 현재 이들 시설에 연료로 들어가는 바이오매스는 나무를 벌채할 때나 목재를 가공할 때 나오는 나무 찌꺼기가 대부분이지만, 개량 포플러, 개량 버드나무, 은단풍, 유칼립투스같이 성장이 빠른 나무나 갈대 같은 다년생 초본을 재배해서 연료로 쓸 수도 있다. 이들 에너지용 나무는 심은 지 5~8년이면 수확이 가능하기 때문에 재배주기를 조절하면 해마다 일정한 양의 에너지 자원을 얻을 수 있다. 이들 나무나 풀은 직접 태워서 에너지를 얻을 수 있을 뿐만 아니라 다른 방식으로 가공해서 가스나 펠렛과 같은 고체연료를 얻는 데 이용될 수도 있다. 유럽의 오스트리아와 독일 등지에서는 나무 찌꺼기를 이용해서 만든 펠렛 난방기가 보급되고 있다. 펠렛은 찌꺼기 나무를 이용하고 다루기도 쉽고 자동적으로 투입될 수 있으며 게다가 가격도 비싼 편이 아니기 때문에, 석유나 가스가 아닌 재생가능에너지로 난방을 하려는 사람들 사이에서 빠른 속도로 퍼지고 있다.

우리나라에서도 바이오매스의 잠재량은 상당하다고 할 수 있다. 바이오매스를 따로 경작하지 않더라도 음식물 쓰레기, 축산분료, 식품산업으로부터 나오는 찌꺼기, 도시에서 폐기되는 나무 찌꺼기, 농촌의 짚 등만 잘 이용해도 상당한 에너지를 얻을 수 있다.

최근, 세계는 바이오 연료개발 열풍으로 인해 농작물 수요가 급증

하고 있다. 농작물 가격이 오르면서 물가가 함께 상승하는 현상을
일컫는 애그플레이션(agflation, agriculture＋inflation)[12]이라는
신조어도 생겨났다.

2. 미생물의 물질대사

물질대사(metabolism)는 상호 관련된 이화 및 동화반응을 포함하
는 생화학적 전환을 통칭한다. 이화반응(catabolism)은 유기 및 무
기화합물로부터 유래하는 에너지를 방출하는 에너지 생성반응이다.
생합성과 같은 동화반응(anabolism)은 새로운 분자의 생합성, 세포
유지, 생장을 위하여 이화반응에 의해 제공된 에너지와 화학적 중간
대사 물질을 이용하는 에너지 흡수반응(endergonic)이다. 박테리아
세포에서 일어나는 동화작용(생합성)과 이화작용(생분해) 사이의 관
계는 〈그림 7-2〉와 같다.

이화반응에 의해 생성된 에너지는 에너지의 생성과 방출을 담당
하는 아데노신삼인산(adenosine triphosphate, ATP) 같은 고에너
지 화합물(energy-rich compound)로 전달된다(〈그림 7-3〉).

이 인산화된 화합물은 아데닌(adenine), 리보오스(ribose) 그리고 세
개의 인산으로 구성되는데 이는 아데노신이인산(adenosine diphosphate,
ADP)으로 가수 분해될 때 화학에너지를 방출하는 두 개의 고에너지

---

12) **애그플레이션**(agflation): 농업(agriculture)과 인플레이션(inflation)의 합성어로, 농산물
   가격 급등으로 일반 물가가 상승하는 현상을 뜻하는 신조어이다.
   지구온난화와 기상 악화로 인한 농산물의 작황 부진에 따른 생산량 감소, 바이오 연료
   등 대체 연료 활성화, 농산물 경작지 감소, 육식 증가로 인한 가축 사료 수요의 증가, 중
   국과 인도 등 브릭스 국가들의 경제 성장으로 인한 곡물 수요 증가, 국제 유가 급등으로
   곡물 생산, 투기자본의 유입 등이 원인이다.

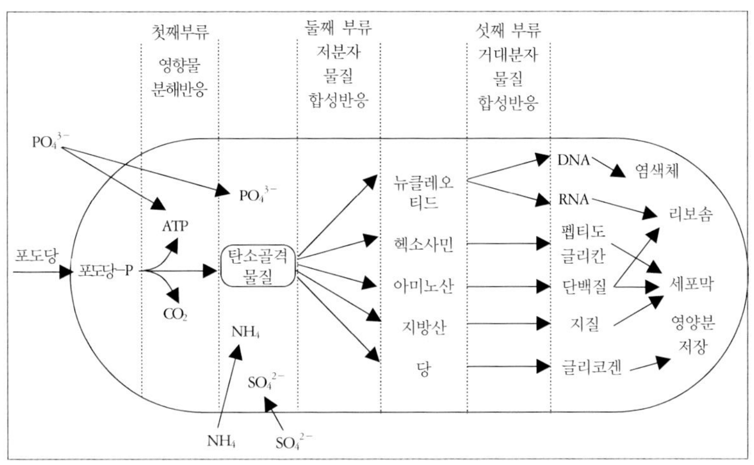

〈그림 7-2〉 박테리아 세포에서의 동화작용과 이화작용 관계

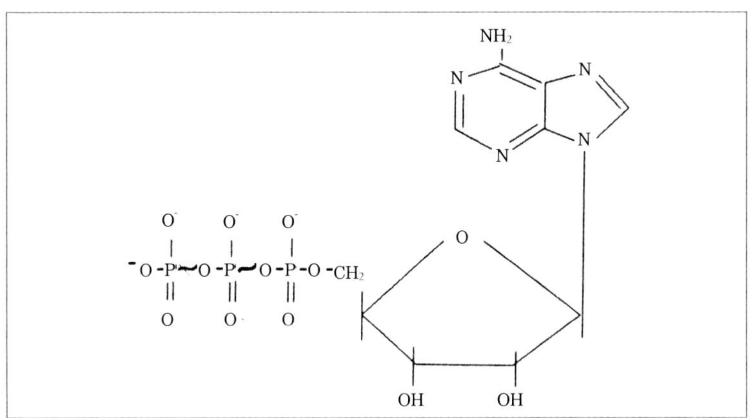

〈그림 7-3〉 ATP의 분자구조

결합을 가진다. 표준 조건하에서 가수분해로 각 ATP 분자는 대략 7,500cal를 방출하는 것으로 알려져 있다. 이 방출된 에너지는 생합성반응, 능동수송 또는 운동에 사용되며 일부는 열로 발산된다.

포도당과 같은 유기물의 호기성 분해는 〈그림 7-4〉에서처럼 세 가지 단계로 생각할 수 있다. **첫째** 부류의 해당 과정에서는 영양물질인 포도당이 세포 내부로 들어와 분해되어 피루브산 같은 탄소골격 물질을 만드는 반응이다. 이 반응은 포도당을 산화시켜 CO2를 만들고, 이때 발생한 에너지인 ATP는 생합성 반응 시 사용되게 된다. **둘째** 부류인 TCA회로에서는 해당 작용에서 생긴 피루브산이 탈탄산효소와 탈수소효소의 작용으로 이산화탄소와 수소로 분해되는 과정이다. **셋째** 부류인 전자전달체인에서는 전자들이 전자운반체들을 거쳐서 최종적으로 O_2로 옮겨질 때 물과 ATP를 생성시키는 호흡과정이다. 즉 포도당 1몰은 이산화탄소 6몰로 산화되며 이 과정에서 방출된 전자가 최종 전자수용체인 산소와 결합하여 물이 형성되면서 38몰의 ATP가 만들어지고 나머지의 자유에너지 변화량은 열로 방출된다.

$$C_6H_{12}O_6 + 6O_2 \rightarrow 6CO_2 + 6H_2O + 38ATP + \text{열에너지}$$

동화작용(생합성)은 모든 에너지 소비과정을 포함하며 그 결과로 새로운 세포를 형성한다. 100㎎의 세포 건조증량을 만드는 데 $3,000\mu mole$의 ATP가 필요한 것으로 추산되며 이 에너지의 대부분은 단백질 합성에 이용된다.

세포는 생합성용 기본단위 물질을 만들고 거대분자를 형성하며

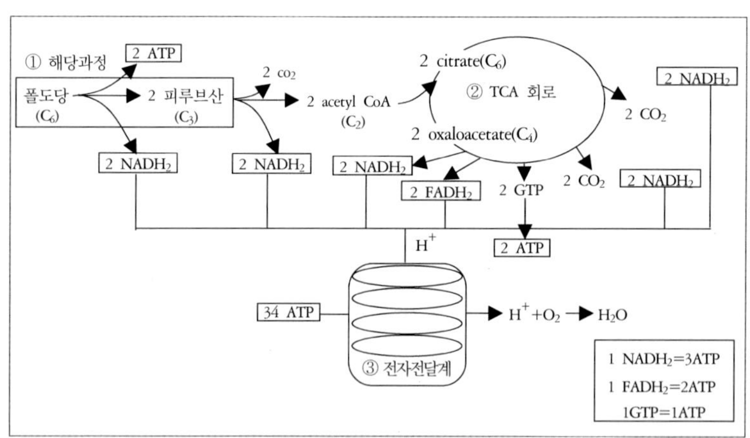

〈그림 7-4〉 포도당대사 3단계와 ATP의 생성

세포의 손상을 수리(maintenance energy, 유지에너지)하고 그리고 세포막을 가로지르는 이동과 능동수송을 유지하는 데 에너지(ATP)를 사용한다. 분해반응에 의해 생성된 대부분의 ATP는 단백질, 지질, 다당류, 퓨린, 피리미닌 같은 생물학적 거대분자의 생합성에 이용된다.

아미노산, 지방산, 단당류, 뉴클레오티드와 같은 이들 거대분자의 전구물질은 해당 과정, 그렙스회로, 그리고 다른 대사회로(entner-doudoroff/pentose phosphate pathways) 동안 형성된 중간대사 물질로부터 유래한다. 이들 전구물질은 세포 생물중합체(biopolymer)를 형성하기 위하여 단백질의 펩티드결합, 다당류의 배당결합, 핵산의 인산디에스테르 결합 등과 같은 특별한 결합에 의해 서로 연결되어 있다. 활성슬러지에 의한 유기물의 산화와 동화, 내생호흡반응을 요약하면 다음과 같다.

- 이화작용

$$C_x H_y O_z + \left(x + \frac{y}{4} - \frac{z}{2}\right) O_2 \rightarrow x CO_2 + \frac{y}{2} H_2 O + energy$$

- 동화작용

$$n C_x H_y O_z + n NH_3 + n\left(x + \frac{y}{4} - \frac{z}{2} - 5\right) O_2 + energy$$
$$\rightarrow (C_5 H_7 NO_2)_n + n(x-5) CO_2 + \frac{n}{2}(y-4) H_2 O$$

여기서, $C_x H_y O_z$: 유기물
$(C_5 H_7 NO_2)_n$: 활성슬러지 미생물의 세포질

- 내생호흡

$$(C_5 H_7 NO_2)_n + 5n O_2 \rightarrow 5n CO_2 + 2n H_2 O + n NH_3 + energy$$

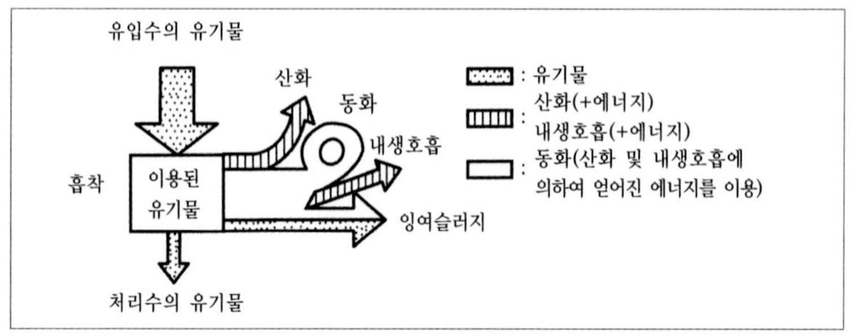

〈그림 7-5〉 활성슬러지에 의한 호기성 처리에서의 물질수지

3. 미생물의 대사적 분류

미생물세포의 구성요소에 포함되는 주요 원소는 탄소, 산소, 질소, 수소, 인, 그리고 황이다. 세포의 생합성에 필요한 다른 영양소는 양이온(예: Mg^{2+}, Ca^{2+}, Na^+, K^+, Fe^{++}), 음이온(Cl^-, SO_4^{2-})과 미량원소(예: Co, Cu, Mn, Mo, Zn, Ni, Se)를 포함하는데, 이들은 몇 가지 효소의 성분이나 보조인자(cofactor)로서 비타민 같은 (예: riboflavin, thiamin, niacin, vgtamin B_{12}, folic acid biotin, vgtamin B_6) 생장요인(growth factor)으로서 제공된다. 전형적인 E. *coli* 세포는 대략 70%의 물, 3%의 탄수화물, 3%의 아미노산, 뉴클레오티드, 지질, 22%의 거대분자(주로 단백질과 RNA, DNA), 그리고 1%의 무기이온을 포함한다.

미생물은 탄소원(CO_2 혹은 유기탄소)과 에너지원(빛 또는 무기·유기화합물의 산화로부터 유래하는 에너지)이 필요하다. 미생물의 대사적 분류는 에너지원과 탄소원의 두 가지 주요 기준에 근거를 둔다 (〈표 7-1〉).

광영양체(phototroph) 미생물은 에너지원으로 빛을 이용하는데, 영양관계에 따라 광독립영양체(photoautotroph)와 광종속영양체(photoheterotroph)로 구분된다.

광독립영양체(photoautotroph) 미생물의 군은 조류, 시안세균 그리고 광영양(phototrophic)세균이라고 부르는 광합성 세균을 포함한다. 광영양체는 탄소원으로 CO_2를 이용하고 전자공여체로 H_2O, H_2 또는 H_2S를 사용한다. 광합성 세균은 비산소발생형 광합성을 수행하며 그들 대부분은 혐기적 조건을 요구한다.

〈표 7-1〉 독립영양균과 종속영양균의 에너지원

영양관계	독립 영양계 (Autotrophic/Lithotrophic)	종속 영양계 (Heterotrophic/Organotrophic)
에너지원	㉠ 탄소원: CO_2 ㉡ 조류, 색소체를 가지고 있는 편모충류, 질산균, 황세균 등	㉠ 탄소원: 유기물질/환원된 탄소 ㉡ 일반세균, 균류, 편모충류, 원생동물 등
광영양계 (Phototroph)	<광(무기) 영양계> ㉠ 이화작용의 에너지 → 태양광으로부터 얻음 ㉡ 수소(H) 공여체 → H_2O 또는 H_2S ⓐ H_2O(녹색식물, 조류, Cyanobacteria) ⓑ H_2S(홍색황세균, 녹색황세균, Cyanobecteria)	<광(유기) 영양계> ㉠ 이화작용의 에너지 → 태양광으로부터 얻음 ㉡ 홍색비황세균
화학 영양계 (Chemotroph)	<화학(무기) 영양계> ㉠ 이화작용의 에너지 → 산화·환원 반응으로부터 얻음 ㉡ 이화작용시 수소(H) 공여체 → 무기물질 ㉢ 이화작용시 수소(H) 수용체 → 무기물질 ⓐ 가능한 공여체(H_2O, NH_3, Fe^{2+}, CO, H_2S, S) ⓑ 가능한 수용체(O_2, HNO_3, H_2SO_4, H_2CO_3)	<화학(유기) 영양계> ㉠ 이화작용의 에너지 → 산화·환원 반응으로부터 얻음 ㉡ 수소(H) 공여체 → 유기물질 ㉢ 수소(H) 수용체 → 유기물질, 무기물질 * 활성 슬러지, 탈질산화, 생물막 등에 관여하는 많은 미생물군

산소는 광합성색소인 박테리오클로로필(bacteriochlorophyll)과 카로티노이드(carotenoid)의 합성에 해롭다. 시안세균과 조류에서 전자공여체는 H_2O인데 광합성세균에서 전자공여체는 H_2S이며 일부 시안세균은 전자공여체로 H_2S를 이용하여 환원된 황화합물(S^0)을 세포 밖에 축적시킨다.

　　광영양세균은 대략 60여 종이 있는데 크게 자색세균과 녹색세균으로 구분된다. 자색세균은 박테리오크롤로필 a(825~890nm에서 최대흡수)와 b(1,000nm에서 최대흡수)를 포함하지만 녹색세균은 박테리오크롤로필 a, d, e를 포함하여 705nm와 755nm 사이의 파장을 갖는 빛을 흡수한다. chromatiaceae, chlorobiaceae 등의 광영양세균은 탄소원으로 CO_2를 사용하고 에너지원으로 빛을 그리고 전자공여체로 H_2S, S^o 같은 환원된 황화합물을 이용한다.

　　S^o는 녹색세균의 경우 세포 안쪽에 그리고 자색세균의 경우 바깥쪽에 각각 축적된다.

　　광종속영양세균(photoheterotroph 또는 photoorganotroph)은 빛으로부터 에너지를 얻거나, 탄소원과 전자공여체로서 유기화합물을 이용하는 모든 통성종속영양체(facultative heterotrophs)를 포함한다. 자색비황산세균(purple nonsulfur bacteria)인 rhodo-spirillaceae는 전자공여체로서 유기화합물을 이용한다.

　　화학영양체(chemotroph) 미생물은 무기 · 유기화합물의 산화에 의해 에너지를 얻는데, 영양관계에 따라 무기영양체(lithotrophs or chemotrophs)와 종속영양체(heterotrophs or organotrophs)로 세분된다.

　　무기영양체(lithotrophs)는 탄소원으로 이산화탄소를 사용하며, 에너지원으로 NH_4, NO_2, H_2S, Fe^{2+} 또는 H_2 같은 무기화합물을 산화시켜 필요한 에너지(ATP)를 얻는다. 그들 대부분은 호기성이다.

　　질화세균(nitrifying bacteria)은 토양, 물, 폐수에 널리 분포하며 암모늄을 질산염으로 산화한다.

$$NH_4^+ \xrightarrow{ntrosomonas} NO_2^- \xrightarrow{ntrobacter} NO_3^-$$

　　황산화세균(sulfur-oxidizing bacteria)은 에너지원으로 황화수

소(H_2S), 원소상의 황(S^o), 또는 티오황산염($S_2O_3{}^{2-}$)을 이용한다. 그들은 매우 낮은 산성조건(pH 2 또는 그 이하)에서 자랄 수 있다. 원소상의 황이 황산염으로 산화되는 과정은 다음과 같다.

$$S + 3O_2 + 2H_2O \xrightarrow{thiobacillus\ thiooxidans} 2H_2SO_4 + energy$$

철세균(iron bacteria)은 호산성으로서 Fe^{2+}를 Fe^{3+}으로 산화시켜 에너지를 얻으며 황을 산화시킬 수 있는 세균(예: *Thiobacillus ferroxidans*)을 포함한다. 어떤 세균(예: *Sphaerotilus natans, Leptothrix ochracea, Crenothrix, Clonothrix, Gallionella ferruginea*)들은 중성 pH에서 Fe^{2+}를 산화한다.

수소세균(hydrogen bacteria, 예: *Hydrogenomonas*)은 에너지원으로 H_2를 이용하고 탄소원으로 CO_2를 이용한다. 수소산화는 *Hydrogenase* 효소에 의해 촉매되는데, 이들 세균은 유기화합물의 존재하에서도 자랄 수 있기 때문에 통성 무기영양체(facultative lithotroph)이다.

종속영양체(heterotrophs or organotrophs)에는 세균, 진균, 원생동물을 포함하는 미생물들 가운데 가장 흔한 영양성군이다. 종속영양성 미생물은 유기물질의 산화로부터 에너지를 얻는다. 유기화합물은 에너지원과 탄소원으로 제공된다. 이 군은 환경에 존재하는 대다수의 세균, 진균과 원생동물을 포함한다.

이들 미생물은 환경인자인 용존산소(DO), 온도 등에 따라서도 분류하는데, 세포의 유지와 합성에 필요한 전구물질을 얻기 위하여 필요로 하는 산소의 유무에 따라 호기성 미생물(aerobic microbes), 혐기성 미생물(anaerobic microbes), 임의성 미생물(facultative microbes)로 분류한다. 또한 온도에 따라 고온성 미생물(thermophilic microbes), 중온성 미생물(mesophilic microbes), 저온성 미생물(psychrophilic microbes)로 분류된다.

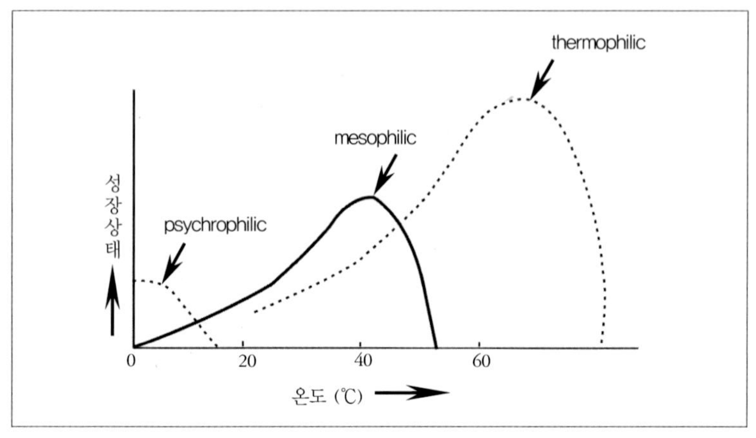

〈그림 7-6〉 미생물 온도와의 관계

4. 효소반응 속도론

효소는 촉매작용을 하는 단백질 복합체이다. 일정농도의 효소(E) 존재하에서 제한기질(S)의 농도에 따라 기질과 효소는 복합체(ES)를 형성하여 촉매작용을 한다.

효소의 반응속도는 제한기질의 농도에 비례하여 증가하나(1차 반응), 제한기질의 농도가 매우 높으면 효소는 기질에 포화되어 반응속도에는 변화가 없다(0차 반응). 따라서 효소의 활성은 이런 비례조건에서 측정한다.

다시 말해서, 반응속도의 결정단계는 전체 반응속도에서 가장 큰 영향을 미치는 반응 메커니즘의 가장 느린 단계인 1차 반응에서 0차 반응으로 진행되는 단계가 된다.

0차 반응단계에서는 반응 메커니즘의 정반응 속도와 역반응 속도(ES의 생성과 붕괴)가 같으며, 더 이상 반응물질과 생성물질의 농도가 변하지 않고 각각 일정하게 유지되는 평형상태가 된다. 왜냐하면 평형상태에 도달하기까지 반응물질은 점점 줄어드나 생성물질은 점점 많아지기 때문이다.

따라서 반응속도는 중간생성물(ES)의 정반응 속도와 역반응 속도

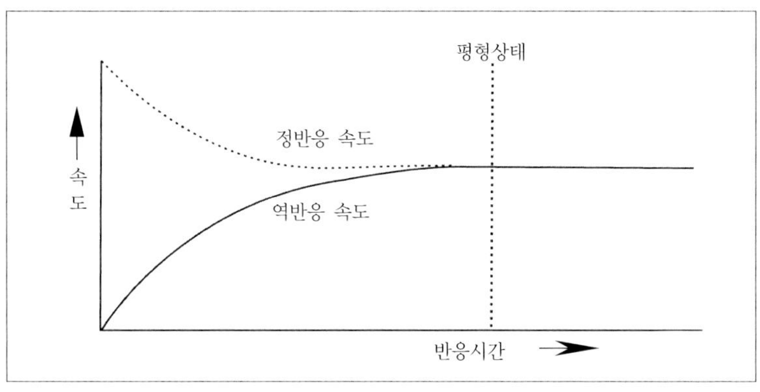

〈그림 7-7〉 정-역반응 속도의 평형상태

가 일치하는 평형상태에서 결정한다(〈그림 7-7〉).

실제 효소반응에 있어서 일정 농도의 효소 존재하에서 그 효소의 반응속도 v와 기질의 농도[S] 간의 관계를 그래프로 그려 보면 〈그림 7-8〉과 같은 그림을 얻는다.

이 〈그림 7-8〉에서 볼 때 반응속도 v는 [S]가 적을 때는 [S]에 거의 직선적인 비례로 증가하나, [S]가 높아지면 이러한 관계는 깨어짐을 알 수 있다. 이러한 효소의 반응속도론적 특성을 설명하기 위하

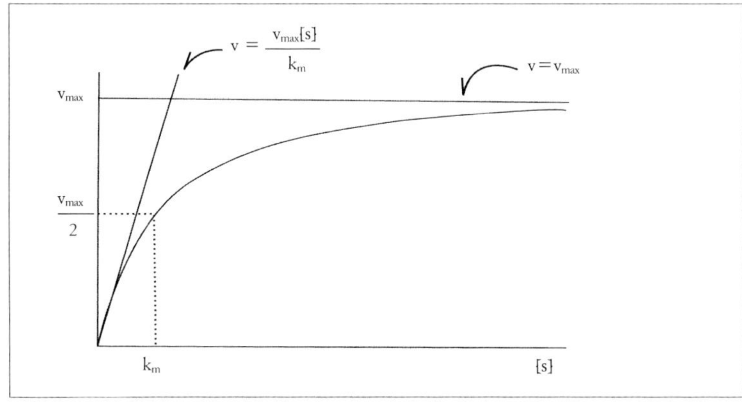

〈그림 7-8〉 Michaelis-Menten 속도식에 따라 진행되는 효소촉매반응의
반응속도(v)와 기질의 농도[S] 간의 상관관계

여 1913년에 Lenor Michaelis와 Maud Menten은 효소가 촉매작용을 발휘하기 위해서는 우선 촉매가 기질과 결합하여 복합체 ES를 형성해야 한다고 제의하고 이 관계를 다음과 같은 식으로 표현하였다.

$$E + S \underset{k_2}{\overset{k_1}{\rightleftarrows}} ES \xrightarrow{k_3} E + P \tag{7.1}$$

이 식에서, 촉매속도는

$$v = k_3[ES] \tag{7.2}$$

복합체 ES의 생성속도

$$k_1[E][S] \tag{7.3}$$

복합체 ES의 붕괴속도는

$$k_2[ES] + k_3[ES]$$

$$\therefore \ (k_2 + k_3)[ES] \tag{7.4}$$

여기서 정류상태(steady state)에서의 촉매속도를 생각해 보자. 정류상태는 복합체의 생성속도와 붕괴속도가 같은 상태(S와 P의 농도는 변하나 ES의 농도는 일정한 상태)로서 이 상태, 즉 정반응과 역반응의 평형상태에서는 다음과 같다.

$$k_1[E][S] = (k_2 + k_3)[ES] \tag{7.5}$$

이 식을 재배열하면

$$[ES] = \frac{[E][S]}{(k_2 + k_3)/k_1} \tag{7.6}$$

식 (7.6) 중에서

$$\frac{(k_2 + k_3)}{k_1} = K_m \tag{7.7}$$

이라 하면

$$\frac{[E][S]}{K_m} = [ES] \tag{7.8}$$

으로 표현되는데, 이때 K_m을 Michaelis 상수 또는 ES의 해리상수, 기질상수이다. 여기서 효소농도를 기질농도와 비교해서 훨씬 낮은 경우를 생각하여 보면 자유상태(비결합)의 기질농도[S]는 전체 기질농도와 거의 같다고 볼 수 있고, 결합하지 않은 효소농도[E]는 식 (7.9)로 표현된다.

$$[E] = [ET] - [ES] = [총효소농도] - [복합체] \tag{7.9}$$

식 (7.9)에서 [ET]는 총효소농도(total enzyme concentration)이다. 식 (7.9)를 (7.8)에 대입하면

$$[ES] = \frac{([E_T] - [ES])\,[S]}{K_m} \tag{7.10}$$

(7.10)을 풀어서 정리하면

$$[ES]K_m = [ET][S] - [ES][S]$$

$$([S] + K_m)[ES] = [ET][S] \tag{7.11}$$

따라서

$$[ES] = [ET]\frac{[S]}{[S] + K_m} \tag{7.12}$$

식 (7.12)를 (7.2)에 대입하면

$$v = k_3[ES]$$

$$v = k_3[ET]\frac{[S]}{[S] + K_m} \tag{7.13}$$

여기서 최대속도 v_{max}는 효소의 작용처가 기질로 포화된 상태 하에서의 속도로서 [S]가 K_m보다 훨씬 커서 $[S]/([S] + K_m)$이 1에 접근하는 때의 속도이다. 즉 v_{max}에 접근하는 때의 속도이다.

따라서

$$v_{max} = k_3[ET] \tag{7.14}$$

식 (7.14)를 (7.13)에 대입하면 식(7.15)를 얻는다.

$$v = v_{max}\frac{[S]}{[S] + K_m} \tag{7.15}$$

식 (7.15)를 Michaelis－Menten 식이라 부르는데, 이 식은 식 (7.7)의 키네틱 데이터를 표현하는 식으로서, 효소반응에 있어서 기

질농도 간의 관계를 보여 주는 효소반응 속도론의 기본식이다.

만약 기질농도[S]가 K_m보다 훨씬 낮으면, 즉 [S]≪K_m이면 식 (7.15)는

$$v = [S]\frac{v_{max}}{K_m} \tag{7.16}$$

로 되는데, 이것은 기질농도가 낮을 때에는 촉매속도는 기질농도 [S]에 정비례 관계에 있다는 것을 의미한다.

반대로 기질농도[S]가 K_m보다 훨씬 클 때, 즉 [S]≫K_m의 경우

$$v = v_{max} \tag{7.17}$$

로서 효소반응에서 기질농도가 높을 때에는 기질농도에 무관하게 반응속도는 자연적으로 최대속도가 된다.

또 [S]=K_m이면 $v = 1/2v_{max}$가 된다.

따라서 Michaelis 상수 K_m은 한 효소반응에서 반응속도가 그 효소반응의 최대반응속도의 절반(1/2)일 때의 기질농도를 의미한다. 이것은 K_m가 전체 효소활성 부위의 반(1/2)이 기질과 결합했을 때의 기질농도라고 볼 수 있는 것으로 보통 $10^{-2} \sim 10^{-5}$M의 값을 갖는다. 따라서 K_m을 알면 어떤 기질의 일정 농도하에서의 활성부위 점유율 f_{ES}를 다음 식으로부터 용이하게 계산할 수 있다.

$$f_{ES} = \frac{v}{v_{max}} = \frac{[S]}{[S] + K_m} \tag{7.18}$$

따라서, K_m은 pK_a와 같이 외견상의 값으로서 효소의 속도론에서 매우 중요한 상수이다. 효소반응에서 K_m의 값이 크다는 것은 효소를 절반 포화시키기 위해 높은 기질농도가 요구됨을 뜻하는 것으로 효소가 그 기질에 대하여 큰 친화력을 가지고 있지 않음을 의미한다. 반대로 Michaelis 상수의 값이 작다 함은 기질이 효소와 용이하게 결합함을 의미한다.

Michaelis 상수는 비교적 간단히 실험적으로 구할 수 있다. 앞의 Michaelis-Menten 식(7.15)의 양변을 역수로 취하고 정리하면 직

선관계 방정식인 (7.19)로 된다.

$$v = v_{max} \frac{[S]}{[S] + K_m}$$

$$\frac{1}{v} = \frac{K_m + [S]}{v_{max}[S]}$$

$$\frac{1}{v} = \frac{K_m/ + [S] + 1}{\nu_{max}}$$

$$\frac{1}{v} = \frac{K_m}{v_{max}[S]} + \frac{1}{v_{max}} \tag{7.19}$$

위의 식 (7.19)는

$y = 1/b$,

$a = K_m/v_{max}$

$b = 1/v_{max}$에 해당하는 $y = ax + b$형의 직선방정식으로 볼 수 있고 〈그림 7-9〉와 같이 표시되는데, 이를 Lineweaver-Burk plot이라 부른다. 식 (7.19)는 실험적으로 K_m과 v_{max}를 산출하는 데 널리 이용되는 중요한 수식이다. Lineweaver-Burk plot은 또한 효소억제제의 억제 양식을 규명하는 데에도 이용된다.

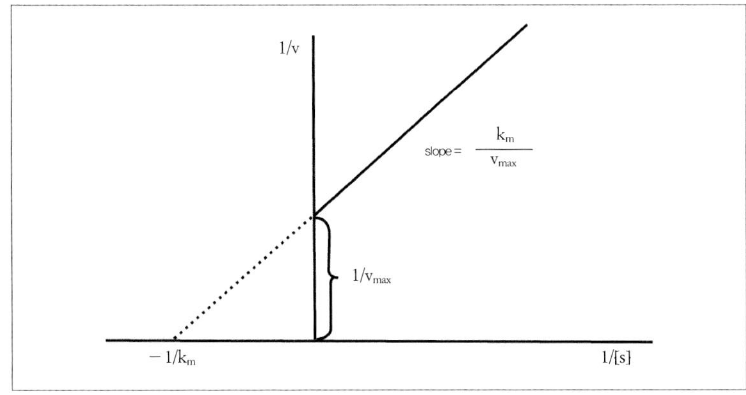

〈그림 7-9〉 K_m과 ν_{max} 산출에 이용되는 Lineweaver-Burk plot

5. 미생물의 연속배양

　회분식 배양(batch culture)은 배양기에 새로운 영양분의 공급 없이 폐쇄적으로 한 번 배양하는 것이다.

　반면 연속배양(continuous culture)은 장기간 미생물을 대수기에서 배양하기 위해서 배양기에 연속적으로 살균된 배지를 공급하고 동시에 같은 양의 배양액을 배출시키는 것이다. 이와 같은 배양은 산업적으로 많이 사용되고 있다.

1) 미생물(X)에 대한 물질수지

$$[\text{미생물 유입속도}] + [\text{미생물 생성속도}] - [\text{미생물 유출속도}]$$
$$= [\text{반응기에서 미생물의 변화속도}] \tag{7.20}$$

여기서, 미생물 유입속도: 0(유입수에는 미생물이 없다)

　　미생물 생성속도: $\mu XV(\text{mg/hr})$

　　미생물 유출속도: $QX(\text{mg/hr})$

　　반응기에서 미생물의 변화속도: $V(dX/dt)(\text{mg/hr})$

따라서

$$\mu XV - QX = V(dX/dt) \tag{7.21}$$

정상상태이면 $dX/dt = 0$

$$\mu XV - QX = 0 \Rightarrow \mu = Q/V = D = 1/\theta_c \tag{7.22}$$

또한 Monod식에서

$$\mu = D = \frac{\mu_{\max} S}{K_S + S} \tag{7.23}$$

Monod 식을 S에 대하여 풀면 다음과 같다.

$$D(Ks + S) = \mu_{\max} S \Rightarrow DKs + DS = \mu_{\max} S \tag{7.24}$$

$$S = \frac{K_S\,D}{\mu_{\max} - D}$$

여기서, μ: 비생장속도(1/hr)

X: 반응기 내의 미생물 농도(mg/L)

V: 반응기 부피(L)

Q: 유량($\mathrm{m^3}$/hr)

D: 희석률(1/hr)＝수리학적 체류시간의 역수

θ_c: 미생물의 평균체류시간(hr)

미생물 배양장치에서 생장수율(growth yield, Y)은 다음과 같다. 생장수율은 제거된 기질의 단위량당 형성된 미생물량이다.

$$Y = \frac{dX/dt}{dS/dt} = \frac{dX}{dS} = \frac{X}{S_i - S} \tag{7.25}$$

$$X = Y(S_i - S) \tag{7.26}$$

여기서, Y: 기질 mg당 생성된 미생물의 mg(생장수율)

dX/dt: 미생물 농도 증가율(mg/L/hr)

dS/dt: 기질 제거율(mg/L/hr)

S_i: 유입 기질농도(mg/L)

S: 유출 기질농도(mg/L)

생장수율 Y에 영향을 미치는 인자는 미생물의 종류, 배지, 기질농도, 최종 전자수용체, pH, 배양온도 등이 있으며, 몇 가지 세균들의 수율계수는 0.4~0.6 범위에 있다.

따라서 식 (7.24)과 (7.26)에서 다음과 같이 나타낼 수 있다.

$$X = Y\left(S_i - \frac{K_s\,D}{\mu_{\max} - D} \right) \tag{7.27}$$

식 (7.24)과 (7.27)에서 S와 X는 D의 함수임을 알 수 있다.

D 즉, μ가 $\mu_{\max}$에 접근하면 S, X값이 갑자기 변하며, $\mu_{\max}$ 근처에서 X→0, S→S_i로 되고 이 현상을 'washout'이라 한다. 이때는 미

생물의 반응기에서 완전히 씻겨 나간다.

여기서 DX는 미생물 생산속도를 나타내며 식 (7.27)에서 최대의 미생물 생산성을 나타내는 DX곡선의 최대점은 d(DX)/dD＝0일 때 이다.

$$D_{max(output)} = \mu_{max}\left(1 - \sqrt{\frac{K_s}{K_s + S_i}}\right) \qquad (7.28)$$

2) 기질(S)에 대한 물질수지

식 (7.20)과 같이 기질(S)에 대한 물질수지를 취하면

[유기물 유입속도] － [유기물 유출속도] － [반응기에서 유기물의 제거속도] ＝ [반응기에서 유기물의 변화속도] (7.29)

여기서, 유기물 유입속도: QS_i(mg/hr)

　　　　유기물 유출속도: Q_s(mg/hr)

　　　　반응기에서 유기물의 제거속도: $\left(\dfrac{dS}{dt}\right)$V(mg/hr)

　　　　반응기에서 유기물의 변화속도: 0(정상상태)

따라서 식(7.29)은 다음과 같이 나타낼 수 있다.

$$QS_i - Q_s - \left(\frac{dS}{dt}\right)V = 0 \qquad (7.30)$$

$$\frac{dS}{dt} = \frac{Q(S_i - S)}{V} \qquad (7.31)$$

또한 단위시간당 미생물 단위농도의 증가, 즉 비생장속도와 Monod식과의 관계는 다음과 같이 된다.

$$\begin{aligned}\frac{dX}{dt} &= \mu X \\ &= \frac{\mu_m SX}{K_s + S}\end{aligned} \qquad (7.32)$$

식 (7.25)의 생장수율(Y)을 사용하면 식 (7.33)과 같이 된다.

$$\frac{dS}{dt} = \frac{1}{Y}\frac{dX}{dt}$$

$$= \frac{\mu_m}{Y} \frac{SX}{K_s + S} \tag{7.33}$$

$$= \frac{kSX}{K_s + S}$$

여기서, K_s: 반속도상수($\mathrm{mg/L}$)

$\quad$ k: μm/Y: 최대비기질제거속도(1/hr)

비기질제거속도(specific substrate uptake rate, q)는 미생물 단위 무게당(혹은 단위농도) 시간의 변화에 따른 기질이 어떻게 감소하는가를 의미한다.

다음과 같이 정의할 수 있다.

$$q = \frac{1}{X}\left(\frac{dS}{dt}\right)(1/\mathrm{hr}) \tag{7.34}$$

따라서 식 (7.31)과 (7.33)

$$q = \frac{1}{X}\frac{Q(S_i - S)}{V} \tag{7.35}$$

$$= \frac{S_i - S}{Xt} = \frac{(유기물제거농도)}{(미생물농도)(시간)} = \frac{K_{\max}S}{K_s + S} \tag{7.36}$$

여기서

$$t = \frac{V}{Q}(\mathrm{HRT})$$

3) 미생물의 내생호흡

유기물질 분해 미생물은 모두 대수기에 있는 것은 아니며, 세포 유지를 위해 에너지를 고려하는 것이 바람직하다. 특히 미생물 반응조는 정지기 또는 감소기(declining phase)에 있다. 이같이 생장수율 Y는 생장의 감소기 동안 일어나는 세포 소실(cell decay) 양을 위해 보정한다.

따라서 식 (7.20)에서 내생감소(endogenous decay)항을 첨가한다.

endogenous decay: $K_d XV$

K_d: 내생호흡 속도상수(L /hr)

따라서 식 (7.20)은 식 (7.37)과 같이 된다.

$$\mu XV - QX - K_d XV = V(dX/dt) \tag{7.37}$$

정상상태에서

$$\mu XV - QX - K_d XV = 0$$

$$\frac{Q}{V} = \frac{1}{t} = \mu - K_d \tag{7.38}$$

여기서 t는 수리학적 체류시간(V/Q)이다. 또한 1/t항은 미생물의 순 비성장률(ture specific growth rate)을 의미한다.

미생물 평균체류시간(mean cell residence time, θ_c)은 폐수처리에서는 반응기 내의 미생물의 양을 매일 반응기에서 제거되는 미생물의 양으로 나눈 값으로 정의한다. 따라서 다음과 같이 수리학적 체류시간(t)은 미생물 평균체류시간(θ_c)에 대응한다.

$$\theta_c = \frac{V}{Q} = \frac{VX}{QX} \tag{7.39}$$

또한 $\mu = Yq$이므로 식 (7.38)은 식 (7.40)이 된다.

$$\frac{1}{\theta_c} = Yq - K_d \tag{7.40}$$

6. 혐기성 반응

혐기성 소화(anaerobic digestion)는 여러 종류의 bacteria에 의해 이루어지는데 크게 유기산균과 메탄균으로 나눈다.

제1단계 소화는 임의성 내지 혐기성의 유기산균이 유기물을 분해시켜 유기산과 알코올을 생성하며 이때 CO_2와 아세톤 H_2 등이 소량 발생된다. 이 단계의 반응은 발효반응으로 분류되는데 유기물질의 주성분은 탄수화물이므로 당질의 발효에서 분해산물은 아래 물질이 포함된다.

- 유기산(휘발성산) − HCOOH(formic acid, 포름산, 의산)

CH_3COOH(acetic acid, 아세트산, 초산, 착산)

CH_3CH_2COOH(propionic acid, 프로피온산)

$CH_3CH_2CH_2COOH$(butyric acid, 낙산)

$CH_3CH(OH)COOH$(Lactic acid, 락산, 젖산, 유산)

$HOOC\ CH_2CH_2COOH$(succinic acid, 석신, 호박산)

- 알코올(alcohol) − CH3CH2OH(ethanol)

$CH_3CH(OH)CH_3$(iso − propanol)

$CH_3CH_2CH_2CH_2OH$(butanol)

$CH_3CH(OH)CH(OH)CH_3$(butanediol)

- 케톤(ketone) − CH_3COCH_3(acceton)

- 기체 − CO_2, H_2, H_2S 등

1단계 소화에서 위의 물질 중 유기산이 많이 형성되어 pH가 다소 낮게 유지되므로 '유기산 형성과정' 또는 '산성 소화과정'이라고 부르며 발효반응은 유기물질을 CO_2, H_2O 등과 같은 최종무기물질로 끝까지 전환시킬 수 없으므로 BOD제거율이 호기성 반응에 비하여 매우 낮다.

제2단계 소화는 1단계에서 생성된 유기산을 메탄균이 분해시켜 CH_4 및 CO_2 등의 가스물질을 생성하며 이때 NH_3, H_2S, 메르캅탄(R−SH) 등도 일부 발생한다. 따라서 2단계소화 과정을 '가스화과정', '메탄발효과정', '알칼리소화과정'으로 부르기도 한다.

유기물질이 기체로 전환되기 위해서는 유기산균과 메탄균의 적절한 활동이 요구된다. 즉 제1단계에서는 제2단계에 필요한 영양분인 유기산이 생성되며 제2단계에서는 유기산을 분해시킴으로써 유기산의 축적으로 pH가 저하되는 것을 방지한다. 또한 유기산균은 메탄

균을 위하여 양분을 생산할 뿐 아니라 산화물을 소모시켜 환원제를 생성하므로 완전 혐기성 상태를 만든다.

혐기성 소화의 문제점은 이러한 미생물의 분포에 불균형이 생길 때에 발생한다. 가령, 많은 양의 유기물질이 갑자기 소화조에 투입되면 유기산균은 유기물질을 분해시켜 유기산을 과도히 생성하므로 낮은 유기산 농도에서 존재하는 메탄균은 유기산을 빨리 분해시켜서 pH의 저하를 방지할 수 있는 능력이 없기 때문에 소화조의 pH는 계속 떨어진다.

그 결과 먼저 메탄균의 활동이 줄어들어 유기산의 분해능력이 저하되고 이러한 현상이 계속되어 유기산이 너무 축적되면 모든 bacteria 활동이 중단되어 혐기성 소화의 실패를 가져온다. 비단 유기물질의 과다부하뿐 아니라 온도가 갑자기 높아지거나 유기물의 종류가 변한다든가 혹은 독성물질의 유입에 의해서 많은 문제점을 초래할 수 있다.

이상 설명한 유기물질의 혐기성 반응을 요약하면 대체로 〈그림 7-10〉과 같다.

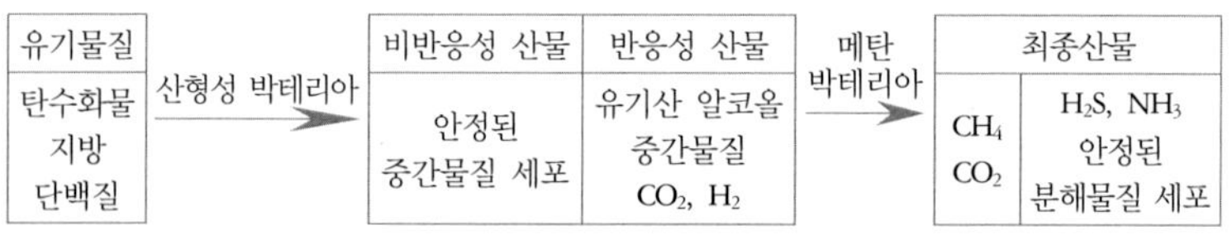

〈그림 7-10〉 유기물의 혐기성 반응

glucose($C_6H_{12}O_6$)의 반응 예로, 위의 2단계 반응에서 메탄박테리아 반응속도가 산형성 박테리아의 반응속도보다 훨씬 더디므로 전체 반응을 제한한다.

$$C_6H_{12}O_6 \xrightarrow[\text{(1단계)}]{\text{유기산균}} \left. \begin{cases} 3CH_2COOH \\ 2CH_3CH_2OH + 2CO_2 \\ 2CH_3CH(OH)COOH \end{cases} \right\} \xrightarrow[\text{(2단계)}]{\text{메탄균}} 3CH_4 + 3CO_2$$

1) 영향인자

(1) pH의 영향

혐기성 반응의 첫 단계에서 생산된 유기산이 메탄균에 의해 2단계 반응이 진행되지 못하면 조 내의 유기산과 CO_2가 축적되어 완충능력이 무너질 때 pH가 낮아진다. 메탄균은 앞서 언급했듯이 pH에 민감하여 pH가 낮거나, 높은 pH에서는 반응이 더디고 CH_4 생성률이 낮아진다.

〈그림 7-11〉에서와 같이 유기산농도가 2,000mg/L를 넘을 때 또는 pH가 6 미만일 경우 메탄 생성률이 급격히 낮아짐을 알 수 있다.

반대로 pH8을 초과할 때도 같은 현상이 일어난다. 이러한 원인 때문에 혐기성 반응에서 1단계, 2단계 반응의 평형과 알칼리에 의한 완충능력이 중요하게 된다. 일반적으로 생산된 기체의 30%가 CO_2일 때 1,500mg/L 정도의 알칼리도가 완충용으로 필요하다.

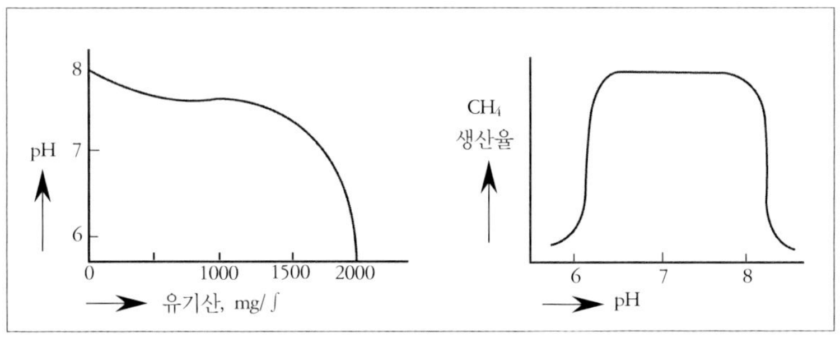

〈그림 7-11〉 메탄 생산율에 대한 pH 영향

(2) 온도의 영향

온도가 낮아지면 혐기성 반응에서 메탄박테리아가 영향을 크게 받는다. 따라서 메탄박테리아의 활동이 저하되어 메탄발생이 줄어든다. 메탄박테리아의 최적온도는 중온에서 35℃, 고온에서 55℃ 정도이다(〈그림 7-12〉).

그러나 우리나라와 같이 겨울철이 있는 온대지방에서 고온반응은 비경제적이므로 중온반응이 주로 이용되며, 온도에 따른 반응방식을 분류하면 다음과 같다.

- 고온(친열성)소화: 50~56℃(적온 54~56℃)
- 중온(친온성)소화: 31~38℃(적온 35~37℃)
- 저온(친냉성)소화: 10~15℃

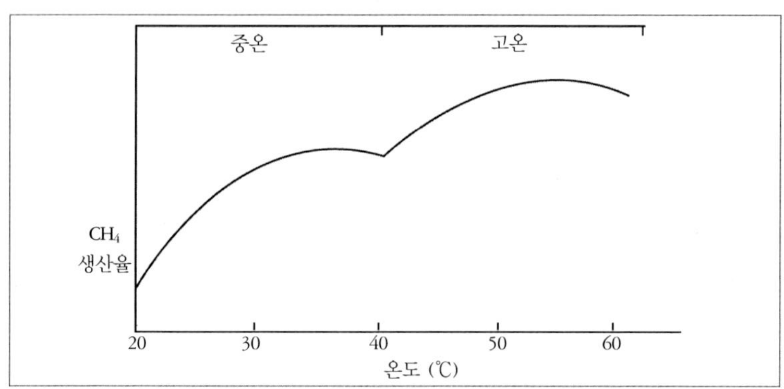

〈그림 7-12〉 메탄 생산율에 대한 온도 영향

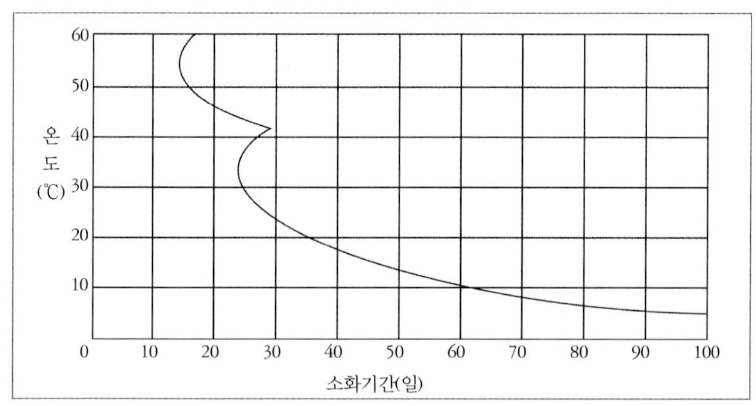

〈그림 7-13〉 소화에 미치는 온도의 영향

(3) 독성물질의 영향

혐기성 반응조에 독성물질이 유입되면 특히 메탄생성에 영향이 크다. Na^+, K^+, Ca^{++}, Mg^{++} 등은 낮은 농도에서는 반응을 촉진하지만 높은 농도에서는 독성을 나타내며 반응을 억제시킨다. 암모니아도 pH와 관련하여 유독성을 나타내는데 NH_4^+보다 NH_3 기체가 더 유독성을 준다.

중금속물질은 어느 한계 이상에서는 반응이 정지되는데, 일반적으로 중금속의 최대 허용농도는 다음과 같다.

〈표 7-2〉 혐기성소화조의 중금속 최대허용농도

중금속	최초침전슬러지 소화	혼합슬러지 소화
Cr^{+6}	50mg/L	50mg/L
Cu	10mg/L	5mg/L
Zn	10mg/L	10mg/L
Ni	40mg/L	10mg/L

(4) 세포 생성률

세포생산량은 유입폐수의 유기물질 농도 및 특성과 세포체류시간 등에 따라 좌우되는데 혐기성 반응에서는 세포체류시간이 길고 상당한 내호흡이 진행되므로 실생산량이 비교적 적다. 실험결과에 의하면 0.05mg세포/mgCOD의 생산율로 나타나고 있다. 여기서 세포생산량은 산형성 박테리아와 메탄형성 박테리아의 개별적 관찰은 어렵고 연속적인 반응에서 전반적인 생산 세포량을 파악할 수밖에 없다.

(5) 메탄 발생률

혐기성 반응에서 메탄가스 발생률은 아래 식에 따른다.

$$C_\eta H_m O_L + \left(\eta - \frac{m}{4} - \frac{L}{2} \right) H_2O$$

$$\rightarrow \left(\frac{\eta}{2}-\frac{m}{8}+\frac{L}{4}\right)CO_2 + \left(\frac{\eta}{2}+\frac{m}{8}-\frac{L}{4}\right)CH_4$$

위 식에 의하면 1kg의 COD나 $BOD\mu$가 분해 제거될 때 $0.35m^3$의 CH_4가스가 생산된다. 이 식은 세포생산이 포함되어 있지 않으므로 그것을 제하면 아래 식으로 계산된다.

$$G = 0.35(L_r - 1.42R_c)$$

여기서, G: CH_4 생산율(Nm^3/day)

      L_r: 제거 $BOD\mu$량(kg/day)

      R_c: 세포의 실생산율(kgVSS/day)

      1.42: 세포의 $BOD\mu$ 환산계수

$$R_c = \frac{YL_r}{1+b\,\theta_c} = Y_{obs} \cdot L_r$$

여기서, Y: 세포생산계수(kg cell/제거 kg·BODμ)

      Y_{obs}: 세포의 실생산계수(kg cell/제거 kg·BODμ)

      b: 세포의 내호흡계수(day^{-1})

      θ_c: 세포체류시간(day)

메탄(CH_4)은 연료로 이용되는 유용한 가스인데 저위 발열량은 8,570kcal/Nm^3이다.

2) 혐기성 반응의 적용

혐기성 반응은 고농도 유기폐수(식품공장, 피혁공장, 도살장 등), 슬러지 및 분뇨처리에 사용하는데 여기서는 적용방식에 관해 분류한다.

슬러지를 재순환하지 않는 방식은 반응조를 두 개로 나누어 첫 번째 조는 유입폐수를 적정온도로 가온하면서 잘 교반하여 반응시킨다. 조의 상부 공간은 발생된 가스가 저장된다.

두 번째 조에서는 첫 번째 조에서 반응 후 이송된 폐액이 고액 분리(침전)되어 침강된 슬러지는 탈수 및 처분된다. 상징수는 용존상

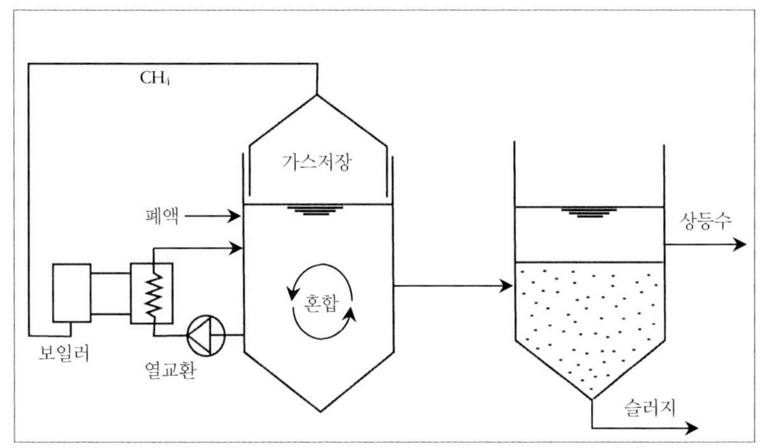

〈그림 7-14〉 재순환 없는 혐기성 반응

태의 유기물이 많아 BOD 농도가 높으므로 다시 호기성 방법 등에 의해 처리되어야 한다.

혐기성 반응조에서는 유기물질과 박테리아 세포의 농도를 구별하여 정량하는 것이 불가능하기 때문에 F/M 비나 세포체류시간 등 설계변수의 적용이 어렵다.

따라서 슬러지 처리에서는 유기물 부하율($kg \cdot VS/m^3 \cdot day$)을 설계변수로 삼는다. 흔히 적용되는 부하율은 최적온도에서 완전 혼합되는 고율 혐기성 반응의 경우 $1.5 \sim 6.5kg \cdot VS/m^3 \cdot day$로서 반응소요시간은 15~20일 정도이다. 첫째 조에서는 전체 반응의 80~90%가 이루어지고, 둘째 조는 고액분리 과정에서 좀 더 반응이 진행되는데 전체 VS 제거율은 70%를 넘지 않는다.

한편 〈그림 7-15〉에서와 같이 **교반이 없는 반응조**에서는 조 내에 유입된 폐수가 몇 개 층을 이루는 가운데 제한된 일부에서만 반응이 진행되므로 〈그림 7-14〉의 교반식보다는 유기물 부하율이 낮게 적용된다. 이러한 저율 혐기성 반응의 경우 대개 $0.5 \sim 1.5kgVS/$

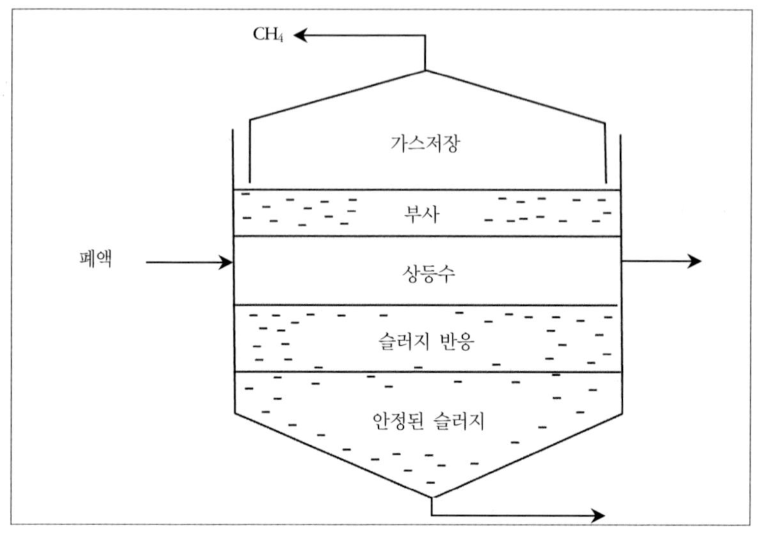

〈그림 7-15〉 교반이 없는 혐기성 반응조

$m^3 \cdot$ day의 낮은 부하율과 20~30일간의 체류시간이 적용된다.

$$VS부하율(kg \cdot VS/m^3 \cdot day) = \frac{1일\ VS유입량\,(kg \cdot VS/m^3 \cdot day)}{조용적\,(m^3)}$$

슬러지를 재순환하는 방식의 경우 재순환하지 않는 방식의 두 번째 조에서 고액 분리된 슬러지의 일부를 첫째 반응조로 재순환(반송)시켜 유입폐수에 박테리아를 식종함으로써 첫째 조의 미생물 유지를 충분히 해 주어 유기물 부하율을 높이거나 반응시간을 단축시키는 효과를 얻는다. 둘째 조의 고액분리를 원활히 하기 위해서는 첫째 조와 둘째 조 사이에 탈기장치를 할 필요가 있다.

3) 혐기성 반응조(소화조)의 구조 및 설비

(1) 형상 및 구조

보통 2개 조 이상 원형으로 한다. 내경은 25m 이하이고 축심은 내경의 $\frac{1}{2}$ 정도로 한다. 바닥의 구배는 $\frac{25}{100}$ 이상으로 하여 아래에 고인 슬러지를 수압에 의해 유출시킬 수 있도록 한다.

반응조는 철근콘크리트로 시공하되 수밀·기밀성을 유지하고 부식에 강해야 한다. 덮개는 고정형과 부동형이 있는데 고정형일 경우 주로 철근콘크리트로 시공하여 모양을 평형, dome형, 원추형 지붕으로 하고 부사(scum)에 대한 방지장치를 한다. 부동형은 조 내 수위상승에 따라서 덮개가 상하로 이동하는 형식이다. 따라서 부사(scum)의 억제와 탈리액 인출에 대해 특별한 배려를 하지 않아도 되는 장점이 있으나 덮개의 상하운동이 잘 안 되는 경우도 있으며, 열손실을 최소화하기 위해 조 외부를 단열시공을 할 필요가 있다.

(2) 교반장치

반응효과를 높이기 위해 조 내의 교반이 필요한데 교반방법은 기계식 교반과 발생가스에 의한 교반 등 2가지가 있다.

기계적 반응은 교반기를 설치하거나 draft tubo를 사용하여 하부의 폐액을 수면 위에 올려서 살포시킨 후 하부로 순환시키는 방식이다. 발생가스에 의한 교반방법은 가스저장조의 가스를 압축시켜 반응조 하부에 불어넣음으로써 폐액의 상승 및 순환시키는 방식이다. 가스에 의한 교반 방법은 최근에 많이 사용하고 있는데 다음과 같은 장점이 있기 때문이다.

- 기계적 고장이나 마모 등의 문제가 없다.
- 조 내 수위변동에 관계없이 일정한 교반효과를 얻을 수 있다.
- 교반효력이 크다.

(3) 가온장치

① 조 내에 가열관을 설치하여 온수를 순환시키는 방법

설치비용이 적고 조작이 간편한 장점이 있으나 관의 온도가 높을 때 관 주위에 슬러지가 붙어서 열전도율을 저하시키고 고장 시 수리, 보수를 위해서는 조를 비워야 하는 결점이 있다.

② 열고환기를 사용하는 방법

조 밖에서 2중 접촉관에 의해 열교환을 시키는 방법으로 내관에는 폐액을 통과시키고 외관에는 보일러로부터 온수를 반대 방향으로 통과시킨다. 통과유속은 내관의 폐액을 1.5~2m/sec, 외관의 온수는 1~1.5m/sec 정도로 한다. 이 방법은 시설비가 비싸지만 열전도율이 좋고 장치가 조 밖에 설치되어 있으므로 고장수리와 청소 등이 쉬운 장점이 있다.

③ 조 내에 수증기를 주입하는 방법

보일러에서 생산된 고온도의 수증기를 조 내 폐액 중에 직접 취입(吹入)하는 방법으로 시설비가 싸고 조작이 간편하다.

(4) 유출입관

유입관은 폐액이 잘 혼합될 수 있는 곳에 배치하고 유출관은 조의 바닥 중심부에 설치한다. 탈리액 유출관은 적당한 높이의 여러 곳에 설치하고 관경은 공히 150㎜ 이상으로 한다.

(5) 가스의 포집 및 저장

가스의 발생량 및 압력변화에 대응하도록 하고 gas dome에는 안전변을 설치한다. 배관 및 저장조 내부의 방식(防蝕)시공을 하고 역화방지 및 탈황장치를 설치한다. 가스저장은 12시간분 정도의 용량으로 하며 가스 중 H_2S 탈황장치에 의거하여 제거한다.

(6) 기타 부대설비

scum 방지장치, 시료채취 장치, 온도측정 창치, 수위계, 맨홀 설치를 해야 한다.

4) 혐기성 반응조의 운전

(1) 시운전 절차

혐기성 반응조의 운전을 개시하는 절차는 다음과 같다.

① 모든 배관계통을 점검하고 물을 채운다.

② 가온계통의 운전을 시작하고 수일간 계속한다.

③ 소화된 슬러지나 탈리액을 넣어서 식종한다.

④ 식종량은 조용량의 20% 정도로 한다.

⑤ 조 내 온도를 35℃ 정도로 유지한다.

⑥ 폐액을 유입시킨다. 유입방법은 최초 15일간은 계획량의 $\frac{1}{2}$ 이하로 유입키고 그 후 점차로 증가시킨다.

⑦ 주기적으로 유기산농도, pH, 알칼리도, 가스의 CO_2 함량 등을 분석한다.

알칼리도가 상승하고 pH가 적당히 유지되면서 CH_4가스 발생이 증가하면 정상적으로 반응이 일어나고 있음을 짐작할 수 있다. 만약 이러한 지표들이 의심스러우면 부하량을 다시 감소시키고 반응상태를 조절한다. 반응조가 정상적으로 평형상태의 기능을 발휘하려면 상당한 기간이 소요된다는 것을 사전에 알고 운전해야 할 것이다.

(2) pH

반응조의 pH는 중성이나 약간 상회하는 정도가 좋고 6.5 이하나 7.8 이상은 좋지 않다. 산형성 박테리아와 메탄형성 박테리아의 반응이 평형이 되지 않으면 유기산 농도가 높아 pH가 저하되고 H_2S로 인한 냄새가 심하고 scum이 많아진다. 따라서 반응조 내의 pH와 산도 그리고 알칼리도는 수시로 점검할 필요가 있으며 저하된 pH를 상승시키는 데는 흔히 석회가 사용되는데 이때 석회성분이 바닥에 쌓이지 않도록 잘 교반해야 한다. 또한 석회 대신 NH_3를 사용하면 좋은 효과를 거둘 수도 있다.

(3) 온도

반응액의 온도는 통상 첫째 조에서 35℃ 정도로 유지해야 한다.

(4) 충격부하

혐기성 소화조 등은 충격부하에 매우 민감하다. 부하량이 급격히 증가되면 반응의 평형이 깨지고 유기산이 증가하면 pH는 저하되는 등 냄새가 심하고 전체 반응이 둔해진다. 때로는 독성물질 유입으로 pH가 서서히 저하되고 CH_4 생산량이 감소되는 경우도 있다. 일반적으로 C/N 비가 12~16일 때 소화가스의 발생량이 가장 많은 것으로 나타나 있다.

7. 바이오에탄올

에탄올(ethanol) 또는 에틸알코올(ethyl alcohol)은 무색의 가연성 화합물로 알코올의 한 종류이며, 술의 주성분이다. 화학식은 C_2H_5OH이며 물 또는 에테르와 섞일 수 있다. 태울 경우 투명하고 옅은 푸른색을 띤 화염을 발생시키며, 물과 이산화탄소가 만들어진다. 에탄올은 알코올성 음료 산업의 기반이며, 공업적으로 여러 공정에 개입되며, 용매, 소독제, 연료 등으로 많이 사용된다.

바이오에탄올(bioethanol)은 휘발유와 섞거나 광물유 연료에 함께 사용할 수 있어, 기존의 화석연료와 달리 연소 시 대기 중에 이산화탄소 증가를 유발하지 않는 친환경 재생에너지로 각광받고 있다. 또한 전 세계적으로 휘발유를 대체할 수 있는 대체에너지로 떠오르면서 이의 원료가 되는 곡물수요가 급증하여 국제 곡물가를 급등시키는 주요 원인이 되기도 한다.

한편, 우리나라는 한국해양연구원과 강원대 공동연구팀이 녹조류인 구멍갈파래를 이용해 대체에너지인 바이오에탄올 생산에 성공했다고 밝혔는데, 수질오염을 일으키는 해조류인 구멍갈파래를 바이오에탄올의 생산원료로 이용했다는 점에서 수년간 제주연안 바다에서 계속되던 녹조현상 해결과 기존 바이오에탄올의 주원료인 곡물을 사용하지 않았다는 점에서 한 단계 진보한 것으로 보인다.

바이오에탄올의 생성기작은 전통적으로 고두밥을 지어 누룩과 섞은 다음 그릇에 넣고 알맞은 온도, 즉 30~40℃로 유지해 주면, 술(에탄올)이 만들어지고 이산화탄소가 발생한다. 이것은 효모가 포도당을 에탄올과 이산화탄소로 분해해서 일어나는 반응으로서, 산소를 전혀 이용하지 않는다. 효모는 산소가 없는 상태에서 포도당을 분해하여 에탄올과 이산화탄소로 변화시키는 작용을 하는 균의 일종이다.

효모가 포도당으로부터 만들어 낼 수 있는 에탄올(에틸알코올)의 최대 농도는 13%가량으로, 에탄올의 농도가 그 이상이 되면 효모 자신이 죽어 버리게 된다. 따라서 에탄올의 농도가 더 높은 술은 효모에 의한 발효만으로는 만들어지지 않고, 에탄올을 증류하여 만들거나 농축 과정을 거쳐서 만들어야 한다.

가정에서 포도를 깨끗이 씻은 다음 그릇에 넣고 소주와 설탕을 부어 두는 것은, 포도주가 아니라 소주에 포도즙을 우려낸 소주 포도즙이다. 왜냐하면 에탄올의 농도가 20%를 넘는 소주 속에서는 효모가 살 수 없기 때문이다. 포도주란 포도만으로 발효시킨 것을 말하는 것으로, 포도만을 으깨어 그 속에서 효모(포도 알에 붙은 흰 가루모양이 야생 효모임)가 에탄올을 만들어야 진정한 포도주인 것이다.

이와 같이 **바이오에탄올의 생성원리**도 여기에 기초하는데, 미생물은 혐기성 조건하에서 바이오매스를 기질로 이용한다. 이 기질은 미생물의 물질대사 과정에서 분해산물로 바이오에탄올을 생성한다 (2. & 6. 참고).

8. 바이오부탄올

부탄올은 부탄의 수소원자 하나가 히드록시기로 치환된 지방족 1가(價) 알코올이다. 무색의 액체로 물에 잘 녹으며 네 가지의 이성질체가 있는데, 1부탄올은 당(糖)의 아세톤-부탄올 발효나 프로필렌의 합성으로 만들며, 비닐수지 따위를 녹이는 용제로 쓴다. 화학식은 C_4H_9OH, 인화점 37℃, 발화점 343℃, 연소범위 1.4~11.2%. 가열, 충격, 마찰에 민감한 포도주향의 무색투명한 액체(1-butanol butanol)이다.

화학합성 부탄올은 프로필렌을 출발물질로 하여 여기에 수소, 일산화탄소를 로듐촉매하에서 부가하여 화학적으로 합성될 수 있으며, 현재 전 세계에서 사용되고 있는 대부분의 부탄올은 화학적 합성공정으로 생산되고 있다. 그렇지만 바이오매스로부터 미생물의 발효과정을 통하여 생산되는 바이오부탄올은 화학합성 부탄올에 비하여 더 오랜 역사를 가지고 있다. 1차, 2차 세계대전에 필요한 용매와 화학원료를 얻기 위하여 대량의 바이오매스가 혐기성 미생물을 이용하여 생산되었으며, 특히 와이즈만(Weizmann) 박사가 개발한 혐기성 균주(*Clostridium acetobutylicum*)는 부탄올과 아세톤을 동시에 생산하여 매우 유용하였다. 이러한 공로로 와이즈만 박사는 영국정부로부터 작위 제안을 받았으나, 이를 거절하고 이스라엘의 독립을 요구하였으며, 후에 와이즈만 박사는 이스라엘 초대 대통령이 되었다. 1945년 2차 세계대전이 종전될 즈음에 미국에서 생산되는 부탄올의 2/3가 미생물 발효공법으로 생산되고 있었으나, 1960년 대 석유화학의 급격한 발전으로 사실상 생물학적으로 생산되는 바이오부탄올은 거의 자취를 감추게 된다. 그러나 최근 원유가의 급격한 상승과 함께 부탄올을 화학용제 외에 수송용 연료로 사용할 수 있다는 사실이 알려짐으로써 바이오부탄올이 다시 주목을 끌고 있다.

바이오부탄올은 바이오에탄올과 동일한 식물원료를 이용하여 생산될 수 있으나, 바이오에탄올 생산 시와는 다른 균주를 혐기성 상태에서 이용하기 때문에 다른 발효기술이 필요하다는 특징이 있다. 연료로서의 바이오부탄올의 가장 큰 장점 중의 하나는 종래의 바이오에탄올보다 높은 에너지 함유량을 가져서 결과적으로 연비가 크다는 것이다. 바이오부탄올의 경우 일반 가솔린에 비하여 95.6%에 달하는 에너지 함유량을 가지고 있어서 67.8% 정도의 에너지 함유량을 가지는 바이오에탄올에 비하여 상당히 높은 에너지 밀도를 가지는 연료로 생각될 수 있다. 이러한 이유로 인하여 고농도로 가솔린과 혼합했을 경우에도 엔진이나 차량을 개조할 필요가 없는 특징을 가지고 있는데 특히 일반 가솔린에 비하여 낮은 증기압은 연료로서 더 안전한 성질을 제공할 것으로 기대되고 있다. 또한 에탄올에 비해 증기압이 낮고 부식성이 없으며 수분에 의한 상분리 현상이 없어 기존의 가솔린 공급과 유통인프라를 개조 없이 사용 가능할 것으로 예측되고 있다. 이러한 이유로 현재 바이오부탄올은 차세대 바이오연료로서 많은 주목을 받고 있다.

clostridium 속의 많은 혐기성 미생물은 다양한 종류의 탄소원(포도당, 갈락토오스, 셀로바이오스, 자일로즈, 아라비노스 등)을 부탄올로 전환할 수 있는 것으로 알려져 있으나, 생산과정에서 생성된 바이오부탄올이 혐기성 미생물을 심각하게 저해함으로써 결과적으로 부탄올의 농도, 수율, 생산성이 감소되는 문제가 있다. 대부분의 바이오부탄올 생산용 clostridium 속 미생물은 고분자상의 다양한 탄수화물을 분해하여 단당류로 만들 수 있는 여러 가지 효소를 생산, 분비할 수 있는 능력을 가진다. 이러한 탄수화물 가수분해효소들은 현재까지 알려져 있기로는 알파아밀레이즈, 알파글루코시데이즈, 베타아밀레이즈, 베타글루코시데이즈, 글루코아밀레이즈, 플루란분해효소 등이다. 이들 가수분해효소에 의하여 분해된 단당류들은 세포막에 존재하는 특별한 능동 수송기작을 통하여 세포 내로 흡수 운반되며, 운반된 단당류들은 해당회로 및 pentose phosphate 대사경로를 통하여 순차적으로 대사된다(2. & 6. **참고**). 대사회로에 관련된 효소 합성 유전자가 제거된 미생물(〈그림 7-16〉의 10번)은 유기산 생성기에 매우 소량의 아세트산만을 생산하고 대부분 부티릭산만을 생산하는 것으로 알려져 있다. 이러한 대사공학적 접근은

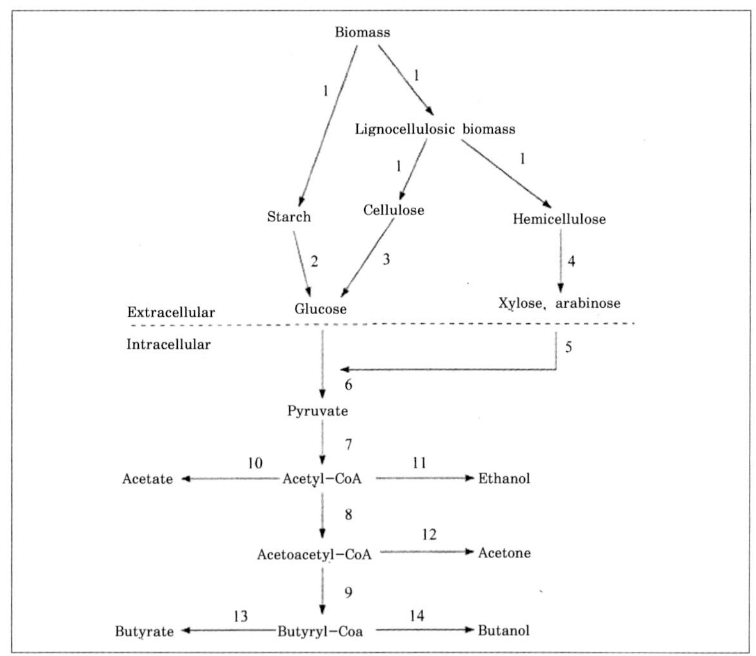

〈그림 7-16〉 클로스트리듐 속 미생물의 부탄올 생성기작

결과적으로 바이오부탄올의 수율 및 순도를 획기적으로 높일 것으로 기대되고 있다.

그렇지만 현재까지 이러한 유전공학적으로 개량된 미생물 중 부탄올 고생산성 균주의 개발은 그리 성공적이지 못하였는데, 그 이유 중의 하나는 부탄올이 미생물 생장 및 부탄올 생산을 크게 저해하기 때문이다. 따라서 상당히 많은 연구는 이러한 유전공학적, 대사공학적 접근법을 이용하여 부탄올 저항성 균주를 제작하는 데 치중되고 있다.

이러한 부탄올의 독성 및 생산물 저해 현상으로 인하여 발효공정 시스템상에서 연속적으로 생산물인 부탄올을 제거 회수하는 시도가 행하여졌다. 산 생성단계에서 부산물로 발생되는 가스(이산화탄소, 수소 혼합기체)를 이용하여 배양액 중에 포함된 부탄올을 탈기시키는 시스템이 시도되어 일반 회분식 공정에 비하여 생산성을 3배 이상 증진시켰다는 보고가 있다. 이러한 연속적인 부탄올 제거 회수 공정은 gas stripping 이외에 증발투과막, 액상추출 등이 보고되고 있으며, 이러한 공정 역시 균주개발과 함께 동시에 개발되어야 할 부분으로 판단된다.

바이오부탄올은 바이오에탄올에 비하여 수송용 연료로서 상당한 가능성을 가지고 있어, 차세대 바이오연료로 주목을 끌고 있는 것이 사실이다. 그러나 현재 에탄올에 비하여 매우 낮은 생산성 및 생산 농도를 보이고 있어, 경제성 있는 바이오부탄올을 생산하기 위해서는 상당히 높은 기술적 장벽을 극복해야 할 것이다. 이를 해결하기 위해서는 안정적인 바이오매스 원료의 확보와 동시에 부탄올 고생산성 균주 및 고내성 균주를 개발하는 것이 필수일 것으로 판단된다. 이를 위하여 단백질공학, 대사공학과 같은 첨단 산업 바이오기술이 필요할 것이며, 이러한 산업 바이오기술을 이용하면 현재의 바이오부탄올 생산 균주에 비하여 혁신적인 생산성 및 수율을 가지는 혁신 균주를 개발할 수 있을 것으로 기대된다. 또한 바이오부탄올의 생산농도가 낮고 또한 미생물에 대한 근본적인 독성이 매우 크기 때문에 이를 극복하기 위하여 연속적인 생산물의 제거 등 혁신 발효공정 개발도 역시 필요할 것이다. 그러나 이러한 바이오부탄올 기술은 선진국들도 연구 개발한 역사가 상당히 짧기 때문에 우리나라와의 기술적 격차가 크지 않는 것으로 파악되고 있어, 우리나라가 바이오 연료 기술의 선두주자가 될 가능성이 높다고 할 수 있기 때문에 적극적인 연구개발 노력이 필요할 것이다.

9. 바이오수소

1) 개요

바이오 수소의 생성방법으로는 전기화학적(electrochemical), 열화학적(thermochemical), 광화학적(photochemical), 광전기화학적(photoelectrochemical) 및 광촉매(photocatalytic)공정 등의 다양한 방법으로 수소를 발생시킬 수 있다. 그러나 이러한 공정은 화석연료의 연소로부터 발생된 전기를 이용하는 단점을 가지고 있다. 따라서 최근에는 바이오매스 또는 유기성 폐기물로부터 생화학적 방법을 이용한 수소의 생산이 각광을 받고 있다.

생물학적 수소생산에는 광합성 조류(algae)를 이용하여 물을 수소 및 산소로 분해하는 생물학적 광분해(biophotolysis)와 혐기성 발효균을 이용하는 수소발효(hydrogen fermentation)로 분류할 수 있는데, 생물학적 광분해는 제한인자가 많으며 상용화에도 아직은 문제점이 많으나 혐기성 발효는 반응속도가 빠르고, 기술적으로 단순하며 빛이 필요 없을 뿐만 아니라 유기성 폐기물로부터 수소를 생산할 수 있는 장점이 있다.

2) 혐기성 발효

혐기성 발효에 의한 수소생성의 기본원리는 앞(**2. & 6. 참고**)에서 충분히 논의하였으므로 여기서는 기본적인 개념만 밝힌다. 〈그림 7−17〉에서 보는 바와 같이 혐기성 분해의 경로는 가수분해, 산생성, 초산생성, 메탄생성으로 이루어진다. 따라서 초산과 H_2로부터 CH_4가 생성되는 메탄생성단계를 막을 수 있다면 CH_4 대신 H_2를 얻을 수 있다는 것이 수소발효의 기본개념이다.

$$CH_3CH_2OH + H_2O \rightarrow CH_3COOH + 2H_2$$
$$\text{에탄올} \qquad\qquad \text{초산}$$

$$CH_3CH_2COOH + 2H_2O \rightarrow CH_3COOH + CO_2 + 3H_2$$
$$\text{플피온산} \qquad\qquad \text{초산}$$

$$CH_3CH_2CH_2COOH + 2H_2O \rightarrow 2CH_3COOH + 2H_2$$
$$\text{부틸산} \qquad\qquad \text{초산}$$

$$CO_2 + 4H_2 \rightarrow CH_4 + 2H_2O$$

$$CH_3COOH \rightarrow CH_4 + CO_2$$

따라서 수소생산에 대한 대부분의 기술개발 방향은 수소를 소비하는 메탄균의 활성을 저해시키며 수소를 생성하는 *Clostridium* sp.균에 대한 연구가 활발하다.

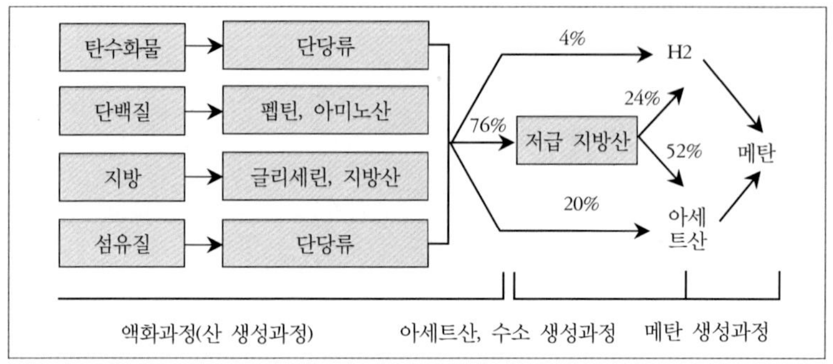

〈그림 7-17〉 바이오가스의 생성 메커니즘

Clostridium sp.는 대수성장단계에서는 H_2와 초산, 뷰틸산을 생성하지만, 대수성장단계의 후반이 되면 대사작용의 변경이 일어나 용매를 생산하기 시작해서 정상기에서는 본격적인 용매의 생산이 이루어지기 때문에 *Clostridium* sp.의 수소/유기산 생성단계를 유지하도록 환경조건을 유지시키는 것이 중요하다. 바이오 수소 생성 반응식은 다음과 같다.

$$Glucose + 2H_2O \rightarrow 2Acetate + 2CO_2 + 4H_2 \quad \Delta G = -184.2kJ$$

$$Glucose \rightarrow Butyrate + 2CO_2 + 2H_2 \quad \Delta G = -257.1kJ$$

3) 광합성

광합성(光合成, photosynthesis)은 녹색식물이 빛에너지를 이용해 이산화탄소와 물로부터 유기물을 합성하는 작용으로서, 주요인자는 탄소원과 에너지원, 녹색식물의 엽록체[13], 색소[14], 단백질[15],

---

13) **엽록체:** 2중 막으로 되어 있으며 주요특징은 복잡한 막구조인 라멜라(lamellae)와 그것을 둘러싼 투명한 기질인 스트로마(stroma), 그 밖에 녹말 알갱이도 있다. 스트로마에는 암반응에 관련된 효소들이 녹아 있어서 탄소고정(炭素固定)이 일어난다. 라멜라는 틸라코이드(thylakoid)가 빽빽이 쌓여 그라나(grana)구조를 만들며, 그 속에는 엽록소가 있어 빛에너지를 이용하는 명반응에 관여한다.

14) **색소:** 라멜라의 막에는 엽록소 a와 b가 있으며, 엽록소 a에는 2가지 유형이 있다. 하나는 파장 684nm의 빛을 가장 잘 받아들이는 P680(광계 II)이고, 다른 하나는 700nm의 빛을 가장 잘 받아들이는 P700(광계 I)이다. 엽록소 말고도 카로틴이나 카로티노이드(홍

퀘논16) 등에 기인한다.

광합성이 일어나는 장소는 녹색식물의 세포에 들어 있는 엽록체이며, 광합성은 크게 명반응과 암반응이라는 두 단계로 구분된다.

명반응은 빛이 있어야 진행되는 반응이며 암반응은 빛이 없어도 진행되는 반응을 말하며, 먼저 명반응이 일어난 후 암반응이 진행된다.

명반응은 틸라코이드의 그라나에는 엽록소와 전자전달계가 있어 명반응이 일어난다. 명반응은 다시 물의 광분해와 광인산화반응의 두 단계로 나눌 수 있다.

물의 광분해 과정은 엽록소에 흡수된 빛에너지에 의해 물(H_2O)이 분해되는 것으로, 전자(e^-)와 수소이온(H^+), 그리고 산소(O_2)를 만들어 낸다. 즉 광합성의 최종산물 중 하나인 산소기체(O_2)는 물에서 유래된 것임을 알 수 있다.

$$H_2O \xrightarrow{\;solar\;} \frac{1}{2}O_2 + 2H^+ + 2e^-$$

광인산화 과정은 엽록소가 흡수한 빛에너지를 화학에너지로 전환시켜 ATP를 만들어 내는 과정이다. 빛에너지가 엽록소(P680, 광계 II 색소)에 흡수되면 엽록소가 흥분(에너지가 커져서 전자가 들뜬 상태)하여 전자(e^-)를 방출하게 되는데, 전자(e^-)가 방출된 자리는

당무의 색깔을 띠게 하는 색소) 등의 다른 색소도 빛을 흡수하나 이러한 색소가 흡수한 빛에너지는 다시 엽록소로 전달된 다음에야 화학에너지로 바뀐다.

15) **단백질:** 엽록소－단백질 복합체뿐 아니라 그 외에도 여러 가지 단백질들이 있다. 그중 중요한 것은 단백질 조효소로서 전자(e^-)를 전달하는 시토크롬(cytochrome)이다. 시토크롬에는 철원자가 든 색소가 있기 때문에 철원자의 산화·환원을 통해 전자(e^-)를 전달할 수 있다(전자전달계). 그 외에도 망간, 철, 구리가 포함된 라멜라 단백질체들이 있는데 이 단백질들의 금속원자는 광합성에서 중요한 촉매기능을 한다. 물이 분해되어 산소가 발생하는 데에는 망간이 작용하며, 명반응에서 물과 마지막 전자수용체 사이에서 전자(e^-)를 전달하는 데에는 구리와 철을 지닌 단백질의 기능이 필요하다. 마지막 전자수용체인 페레독신(ferredoxin)은 철원자를 지닌 단백질이고 플라스토시아닌(plastocyanin)은 구리를 지닌 단백질인데 수용성이기 때문에 틸라코이드 공간을 이동하면서 전자(e^-)를 전달한다.

16) **퀴논(quinones):** 플라스토퀴논이라는 작은 분자들이 많이 있는데, 이들도 시토크롬과 마찬가지로 명반응의 여러 효소들 사이에서 전자를 전달하는 역할을 한다. 지질(脂質)에 녹을 수 있기 때문에 막에서 확산을 통해 전자를 하나 또는 둘씩 운반한다.

물분자를 광분해하여 얻은 전자(e^-)가 그 자리로 들어가게 되고, 방출된 전자(e^-)는 전자전달계를 거치면서 ADP를 ATP로 합성한 다음, 다른 엽록소 분자(P700, 광계 I 색소)로 이동하여 붙었다가 빛에너지에 의해 다시 전자(e^-)가 들뜬 상태가 되어 엽록소 분자로부터 떨어져 나가 환원제인 페레독신으로 이동한다. 이 이동한 전자(e^-)는 두 가지 경로로 갈 수 있는데, 한 경로는 NADP로 이동하고, 또한 경로는 전자전달계로 순환하게 된다. NADP로 이동한 2개의 전자(e^-)는 물의 광분해 과정에서 생성된 H^+ 2개를 받아 환원형인 $NADPH_2$가 된다(비순환적 광인산화). 또 전자전달계로 순환한 전자(e^-)는 ADP를 ATP로 합성한다(순환적 광인산화).

$$H_2O + NADP^+ + ADP \xrightarrow{solar} O_2 + NADPH_2 + H^+ + ATP$$

암반응은 엽록체의 스트로마에서 일어나는 반응으로, 명반응에서 생성된 ATP와 $NADPH_2$를 이용해 이산화탄소(CO_2)로부터 포도당과 같은 탄수화물을 합성하는 과정(Calvin 회로, 〈그림 7-19〉)이다. 암반응에는 무수히 많은 효소가 관여하고 있기 때문에 온도의 영향을 받는다. 암반응의 전체적인 반응식은 다음과 같다.

$$CO_2 + NADPH_2 + H + ATP \rightarrow NADP^+ + ADP + H_2O + \frac{1}{6} C_6H_{12}O_6$$

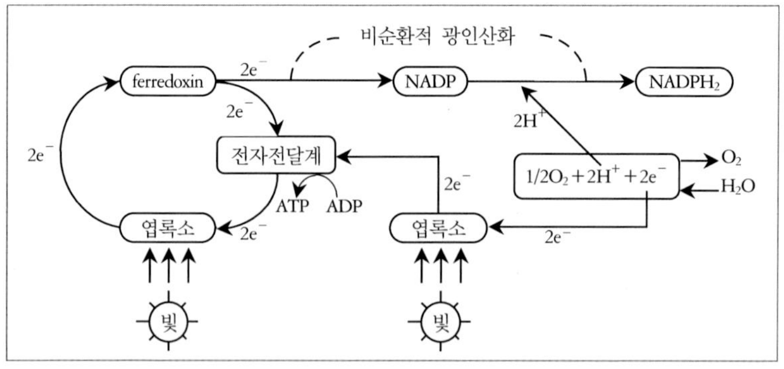

〈그림 7-18〉 명반응에서의 전자(e^-) 이동경로

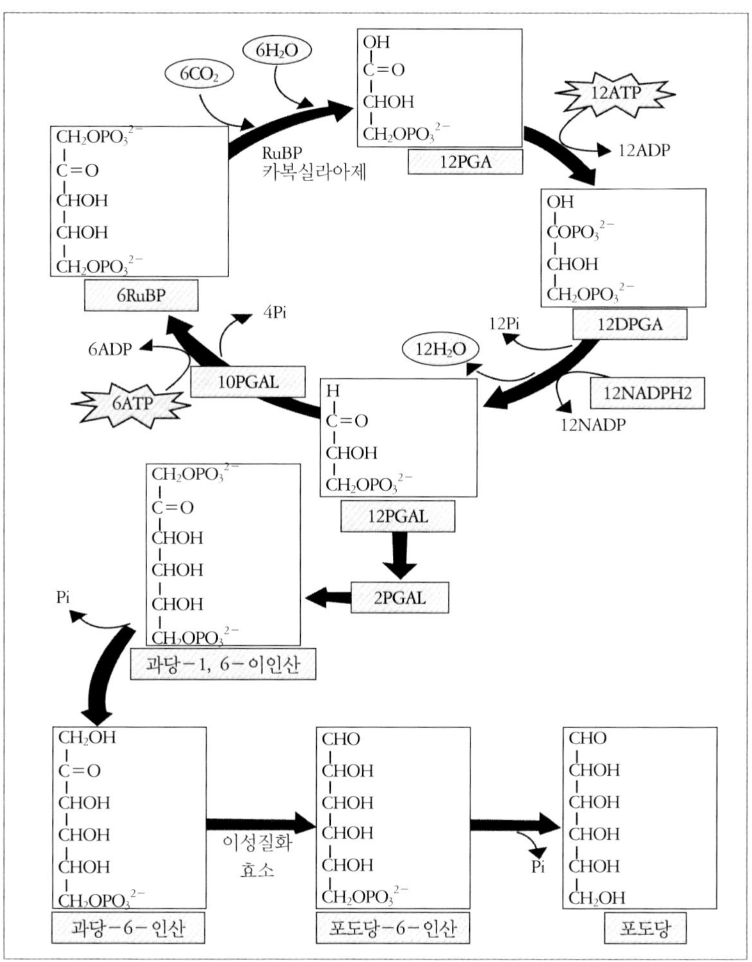

〈그림 7-19〉 Calvin cycle

그리고 이 반응이 진행되는 데에 필요한 에너지는 ATP에 의해 얻어지는데, 총 18개 분자의 ATP가 사용되어 18개 분자의 ADP로 바뀌게 된다

광합성의 전체 과정은 명반응에서 O₂가 생성되고, 암반응을 통해 탄수화물(포도당 등)이 합성되고 물이 생성되는 것이다. 광합성의 전체적인 식은 다음과 같다.

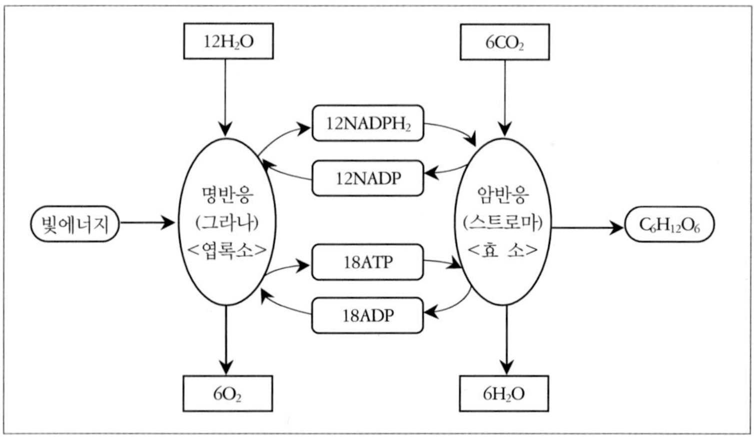

〈그림 7－20〉 광합성의 전 과정

$$CO_2 + 2H_2O \xrightarrow[\text{녹색식물}]{\text{빛}} (CH_2O) + O_2 + H_2O$$

그리고 이렇게 광합성을 진행하는 데 쓰이는 에너지는 궁극적으로 태양에서 오는 빛에너지이다(〈그림 7－20〉).

생물체의 에너지원인 ATP(adenosine triphosphate)는 아데노신(adenosine, 〈그림 7－21〉)과 같이 아데닌이라는 질소함유유기화합물에 오탄당(탄소원자가 5개인 탄수화물의 일종)이 붙어 있는 화합물이다. 아데노신에 인산기가 1개가 달리면 아데노신1인산(AMP)이라 하고, 2개 달리면 아데노신2인산(ADP)이라 한다.

ATP는 인산기가 3개 달린 물질을 말한다. 아데노신3인산은 모든 생물의 세포 내에 풍부하게 존재하는 물질이며, 생물의 에너지대사에서 매우 중요한 역할을 한다. AMP, ADP, ATP의 구조는 〈그림 7－21〉과 같다. ATP에 붙어 있는 인산기들은 인산결합에 의해 서로 연결되어 있다. ATP에서 가장 끝에 붙어 있는 인산기는 인산결합을 끊고 떨어져 나갈 수 있는데, 이때 표준 에너지 변화는 7.3kcal/mol이고 일반적으로 생체 내에선 마그네슘 이온 농도 등의 영향을 받아

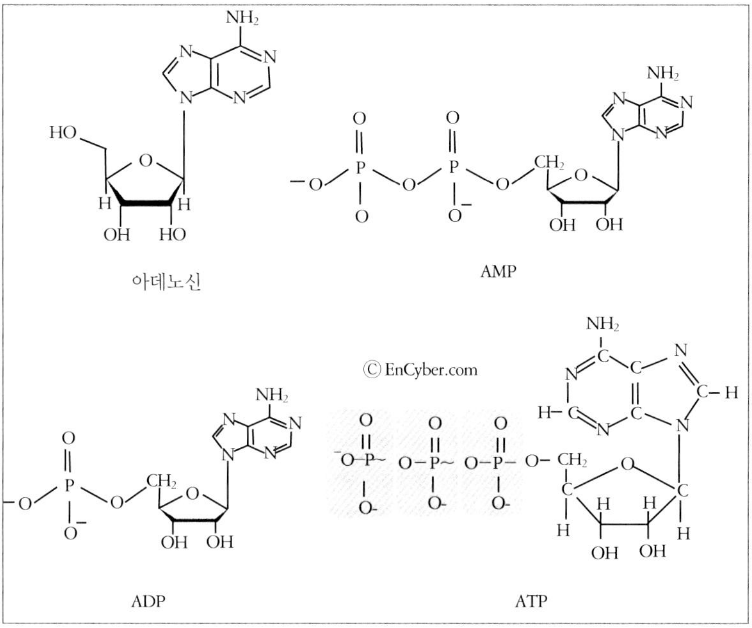

〈그림 7-21〉 AMP, ADP, ATP의 구조

11~13$kcal/mol$의 자유에너지가 방출된다. 생물체는 이 에너지를 이용해 활동한다. 이 때문에 ATP를 에너지원이라고 말한다.

ATP 한 분자에 물이 한 분자 들어가서 ATP의 마지막 인산기를 가수분해를 하고 다량의 에너지를 방출한다. 생체 내에서 1몰의 ATP분자가 방출하는 에너지는 11~13$kcal$나 된다. ATP에서 인산이 하나 떨어져 나가고 생긴 ADP도 가수분해가 되어 AMP가 될 때도 같은 양의 에너지가 방출된다.

$$ATP + H_2O \rightarrow ADP + H_3PO_4 + 11 \sim 13 kcal/mol$$

$$ADP + H_2O \rightarrow AMP + H_3PO_4 + 11 \sim 13 kcal/mol$$

또한 ATP는 생물체 내 에너지의 화폐(貨幣)라고 생각할 수 있다. 생물은 호흡을 통해 유기물을 분해하면서, 그때 나오는 에너지를 이용해 ADP를 ATP로 만들고 이를 저장한다. 그러다 에너지가 필요하면 다시 ATP를 가수분해하여 ADP로 만들면서 에너지를 만들어 낸다. 일을 하고서 돈을 벌어 두었다가, 필요할 때 돈을 쓰는 것과 비슷하다. 즉 ATP는 가치의 저장 수단인 화폐처럼 에너지의 저장 수단인 것이다. 저장 수단은 대량의 에너지를 저장할 수 있고, 저장이 쉽고 필요할 때 쉽게 방출시킬 수 있어야 유용하게 쓰일 수 있는데, ATP는 이러한 조건을 모두 갖춘 적절한 물질이다. ATP는 작은 분자이면서 고에너지를 저장하고 있는 물질이고, ADP를 인산화시켜 쉽게 저장할 수 있으며, 다시 가수분해를 통해 쉽게 에너지를 방출하기 때문이다.

이렇게 모든 생물은 유기물의 산화에서 생긴 에너지를 ATP라는 화합물 속에 일단 저장하였다가 필요에 따라 이를 가수분해하여 그때 방출되는 에너지를 이용하여 운동을 하고 체온을 유지한다. 또 생체전기를 발생시키기도 하고 생체발광(發光)을 일으키기도 하며 몸을 구성하는 고분자를 합성하기도 한다.

4) 광합성 수소생산

광합성 수소생산은 자연계에 존재하는 수소 생산력이 우수한 미생물이 태양에너지를 받아서, 광합성 작용에 의해 물을 분해하고 공기 중 이산화탄소를 고정화하며 균체가 성장하는 과정에서 수소를 발생하는 현상이다. 마치 식물체가 태양에너지를 이용하여 잎과 꽃을 피우고 열매를 주는 것과 유사한 광합성 작용이다. 그 예로, algae는 태양에너지 중 일정한 파장의 빛을 흡수하여 물로부터 수소를 발생시키고 동시에 미생물 자체가 성장한다. 또한 *Cyanobacteria*는 공기 중의 이산화탄소를 흡수하여 균체가 성장하고 이와 같이 생성된 균체는 일정 조건에서 태양에너지를 이용하여 수소생산 효소인 hydrogenase, nitrogenase에 의해 수소가스를 발생한다.

〈표 7-3〉 바이오 수소 생산방법의 분류

원료	방법	Chemistry
물	광합성 직접 물분해 (direct photolysis)	O_2 light ↗ $H_2O \rightarrow PS_{II} \rightarrow PS_I \rightarrow FD \rightarrow H_{2ase} \rightarrow H_2$
	광합성 간접 물분해 (indirect photolysis)	light $H_2O \rightarrow \rightarrow PS \rightarrow (CH_2O)$ ↗ CO_2 ↗ $(CH_2O) \rightarrow FD \rightarrow H_{2ase}, N_{2ase} \rightarrow H_2$
바이오매스	혐기발효 (Dark Fermentation)	dark $C_6H_{12}O_6 + H_2O \rightarrow 4\sim6H_2 + CO_2 + 유기산$
	광합성 발효 (Photosynthetic Fermentation)	light $유기산 + H_2O \rightarrow 4\sim7H_2 + CO_2$
	In Vitro Reaction	light $C_6H_{12}O_6 + GDH, H_{2ase} \rightarrow gluconic\ acid + H_2$
가스(CO)	전환반응 (Shift Reaction)	dark $CO + H_2O \rightarrow CO_2 + H_2$

식물이나 조류는 자체 내의 광합성 작용에 의해서 대사 중에 산소와 환원체를 만드는데, 이때 산소는 물로부터 발생하며, 식물은 공기 중의 이산화탄소를 탄수화물로 환원하여 식물체 내에 축적하지만, 식물체 내에는 수소생산을 촉매하는 효소인 hydrogenase가 존재하지 않으므로 양성자(H^+)를 수소로 환원하지는 않는다.

그러나 조류는 이산화탄소를 고정함과 동시에 양성자를 수소로 환원할 수도 있다. 물을 직접 생물학적으로 광분해하는 반응에서 전자는 물로부터 photosystem(PS) II와 PS I을 차례로 거치면서 전자전달체인 ferredoxin(FD)을 통하여 수소발생 효소인 hydrogenase로 흐른다. 그리고 조류 및 cyanobacteria에 존재하는 수소생산 효소에는 classical hydrogenase, uptake hydrogenase, nitrogenase가 있으며 균주에 따라 위 효소 모두가 존재하거나 일부가 수소생산에 관여한다. 이 효소들은 금속이온을 함유하는 고분자 물질로

Ni, Fe, Mo, 또는 Fe의 함량에 따라 여러 형태가 있으며, 효소작용에도 큰 영향을 준다. 이 세 효소 중에서도 cyanobacteria에만 존재하는 nitrogenase에 대한 연구는 수소생산과 관련하여 가장 많이 연구되고 있는데, 일반적으로 질소를 암모니아로 환원하는 역할을 하지만 질소가 존재하지 않는 조건에서는 양성자(H^+)를 수소로 환원하여 수소가스를 발생한다.

이 메커니즘은 비가역적이며, 수소 한 분자당 4ATP를 사용하는 에너지 소비가 높은 반응이다. 또한 가역적인 hydrogenase의 대사에너지와 비교하여 거의 2배 이상 소비하는 비효율적인 형태이며, 효소 자체가 크고, 반응이 느리며, 외부조건에 민감하다. uptake hydrogenase는 발생된 수소를 소비하는 효소로서, 수소생산을 최대화하기 위해서는 이 효소를 제거하거나, 그 활성을 최소화하는 방향으로 수소생산을 유도하고 있다. reversible hydrogenase는 조류 및 cyanobacreria를 적용하는 수소생산 기술에 가장 적합한 효소로서 직접, 간접적 수소생산 연구가 추진되고 있다.

$$H_2O \xrightarrow{ligh \quad \nearrow^{O_2}} PS\,II \to PS\,I \to FD \to H_2\,gas \to H_2$$

위의 반응식에서와 같이 물로부터 수소를 직접적으로 조류의 광합성 기작에 의해 발생하는 현상은 일시적이고, 실험실 조건에서 관찰된다. 즉 대부분의 조류는 광합성 조건에서 성장한 후에 혐기조건에서 일정시간 적응시키면 hydrogenase가 합성되며, 일정기간 동안 활성화되어 수소가 발생하는데, 이러한 현상은 광합성 동안에 축적된 유기물의 분해작용에 의한 것이다.

그러나 다시 정상적인 광합성 작용이 생기면 이산화탄소를 고정하고, 이 과정 중에서 물로부터 산소가 발생하여 수소생산은 정지한다. 이와 같이 광합성 분해에 의한 직접적인 물분해 수소생산은 광합성 작용에 의해 발생되는 산소에 의해 저해작용을 받는다. 이 반응에 관여하는 hydrogenase와 반응 자체가 동시에 발생하는 산소에 매우 민감하여 수소발생을 방해하기 때문이다. 이러한 과민반응을 극복하기 위하여 실험실적으로는 산소를 발생되는 대로 반응기 내에서 없애 버리는 기술을 시도하고 있으나 대량 생산시설에서는 실질적인 처리 방법이 되지 못하고 있다.

또한 물로부터 생물학적 기술에 의한 수소생산은 공기 중의 이산화탄소를 고정하고, 수소와 산소를 발생하는 원천기술로서 오래전부터 미국, 유럽에서 태양에너지를 이용하는 광합성 미생물의 분리, 개선 및 반응기에 관한 연구가 축적되어 왔으며, 바이오매스로부터 혐기 및 광합성 발효를 연속적으로 적용하는 기술은 비교적 최근에 일본을 비롯한 유기성 폐기물이 많은 국가에서 수소에너지 생산과 유기성 폐기물 처리라는 두 가지 목적에 부합하는 연구로 활발히 진행되고 있다.

10. 바이오가스

바이오가스는 메탄 박테리아가 유기물을 분해할 때에 발생하는 하나의 대사산물로서, 혐기성 소화작용으로 바이오매스에서 생성되는 메탄과 이산화탄소의 혼합 형태인 기체를 말한다. 바이오가스의 형태는 퇴비가스, 습지가스, 폐기물 등의 자연적으로 생성되는 것과 합성 제조된 가스도 있다.

혐기성 소화란 유기물을 분해하는 혐기성 미생물이 에너지를 얻기 위해 필요한 산소를 공기 중의 분자성산소(O_2)를 이용하는 것이 아니라 화합물에 결합된 산소(SO_4, CO_2, NO_2^- 등)를 이용하는 생물학적 공정이다. 공학적 설계에 의한 혐기성 소화조 내에서의 유기물소

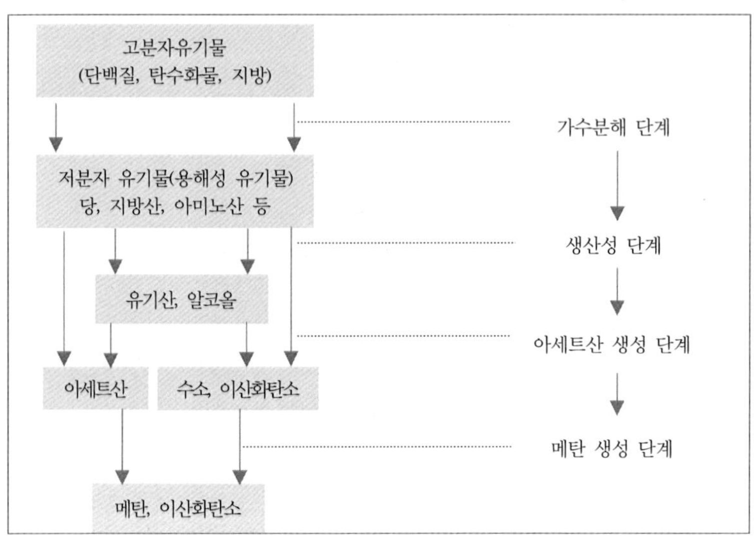

〈그림 7-22〉 혐기성 소화에 의한 가스생성단계

화는 밀폐공간인 반응조 내에서 일어나며, 가스발생량과 폐기물 분해속도의 극대를 위해서는 반응조 내 수분함량, 온도, pH와 같은 환경조건들이 중요하다. 일반적으로 혐기성 소화는 다양한 유기물을 분해, 안정화시키는 데 필요한 가수분해단계, 산생성단계, 메탄생성단계로 구성된다(2. & 6. **참고**).

유기성 폐기물을 처리하는 혐기성 소화 공정을 처리하는 반응조의 형태에 따라 완전혼합형, plug-flow형, covered-lagoon 혐기조로 구분할 수 있다.

완전혼합형 혐기성 소화조는 고형물 농도가 3~10% 사이일 때 적합하며 물분사식(flush) 시스템에 의해 수집되는 돈분 혹은 축산분뇨에 적합한 것으로 알려져 있다. 기계식 혹은 가스식 혼합시스템이 구비되어 고형물의 농도를 균등하게 유지하는 데 도움이 되지만 혼합에 사용되는 에너지비용 등 운영비용이 비싼 단점이 있다.

plug-flow형 혐기성 소화조는 고형물의 농도가 11~14% 사이일 때 적합하며 주로 스크레이퍼에 의해 수집되는 소 분뇨의 처리에 이용되는데, 물분사식(flush) 시스템에는 고형물 농도의 희석 때문에 부적합한 것으로 알려졌다. 본 시스템은 최소의 비용으로 운전이 되는 구동 파트가 소화조 내에 설치되어 있어 유지비용이 저렴한 특징이 있다.

covered-lagoon형 혐기성 소화조는 크게 두 부분으로 구성되어 있는데 불투수성 커버는 라군(lagoon)에서 혐기성 미생물의 유기물 분해에 의해 발생되는 바이오가스를 수집하기 위해 설치된 것으로 고형물의 농도가 2% 이하의 분뇨 처리에 적합한 것으로 알려져 있으며 냄새유발 방지 목적이나 추운 지방에서 주로 사용된다. 완전혼합형 및 plug-flow형 대비 가장 저렴한 유지비용을 소모하는 것으로 알려져 있다.

바이오가스에 대해서는 앞에서 충분히 논의하였으므로 2. & 6.을 참고하기 바란다.

11. 바이오 화학원료

최근 바이오 플라스틱을 비롯한 바이오 화학제품이 주변에서 쉽게 찾을 수 있을 정도로 눈에 띄는 성장을 보여 주고 있다. 바이오 화학산업은 앞으로 빠른 시간 내에 본격적인 성장기에 접어들 것으로 예상된다. 유전학 발전 및 대량화 기술개발 등으로 생산비용이 절감되고 있고, 식용자원 한계를 극복할 수 있는 풍부한 비식용자원의 이용 가능성이 대두되고 있으며 기존 석유기반제품 수준의 물성이 확보되고 있을 뿐만 아니라 고유가가 유지되고 있기 때문이다.

또한, 최근 들어 대형 화학기업들을 중심으로 석유의 리파이너리 개념(석유를 정제하여 석유화학 원료, 휘발유, 경유 등 다양한 제품을 생산하는 공정)을 도입한 바이오리파이너리(biorefinery) 위주로 사업을 확대하는 경향이 나타나고 있다. 바이오리파이너리를 도입하게 되면 제품 하나하나를 따로 개발하는 것이 아니라 플랫폼 화합물을 바탕으로 다양한 제품을 동시에 생산하는 것이 가능하기 때문에 기술개발 완료 시 사업 확대가 매우 용이하다고 할 수 있다. 다만 이를 위해 다양한 분야의 기술력이 필요하기 때문에 기술개발에 상당한 투자가 필요하다.

바이오 화학제품이란? 산업 바이오 기술에 의해 생산된 화학제품으로 정의할 수 있으며, 크게 연료 대체 제품(바이오에탄올, 바이오디젤 등), 석유화학 대체 제품, 정밀화학 대체 제품 등으로 나눌 수 있다. 연료 대체 제품의 경우 주로 수송용 연료인 휘발유나 경유 등을 대체하고 있으며 석유화학 대체 제품은 플라스틱 등을 대체하기 위해 개발되고, 정밀화학 대체 제품은 도료나 화장품 소재 등의 분야에서 개발이 활발하다.

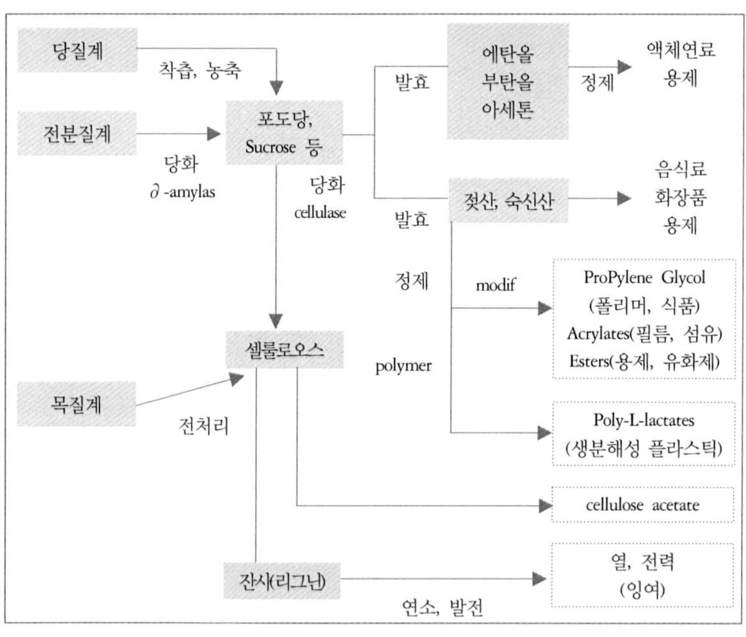

〈그림 7-23〉 biorefinery의 생성물

바이오매스 자원의 성상은 매우 다양하여 각종 바이오 화학원료를 생산할 수 있다. 바이오매스(당질, 전분, 목질계 등)는 농축 혹은 당화되어 포도당 등 저분자량의 당으로 분해될 수 있으며, 그중에서 목질계 바이오매스는 셀룰로오스라는 탄수화물의 형태를 거쳐서 당으로 분해되게 된다.

생성된 당은 발효를 통하여 에탄올, 젖산 등의 중간 발효 제품을 거쳐 정제, 농축, 변형(modify)되게 되면 알코올류, 아크릴산, 에스테르 등 화학원료를 생산할 수 있다.

목질계 자원의 경우 상기한 cellulose 외에 hemicellulose, lignin(리그닌) 그리고 송진류 등 다양한 추출물과 일부 무기물(회재)을 포함하고 있는데, cellulose와 hemicellulose를 제외한 리그닌과 그 외 물질들은 그 화학적 성상이 매우 불규칙하여 추출 분리되었을 경우 직접 연소하여 연료 등으로 사용하는 경우가 많았다.

셀룰로오스는 당화공정 전에 식물체에서 추출되는 탄수화물의 중합체로서, 가장 풍부한 자원이며 지구상에서 연간 750억 톤 정도가 광합성으로 생성, 자연분해 소멸되고, 그 자체로서도 종이, 셀로판, 사진필름, 멤브레인, 화약, 수용성 검 및 도료첨가제로서 이미 다량이 사용되고 있다. 셀룰로오스 유도체 폴리머로서 현재 가장 중요한 것은 cellulose acetate를 들 수 있다. cellulose acetate는 전 세계 연간 약 75만 톤이 제조 사용되고 있으며 사진필름, 인조견, 각종 열가소성 수지(멤브레인 포함) 그리고 라커의 원료로 쓰이고 있는 것이다. 그러므로 폴리머로의 사용량은 연간 생성량의 0.001%에 지나지 않으며 석유계 폴리머가 시장에서 퇴조할 경우 그 잠재력은 매우 크다고 할 것이다. 또한 목질계 자원에서 셀룰로오스를 추출하여 일부 고부가가치 cellulose계 폴리머 등 연관제품을 생산하는 기술도 biorefinery 기술에 포함될 수 있다.

특히 젖산은 중합공정을 거쳐 생분해성 플라스틱인 poly-L-lactates를 생산할 수 있다. 한편, 당화되기 전의 셀룰로오스는 종이 혹은 그 변형가공 제품인 cellulose acetate 등 고부가가치 목재화학 제품을 생산할 수 있으며 cellulose acetate는 사진필름, 인조견, 각종 열가소성 수지(멤브레인 포함) 그리고 라커의 원료 등으로 현재에도 다량으로 소비되고 있다.

12. 바이오디젤

바이오디젤(biodiesel)은 석유 기반인 경유의 대안으로 식물성 기름(oil, 상온에서 액체)이나 동물성 지방(fat, 상온에서 고체)과 같이 재생 가능한 자원을 바탕으로 제조되는데, 지방과 기름은 트라이글리세라이드(triglyceride) 혹은 트라이아실글리세롤(triacyl-glycerol)이며 두 용어는 글리세롤의 트라이에스터를 뜻한다.

기본적인 **반응원리**는 카르복시산($C_nH_{2n+1}COOH$, $R-COOH$)과 알코올이 반응하여 에스테르를 생성하는 에스터화 반응이다. 즉 산과 알코올이 반응하여 에스터를 형성하는 반응으로서, 이 반응은 알코올의 수소 원자가 카복실산의 아실기로 치환되는 형태이다. 일반적으로 카르복시산 이외의 산이 에스테르를 생성하는 반응과 산무수물, 산염화물 등이 알코올 및 페놀과 반응하여 에스테르를 생성하는 반응이다.

카르복시산과 알코올을 황산 등의 산촉매 존재하에서 반응시키면 다음 식에 따라 한 분자의 물이 떨어져 나가고 축합(縮合)하여 에스테르($C_nH_{2n+1}COOC_mH2m+1$, $R-COO-R'$)가 된다.

$$RCOOH + HOR' \Leftrightarrow RCOOR' + H_2O$$

이 반응은 가역반응으로서, 에스테르와 물을 혼합하면 거꾸로 카르복시산과 알코올로 되는데, 역반응은 가수분해(加水分解)라고 한다. 에스테르화와 가수분해 둘 다 산에 의해서 촉진되므로 황산을 촉매로 가하는 경우가 많은데, 황산은 탈수제로서 에스테르화반응을 촉진시키는 역할도 하고 있다. 다만, 페놀의 에스테르는 페놀이 산성이기 때문에 이 방법으로는 합성되지 않는다. 복잡한 구조로 화학반응을 일으키기 쉬운 카르복시산을 메틸에스테르로 하는 데는 디아조메탄(CH_2N_2)이 사용된다.

이런 반응과정을 거치면, 바이오디젤은 비방향족 식물성 기름과는 달리 경유와 매우 비슷한 연소 특성을 가지기 때문에, 현재 사용되는 대부분의 경우에 경유를 대체할 수 있다.

그러나 현재 바이오디젤은 순수 초저유황 연료의 낮은 윤활성을 향상시키기 위해 경유와 섞어 쓰는 경우가 많다. 바이오디젤은 재생 가능한 연료로서 현재의 엔진 기름을 대체할 수 있고, 기존의 시설을 통해 운반, 판매가 가능하기 때문에, 가장 중요한 교통 에너지 자원인 화석 연료의 유력한 대안으로 꼽히고 있다. 바이오디젤의 생산과 사용은 특히 유럽과 미국, 아시아에서 급격히 증가하면서 바이오디젤을 취급하는 주유소가 늘어나 소비자가 접할 수 있는 기회가 많아졌으며, 대형 선박의 연료에 바이오디젤을 혼합하는 경우가 늘어나고 있다.

150℃의 인화점을 가진 바이오디젤은 경유(64℃)에 비해 불이 잘 붙지 않고, 더구나 폭발하기 쉬운 휘발유(−45℃)보다는 안정적이다. 실제로 바이오디젤은 미국 산업안전보건청(OSHA)이 비가연성 액체로 분류하고 있다. 하지만 당연히 충분히 높은 온도가 되면 불이 붙는다. 이 같은 특성 때문에 순수 바이오디젤을 연료로 쓰는 차량은 사고에 더 안전하다고 볼 수 있다.

그러나 바이오디젤은 동결점이 경유보다 높아서(약 −5℃) 추운 기후에서 순수한 형태로 사용하는 데 제약이 있다. 또한 5℃ 이하에서는 유동성이 떨어져 연료 공급이 원활하지 못하다. 이러한 이유로 100%의 바이오디젤을 사용하는 것보다 경유와 혼합하여 사용하게 된다.

경유와는 달리 바이오디젤은 미생물로 분해되며 독성이 없다. 그리고 연료로서 연소될 때 독성이나 기타 배출물이 현저하게 적다. 메틸 에스터를 제조하기 위해서는 대개 메탄올을 사용하지만, 에틸 에스터 바이오디젤을 제조하는 데는 에탄올도 사용할 수 있다. 에스터 교환 과정의 부산물로 글리세롤이 생성된다.

$$\text{동식물 유} + \text{메탄올} \xrightarrow[\text{에스터화}]{\text{황산}} \text{바이오디젤} + \text{물} + \text{글리세롤}$$

현재 바이오디젤은 보통 경유보다 생산가가 높기 때문에, 이 점이 종종 대중화의 최대 걸림돌로 지적되고 있다. 원유 값의 상승에 따라, 바이오디젤의 경제규모는 앞으로 이 같은 현실이 뒤집어지는 것도 가능하다. 그러나 식물성 기름이나 동물성 지방의 전 세계 생산량은 액체 화석연료의 이용량을 대체할 수준에는 미치지 못한다. 일부 환경단체, 특히 천연자원 보호협의회(NRDC)에서는 더 많은 식물성 기름을 생산하기 위해 광범위한 재배가 이루어지고, 결국 과도한 비료, 농약의 사용을 빚을 것이라고 비판하고 있다.

13. 열화학적 변환

1) 개요

열화학적 변환이란? 일반적으로 열분해라고도 하는데, 무산소 또는 저산소 상태에서 바이오매스나 폐기물을 직·간접 가열하여 유기물질을 탄화시킨 후에 가스, 오일 및 char 등으로 열분해화, 가스화, 액화시키는 것을 말한다. 이와 같이 열화학적 변환의 성격은 적극적인 자원회수 측면에서 바이오매스나 폐기물에 복잡한 물리적

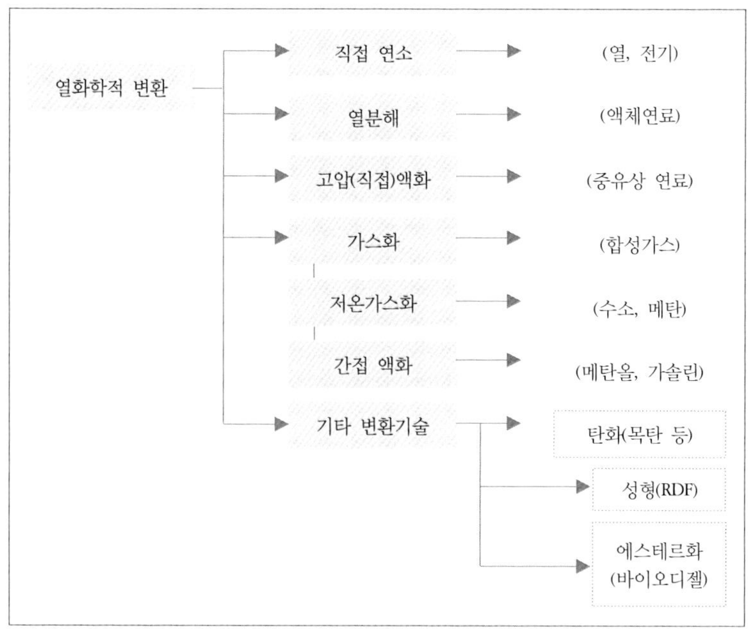

〈그림 7-24〉 열화학적 변환방법

및 화학적 변형을 가함으로써 수반되는 열전달과 화학반응, 물질전달이 동시에 혹은 순차적으로 일어나는 공정이다.

전 세계적으로 양질의 에너지자원을 회수할 수 있는 방안의 적극적인 모색이 이루어지고 있는 현실에서 열화학적 변환기술은 환경보전과 대체에너지 개발의 목표를 동시에 추구할 수 있다는 점에서 많은 관심을 끌고 있다.

열화학적 변환공정은 원료의 사용목적에 따라서 열분해, 가스화, 액화공정으로 분류할 수 있으며, 공정의 개발에 있어서 얻고자 하는 생성물의 수율을 높이는 것이 가장 중요한 문제가 된다.

열분해(pyrolysis)는 산소, 수증기 및 고온의 이산화탄소를 주입하지 않고 간접가열에 의하여 고체폐기물을 기체, 액체 및 고체 연료로 분해한다. 기체, 액체 및 고체 연료의 수율은 반응온도 등의 변

수를 조절함으로써 조절할 수 있으며, 반응온도에 따라 저온열분해
및 고온열분해로 분류할 수 있다. 저온열분해의 경우는 기체, 액체,
고체생성물이 동시에 발생하지만 주로 오일의 회수 쪽에 중점을 두
고 있다. 반면에 고온열분해는 약 1,000℃ 이상의 온도에서 수행하
며 발생물은 가스 및 열분해 잔류물인 char가 주요 성분이며, 특히
가스의 회수 및 이용에 목적을 두고 있다.

가스화(gasification)는 고체 바이오매스 또는 폐기물의 열분해
시 산소나 수증기, 고온의 이산화탄소와 반응시켜 연료가스를 얻는
다. 반응기에는 char를 생산하기 위한 열분해 부분이 포함될 수 있
으며, 열은 보통 char의 부분연소 과정에서 발생되어 연소공기에 의
해 전달된다.

액화(liquefaction)는 연료가스보다는 액상의 연료 및 원료를 얻
기 위한 공정으로 액체 생성물에 중점을 둔 열분해도 액화로 분류할
수 있다. 그러나 일반적으로, 촉매를 사용하는 용매수소화나 일산화
탄소와 수소의 합성가스를 생성시킨 후 촉매를 이용하여 메탄올, 고
분자 가솔린, 기타 저분자 유기액체를 생산하는 공정들을 일컫는다.

열화학적 변환(이하 열분해) 반응시스템에서는 최종생성물의 용
도에 따라 반응기의 형태 및 열 공급 방식이 결정된다. 반응기의 형
태는 화학공업에 등장하는 거의 모든 고체 취급 공정, 즉 고정층, 유
동층, 로타리 킬른 등이 열분해 반응기에 응용이 되고 있으며, 열공
급 방식에 있어서는 간접가열과 직접가열 기술들이 사용되고 있다.
이와 같은 열분해 방식은 외부의 온도상승으로 인하여 시료의 온도
가 상승하고 이로 인하여 시료 내의 분자결합구조가 파괴되며, 또한
시료의 용융 및 팽창으로 인하여 휘발분이 생성된 후 생성된 휘발분
이 이동하여 외부로 분출되는 과정이 이루어지고 있다.

간접가열 방식은 주 가열부가 열분해 반응기와 분리된 방식으로

반응기벽을 통하여 열이 전달되기 때문에 직접가열에 비하여 비효율적이긴 하나 가스 및 오일류 등 양질의 생성물을 회수하기에 적합하다.

직접가열방식은 원료나 열분해 반응기 내 보조연료의 부분연소에 의하여 열을 공급하는 방식으로 연소를 위하여 산소를 공급하기 때문에 생성가스에 상당량의 이산화탄소와 수분이 포함되어 열량이 저하되게 된다.

<표 7-4> 열화학적 반응 및 생성물

반응	상압/고압	반응조건	건조	생성물
열분해	상압	500~60°C, 상압	필요	액체 (중질상 오일 및 Char)
직접 액화	고압	250~350°C 7~10MPa	불요	액체 (중질상 오일)
저온가스화	고압	350~450°C 10~20MPa	불요	기체 (수소, 메탄 등)
가스화	상압	800~1,200°C, 상압	필요	기체 ($CO + H_2$ 등)

2) 열분해 반응

바이오매스나 폐기물은 가열됨에 따라 복잡한 일련의 물리·화학적 변화 과정을 거쳐 열분해된다. 이러한 열분해 반응은 대상폐기물의 종류에 따라 큰 차이를 보이며, 그 외에 반응온도, 가열속도, 반응기 내 체류시간, 압력 및 열분해 분위기 등의 영향뿐 아니라 시료의 크기, 반응기 형태 등 다양한 변수의 영향을 받는다. 따라서 대상폐기물 및 반응기에 적합한 변수의 선정이 중요하다. 고상 바이오매스는 열분해 과정에서 휘발분의 휘발에 의한 무게 감소 및 기상, 액상, 고상의 char를 생성하는데, 열분해 반응은 순차적으로 **5단계**에 걸쳐 진행된다.

① 유체로부터 전도 및 대류열과 반응기 벽으로부터의 복사열을

포함한 외부로부터 고체 반응물 표면으로의 전열

② 입자표면에서 내부로의 전열

③ 고체물질의 분해

④ 분해물이 고체 내부의 기공을 통한 입자 표면으로 확산

⑤ 입자표면에서 분해물이 경막을 통한 외부로의 물질전달

이러한 5단계의 반응속도는 열분해 온도, 가열속도, 반응기 압력, 유입 바이오매스의 크기 등의 운전조건에 따라 큰 차이를 보이기 때문에 생성물의 수율을 극대화시킬 수 있는 변수의 조작이 중요하다.

3) 목재의 열분해

목재는 저온에서 완만하게 열분해가 되어 탄소, 물, 산화된 가스 등을 생성하지만, 고온에서는 급격하게 열분해가 되어 저온에서 생성되는 분해물과는 다른 물질을 생성한다. 열분해와 생성물과의 관계를 보면 다음과 같다.

① 200℃ 이하: 탈수반응을 일으키며 주로 목재의 표면으로부터 수증기가 생성되고 그 밖에 소량의 이산화탄소, 초산 등이 생성된다.

② 200~280℃: 200℃ 이하일 때의 반응이 목재의 내부로 확대된다.

③ 280~500℃: 일산화탄소, 메탄, formaldehyde, methanol, 초산, 목탄 등이 생산된다.

④ 500℃ 이상: 이산화탄소, 일산화탄소(물과 탄소로부터), 수소, formaldehyde 등이 생성된다.

목재의 열분해 시의 최종산물은 목탄 이외에 목초액, 타르, 탄화가스가 발생하는데, 목초액은 보통 탄화목재의 약 5% 수준이며 목탄수량 대비로는 약 1/3에 해당한다. 목초액을 증류하면 녹아 있는 타르가 제거되어 투명한 황색~황홍색의 증류 목정이 나온다. 이 목정은 증류과정에서 타르류, 페놀류, 알데히드류 등의 수지류와 식초

산, 에스테르, 프로피온산, 낙산 등을 얻어 낼 수 있다.

활엽수를 원료로 탄화과정을 거친 후 생성된 목초액의 목정은 메틸알코올 65~70%, 아세톤 10~15%, 낙산메틸 10~15%, 아세트알데히드 1~3% 등으로 구성되어 있다.

또한 활엽수의 목타르 조성을 보면 초산 2%, 목정 0.65%, 수분 17.75%, 경유(비중 0.95) 5%, 중유(비중 1.043), 연피치 94.6% 등으로 구성되어 있다.

탄화가스는 보통 1m^3의 원자재로부터 80~100m^3의 탄화가스를 얻을 수 있다. 그 조성은 이산화탄소 45~55%, 일산화탄소 28~35%, 메탄 3.5~10%, 수소 1~5%, 에틸렌 2% 등으로 구성되어 있으며, 탄화가스의 열량은 약 2,000~3,000kcal/m^3에 이른다.

4) Cellulose의 열분해

cellulose를 300~500℃에서 열분해하면 저온에서는 levogluconic acid, furfural, fufane, 2−methylfurane 등이 생성되고 고온에서는 환상구조를 가지지 않은 acetaldehyde, propionaldehyde, acrolein, acetone 등이 증가된다. 이 중에서 levogluconic acid는 cellulose성 물질에 방재성을 부여하는 점에서 특히 중요하다. cellulose의 경우에는 결정 영역과 비결정 영역에서의 열에 대한 반응성이 다르다. 즉, 결정 cellulose의 열분해에서는 acetaldehyde, acetone 등이 생성되고, 열분해 초기에는 furfural의 양이 많지만 분해가 진행됨에 따라서 acetaldehyde, acetone 등의 양이 증가된다. 그러나 비결정 cellulose의 열분해에서는 결정 cellulose에 비하여 분해 초기에 furfural과 furane의 생성량이 급격히 증가된다.

5) Lignin의 열분해

lignin을 열분해하면 phenol, vanillin, p−cresol, o−cresol, syringa aldehyde 등의 방향족 화합물이 생성되며, lignin은 cellulose 와는 열적 성질이 서로 다른 넓은 온도 범위에서 완만하게 열분해가 된다.

6) Hemicellulose의 열분해

hemicellulose를 열분해할 경우에는 타르보다 가스가 많이 생성 되며 cellulose와 마찬가지로 다량의 수용성 건조물이 생성되지만 loevogluconic acid를 생성하지 않는 점이 cellulose와 다르다. hemicellulose는 열분해에 의하여 일산화탄소, 이산화탄소, methane, ethane, acetylene, ethylene, formaldehyde, acetaldehyde, 수 소 등의 가스가 생성되고 그 밖에 furfural, methylfurfual 등이 생 성된다.

그리고 hexose로부터는 3분자의 초산이 생성되고 pentosse로부 터는 furfural과 furane 유도체가 생성된다.

7) RDF

우리나라도 생활수준의 향상과 변화로 인해 도시폐기물 중에 종 이나 플라스틱 등의 가연성 폐기물 함량이 증가하고 있다. 이로 인 해 가연성 폐기물의 재활용을 확대하여 폐기물 에너지를 회수할 수 있는 방법의 하나로 RDF기술이 있다.

RDF(Refuse Drived Fuel)란 폐기물 고화연료를 의미하며 도시 폐기물을 가공 및 처리하여 수분, 탄소 함량, 입자크기 등을 조절하 여 고형화시킨 연료를 말한다.

(1) RDF의 제조공정

① 전처리공정: 도시폐기물의 유효성분을 선별하기 위한 전처리 과정으로 조대성분을 파쇄하여 자력선별기로 선별한다.

② 선별공정: 회전식 스크린 등을 이용하여 불순물(재, 불연물 등) 을 제거하는 공정으로 가연물 조성을 높이기 위한 공정이다.

③ 성형공정: 전처리 및 선별공정을 거친 폐기물을 압축, 성형하여 부피를 줄이거나 첨가물 등을 섞어 연소가 가능한 형태로 성형하는 공정이다.

(2) RDF의 종류

① fluff RDF: 도시폐기물을 분쇄하여 공기선별기나 자력선별기로 선별 후 40~50㎜의 chip 형태로 절단한 것인데 제조공정이 단순하고 간단하지만 bulk density가 작아 운반 및 보관이 효율적이지 못하다.

② pellet RDF: 부피를 줄이고 운반효율을 향상시킴과 동시에 단위 중량당 발열량을 증가시키기 위해 fluff RDF를 직경 10~20㎜, 길이 40~50㎜의 원통형 모양으로 압밀, 성형 가공한 것인데 유동층소각로에서 연소 가능하며 석탄과 혼합 연소하면 효과적이다.

③ powder RDF: Fluff RDF를 ball mill 등으로 분쇄하여 0.5㎜ 이하의 분말탄 형태로 가공한 것으로 분말탄의 연소형태를 유지시키기 위해 분말탄과 혼합하여 연소시킨다. 수분이 4% 이하로 제조되므로 영구적으로 보관이 가능하다.

(3) RDF의 장점과 단점

● 장점

① RDF는 재 등의 불순물을 감소시키고 가연성분의 함량을 높여 가공한 연료이므로 연소 시 발열량이 높다.

② 조성(성분)이 균일하므로 연소 시 안정된 연소를 한다.

③ 수분함량이 거의 10% 이하이므로 적정 연소온도에 이르는 시간이 짧다.

④ 불완전연소 가능성이 없어 CO 발생이나 다이옥신 발생 가능성이 적다.

⑤ 대기오염물질 발생이 적다.

⑥ 저장과 수송이 편리하다.

● 단점

① RDF 전용 소각로에만 한정되어 연소된다.

② 비산 분진의 발생 가능성이 있다.

③ RDF는 부패 가능성이 있다.

④ 제조업체가 대부분 영세업체이므로 원료의 신뢰성 확보가 문제 된다.

(4) RDF가 갖추어야 할 조건

① 칼로리가 높아야 한다(저위발열량이 최소 3,500㎉/kg 이상).

② Cl 함량이 문제가 될 수 있으므로 PVC 함량을 감소시켜야 한다.

③ 기존의 고형 소각로에 적용이 가능해야 한다.

④ 수분함량을 15% 이하로 조절해야 한다.

⑤ 재의 함량이 적어야 한다.

⑥ 대기오염이 적어야 한다.

⑦ 종이나 플라스틱 함유량이 높아야 한다.

(5) RDF 소각로가 갖추어야 할 조건
① 기존의 석탄을 연소시키는 소각로에도 적용이 가능하도록 개
발해야 한다.
② 일반소각로의 집진시설을 활용할 수 있어야 한다.
③ 열에너지 회수효율이 높아야 한다.

PART 08

연료전지

연료전지

1. 개요

연료전지(燃料電池, fuel cell)란? 연료(수소)의 화학에너지가 전기에너지로 직접 변환되어 직류전류를 생산하는 전지(cell)이다. 기존 전지와는 다르게 외부에서 연료와 공기[17)를 공급하여 연속적으로 전기를 생산한다. 수소[18)는 양극을 통과하고 산소[19)는 음극을

---

17) **공기**(空氣): 지구를 둘러싼 가스를 말한다. 해수면의 건조한 공기는 대략 78%의 질소, 21%의 산소, 0.93%의 아르곤, 그리고 이산화탄소, 수증기 등으로 이루어져 있다.

18) **수소**(水素, hydrogen): 주기율표의 가장 첫 번째(1족 1주기) 화학원소로 원소기호는 H(Hydrogenium)이다. 수소원자는 우주에서 가장 흔하며 가볍고 무색의 원자이다. 1족 원소로서는 유일한 비금속 원소이며, 동위원소로는 중수소와 삼중수소가 있다. 수소(水素)라는 이름은 풀면 '물의 재료'로, 독일어 wasserstoff에서 유래하였다. 온 세상에서 가장 흔한 원소이며, 실제로 두 개의 수소원자가 산소원자와 결합해 물을 구성하는 원소이다. 두 개의 수소원자로 수소기체를 이루게 되면, 급격히 불에 타는 가연성을 가진 연료이며, 양이온의 형태로 존재하면 금속을 부식시키는 등 산성 용액의 특징을 나타내는 주요한 원인이 된다. 실험실에서 수소의 존재를 확인하는 간단한 방법으로서, 수소는 성냥불을 대면 '퍽' 소리를 내며 탄다.

19) **산소**(oxygen): 화학원소의 하나로 원소기호는 O(라틴어: Oxygenium)이고 원자번호는 8이다. 상온에서는 맛이나 빛깔, 냄새가 없는 기체상태로 존재한다. 공기의 주성분으로, 지구뿐 아니라 우주 전체에 걸쳐 다른 원소와 공유 결합된 상태로 널리 퍼져 있다. 유리산소(산소 분자, O_2)가 처음으로 지구 대기에 나타난 것은 고원생대로, 혐기성 생물(세균 및 고세균)의 물질대사 과정의 부산물로 만들어졌다. 유리산소의 등장은 그 당시 대부분의 생물을 멸종으로 몰고 갔으나 반대로 산소를 이용하는 새로운 생물들이 진화하

통과하여 수소가 전기·화학적으로 산소와 반응하여 물을 생성하면서 전극에 전류를 발생시키고, 전자가 전해질을 통과하면서 직류전력이 발생된다.

연료전지는 '전지'[20]라는 말이 붙어 있기는 하지만 일반적인 전지와는 다르다. 전지는 닫힌 계[21]에 화학적으로 전기에너지를 저장하는 반면, 연료전지는 연료를 소모하여 전력을 생산한다. 또한 전지의 전극은 반응을 하여 충전·방전 상태에 따라 바뀌지만, 연료전지의 전극은 촉매작용을 하므로 상대적으로 안정하다.

연료전지의 연료와 산화제로는 여러 가지를 이용할 수 있다. 수소연료전지는 수소를 연료로, 산소를 산화제로 이용하며, 그 외에 연료로는 순수 수소를 이용하거나, 메탄이나 에탄올[22] 같은 탄화수

는 계기가 되었다. 산소는 대부분 광합성 작용으로 만들어지는데, 약 4분의 3은 대양의 식물성 플랑크톤과 조류가, 나머지 4분의 1은 육상 식물이 만든다.

20) **전지**(電池): 전류를 흘려주는 일을 하는 화학물질이다. 전해질에 금속이온이 녹으면 금속의 특성에 따라 전위차가 생겨 전류를 흘린다. 따라서 두 극판을 만들고 이에 전선을 연결하여 전류를 공급받는다. 볼타가 처음 만들었다. 장시간 동안 안정적인 전압을 출력하므로 순간적인 방전을 일으키는 콘덴서와는 구분되는데, 일반적으로 1차 전지와 2차 전지로 구분된다.
1차 전지는 일반 가정에서 사용하는 건전지처럼 한 번 쓰고 나면 다시 충전해서 쓸 수 없는 전지를 의미하며, 2차 전지는 다시 충전해서 사용할 수 있는 충전지를 통칭하는 말이다. 1차 전지에는 알칼리전지, 건전지, 수은전지, 리튬전지 등이 있으며, 2차 전지에는 니켈－카드뮴전지, 니켈－수소전지(NiMH battery), 리튬이온전지(Li－ion battery), 리튬이온폴리머전지(Li－ion polymer battery) 그리고 납축전지(Lead－acid battery) 등이 있다.

21) **열린계와 닫힌계:** 물을 컵에 넣고, 뚜껑을 닫지 않고 공기 속에 놓아두면 물은 차차 증발하여 없어져 버린다. 그러나 뚜껑을 단단히 닫아 두면 물은 없어지지 않는다. 이 경우의 물과 수증기처럼 관련이 있는 것을 합쳐서 계라 부르기도 한다. 위의 예에서는 컵 안에 있는 물과 컵 주위에 있는 수증기의 계에 대해서 증발의 문제를 생각할 수 있다. 여기서 뚜껑을 덮지 않은 상태를 열린계, 뚜껑을 덮은 상태를 닫힌계라고 한다. 뚜껑을 덮지 않은 컵과 같은 열린계에서는 물과 수증기가 공존하는데, 수증기는 컵 밖으로 자유롭게 퍼져 나갈 수 있기 때문에 컵에서 물질이 빠져나간다. 따라서 계 안에 있는 물질의 전량이 변화한다. 한편, 뚜껑을 덮은 컵과 같은 닫힌계에서는 수증기가 밖으로 빠져나가지 못하기 때문에 컵 안에 있는 물질의 전량은 변화하지 않는다. 이와 같이, 열린계와 닫힌계에서는 물질이 출입할 수 있느냐 없느냐의 차이가 있지만, 어느 계에서나 에너지는 출입할 수 있다.

22) **알코올**(alcohol)은 하이드록시기($-OH$)가 알킬 또는 치환알킬기 탄소원자에 결합된 유기화합물이다. 사슬형 알코올의 일반식은 $CnH_{2n+1}OH$이며 그중 에탄올(C_2H_5OH) 일반적으로 말하는 알코올은 술의 주성분인 에탄올(C_2H_5OH)을 뜻하며, 에탄올이 포함된 음료 자체를 뜻하기도 한다.

소23)로부터 생산된 수소를 이용하며, 산화제로 공기, 염소24), 이산화염소25) 등을 이용할 수 있다.

연료전지의 발전효율은 40~60% 정도로 대단히 높으며, 반응 과정에서 나오는 배출열을 이용하면 전체 연료의 최대 80%까지 에너지로 바꿀 수 있다. 게다가 천연가스와 메탄올, LPG(액화석유가스, propane gas), 나프타, 등유, 가스화된 석탄 등의 다양한 연료를 사용할 수 있기 때문에 에너지자원을 확보하기 쉽다. 또한 연료를 태우지 않기 때문에 지구 환경보호에도 기여할 수 있다. 또한 질소산화물(NOx)과 이산화탄소의 배출량이 석탄화력발전의 각각 1/38과 1/3 정도이며, 소음도 화력발전 방식에 비해 매우 적다는 장점이 있다.

이와 더불어 모듈화에 의한 건설기간의 단축, 시설 용량의 증감이 가능하고, 화력발전 방식에 비해 훨씬 적은 토지면적을 필요로 하기 때문에 입지선정이 용이하다. 따라서 도심지역 또는 건물 내에 설치하는 것이 가능하여 경제적으로 에너지를 공급할 수 있다. 연료전지는 기존의 화력발전을 대체할 수 있으며, 분산 전원용 발전소, 열병합 발전소, 더 나아가서는 무공해 자동차의 전원 등에 적용될 수 있다.

---

23) **탄화수소**(炭化水素): 탄소(C)와 수소(H)만으로 이뤄진 유기화합물을 말한다. 가장 간단한 탄화수소는 탄소 하나와 수소 넷으로 이뤄진 메테인(CH_4)이다. 대표적인 탄화수소로 석유와 천연가스가 있고, 가솔린, 파라핀, 항공유, 윤활유, 파라핀왁스 등도 모두 탄화수소 혼합물이다. 탄화수소는 알칸, 알켄, 알킨 등을 포함하는 지방족 탄화수소, 지방족 고리탄화수소, 방향족 탄화수소로 나눌 수 있다.
　　－지방족탄화수소: 포화탄화수소와 사슬모양의 불포화탄화수소를 합쳐 지방족탄화수소라고 한다.
　　－포화탄화수소: 이중 결합이나 삼중 결합이 없는 탄화수소. 알케인
　　－불포화탄화수소: 이중 결합이나 삼중 결합이 있는 탄화수소. 알켄, 알카인
　　－방향족탄화수소: 벤젠과 같이 공명 고리를 가진 탄화수소
24) **염소**(鹽素, chlorine): 할로젠에 속하는 화학원소로 기호는 Cl(라틴어: Chlorum)이고, 원자 번호는 17이다. 염화이온은 소금의 주요 성분으로, 자연계에 널리 분포하며, 특히 생명에게 필수적이다. 염소기체는 황록색으로 불쾌한 냄새를 띠고 공기보다 2.5배 무거우며, 생물에게 매우 유독하다. 염소용액은 산화제, 표백제, 살균제 등으로 쓰인다.
25) **이산화염소**(二酸化鹽素, chlorine dioxide): 염소와 산소로 이루어진 화합물로 분자식은 ClO_2이다. 과산화염소(chlorine peroxide)라고 불리기도 한다.

2. 연료전지의 원리

연료전지는 다른 전지와 마찬가지로 양극(+)과 음극(−)으로 이루어져 있는데, 음극으로는 수소가 공급되고, 양극으로는 산소가 공급된다.

음극에서 수소는 전자와 양성자로 분리되는데, 전자는 회로를 흐르면서 전류를 만들어 낸다. 전자들은 양극에서 산소와 만나 물을 생성하기 때문에 연료전지의 부산물은 물이다.

연료전지에서는 물이 수소와 산소로 전기분해가 되는 것과 정반대의 반응이 일어나는 것이다(〈그림 8-1〉).

연료전지의 구성단위는 셀(단위전지라고도 함)이라고 하며, 셀은 건전지의 플러스극과 같은 전극판(공기극이라고 함)과 마이너스극과 같은 전극판(연료극이라고 함)의 중간에 전해질[26]을 포함한 층이 있는 샌드위치와 같은 구조를 하고 있다(〈그림 8-2〉).

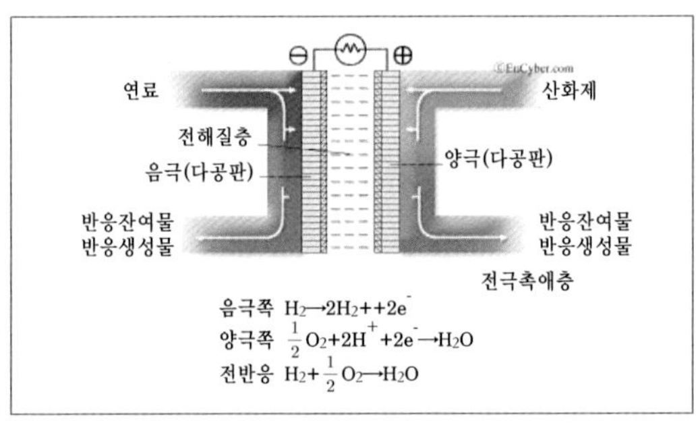

$$음극쪽\ \ H_2 \rightarrow 2H_2{+}+2e^-$$
$$양극쪽\ \ \frac{1}{2}O_2+2H^++2e^- \rightarrow H_2O$$
$$전반응\ \ H_2+\frac{1}{2}O_2 \rightarrow H_2O$$

〈그림 8-1〉 연료전지의 원리

---

26) **전해질**(電解質): 물에 녹은 상태에서 이온으로 쪼개져 전류가 흐르는 물질이다. 대표적인 전해질로는 염화나트륨, 황산, 염산, 수산화나트륨, 수산화칼륨, 질산나트륨 등이 있다. 염화나트륨은 고체 상태에서는 전류를 흘려보내지 않아 도체가 될 수 없지만, 수용액 상태에서는 전류를 흘려보내서 전해질이 될 수 있다. 강한산과 염기나 가용성 염은 강한 전해질이 되고, 약한산과 염기는 약한 전해질이 된다. 반대로 이온으로 나누어지지 않아서 전류가 통하지 않는 물질을 비전해질이라 한다.

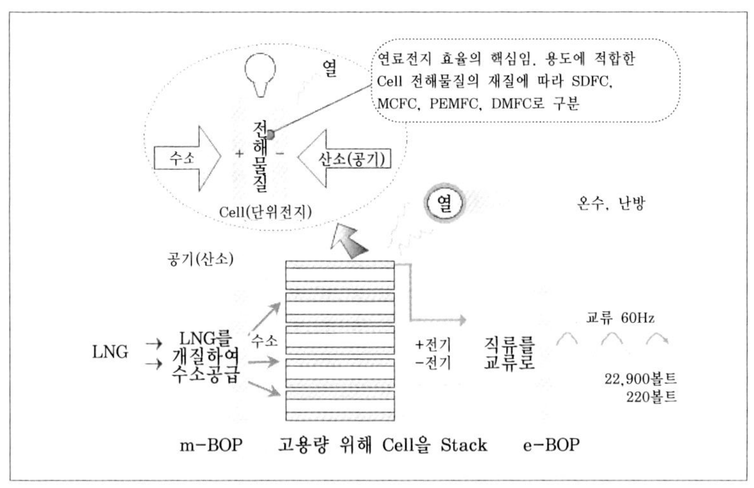

〈그림 8-2〉 연료전지의 구성도

셀이 겹겹이 쌓여 연료전지의 본체가 되는데, 이를 셀 스택(cell stack)이라고 한다. 이 셀 스택은 가로, 세로 $1m^2$, 두께 5~6㎜ 크기의 셀(단위전지)에서 발생하는 전기는 전압이 0.65V, 전력이 1.3㎾ 정도이다(현재는 세로, 가로의 치수로 50㎝~1m 정도의 것이 사용된다). 따라서 필요한 전기 출력을 얻기 위해서는 직렬로 셀을 겹쳐 쌓아 간다.

상하의 셀 사이에는 수소와 산소의 통로를 나누는 것과 동시에 전기적으로 연결 역할을 하는 분극판이 있다. 이 셀을 겹쳐 쌓은 cell stack(연료전지 본체)은 200㎾ 출력이 필요한 연료전지라면 200층 정도의 셀이 적층되는 것이다.

공기극과 연료극에는 수많은 좁은 도랑이 있고, 여기를 외부에서 공급된 산소(산소는 공기 중에 약 20%가 포함됨)와 수소(원료에서 개질한 수소 또는 순수 수소)가 통과하면서 반응이 일어난다. 수소는 전해질을 접하는 면까지 파고 들어가, 전자를 유리해 수소 ion이 되고, 전자는 외부 회로를 통해 밖으로 나간다. 전해질을 이동한 수

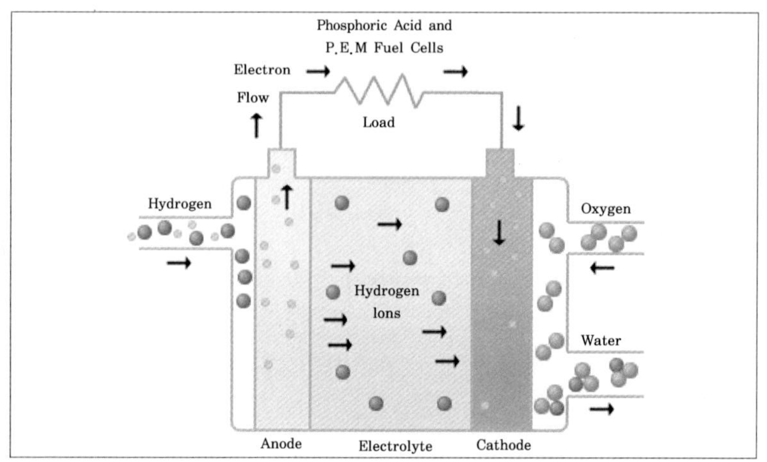

〈그림 8-3〉 연료전지의 원리(예: 고분자전해질)

소 ion은 반대 측의 전극에 보내진 산소 및 외부에서 전선을 통해 들어온 전자와 반응해 물이 된다. 즉, 전자와 ion으로 분리되는 것이 연료전지에 대한 원리의 중요한 점이다. 전자가 전선을 이동하는 것은 전류가 흐른다는 것이며, 전류가 흐른다는 것은 전기가 발생된다는 것이다(〈그림 8-3〉).

3. 발전시스템

연료전지 발전시스템의 구성은 연료변환기와 stack, 전력변환기 등으로 구성되어 있다(〈그림 8-4〉).

연료변환기(fuel processor)는 **연료 개질기**(fuel reformer)라고도 하는데, 화학적으로 수소를 함유하고 있는 연료인 LPG, LNG, 메탄, 석탄가스 메탄올 등으로부터 연료전지가 요구하는 수소를 많이 포함하는 가스로 변환하는 장치이다. 개질부에서는 연료를 수증기 개질, 부분산화, 자열반응 등의 촉매반응에 의해 연료를 수소가 풍부한 개질가스로 전환하는 역할을 하며, 일산화탄소 제거부에서는 개질가스전환 또는 선택적 산화방법과 같은 촉매 반응, 분리막을 이용한 수소의 정제 등과 같은 방법으로 개질가스로부터 일산화탄소를 제거한다.

stack은 원하는 전기출력을 얻기 위해 단위전지를 수십 장, 수백 장 직렬로 쌓아 올린 본체로서, 전해질이 함유된 단위전지(unit cell) 판과 연료극(anode), 공기극(cathode)으로 구성되어 있다. Stack에서는 수소원료의 화학에너지를 전기에너지로 변환시키는 역할을 하는데, 연료 개질장치에서 들어오는 수소와 공기 중의 산소로 직류전기 및 물의 부산물인 열을 발생시킨다.

전력변환기(inverter)는 **전력변환장치**(transformer)라고도 하는데, 연료전지에서 나오는 직류전원을 교류전원으로 변환시킨다.

이외에도 연료전지 발전설비의 효율을 높이기 위하여 연료전지 반응에서 생기는 반응열과 연료개질 과정에서 나오는 폐열 등을 이용하는 장치가 부수적으로 필요하다.

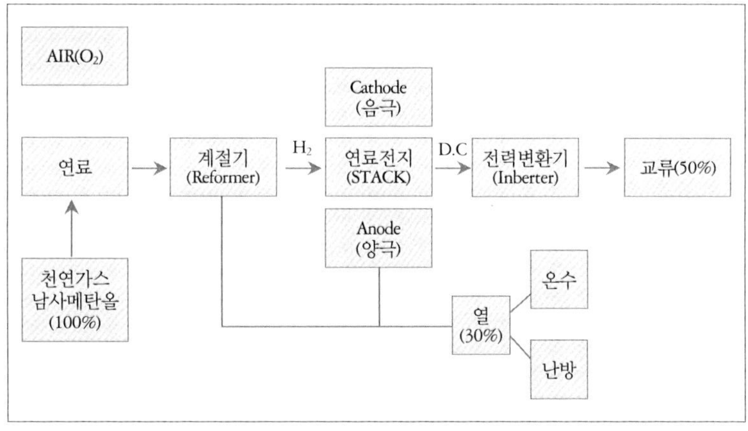

〈그림 8-4〉 연료전지 발전시스템 구성도

4. 연료전지의 종류

연료전지에는 알칼리형(AFC), 인산염형(PAGC), 용융탄산염형(MCFC), 고체전해질형(PEMFC) 등 여러 종류가 있다. 이 중에서 알칼리형은 우주선의 전력 공급용으로 많이 쓰이며, 인산염형은 소규모 발전용으로 연구되고 있다.

〈표 8-1〉 전해질의 종류와 발전온도

	인산형 (PAFC)	알칼리형 (AFC)	용융탄산염형 (MCFC)	고체산화물형 (SOFC)	고분자 전해질형 (PEMFC)	직접 메탄올 (DMFC)
전해질	인산형	수산화칼슘	용융탄산염 (Li_2CO_3 $+K_2CO_3$)	질코니아 ($ZrO_2+Y_2O_3$) 고체산화물	이온교환막 (Nafion) 이온+전도 성고분자막	이온교환막 (Nafion)
발전온도(℃)	150~200	상온~100	600~1,000	약 650	상온~80	상온~100
운전온도	200	80	650	1,000	85	25~300
주연료	천연가스, 메탄올	수소	천연가스, 석탄	천연가스. 석탄	수소, 메탄올	수소, 메탄올
효율(%)	35~45		50~60	50~60	40~50	20~30
용도	분산전원	특수목적	중·대용량 전력용	소·중·대 용량발전	정지용, 이동용	소형 이동
적용대상	분산전원	특수목적	복합, 열병합발전	복합, 열병합발전	소형 전원자동차	소형 전원자동차

1) 알칼리형 연료전지

알칼리형 연료전지는 전해질로써 수산화칼륨과 같은 알칼리를 사용한다. 연료로 순수 수소를 쓰며, 산화제로는 순수 산소를 쓴다. 운전 온도는 대기압에서 60~120℃이다. anode의 촉매는 니켈망에 은을 입힌 것 위에 백금-납을 사용하고, cathode는 니켈망에 금을 입힌 것 위에 금-백금을 쓴다.

알칼리 연료전지의 고효율화의 기본적인 목적은 자동차 산업의 전원 공급용이다. 알칼리 연료전지는 알칼리가 이산화탄소에 민감하기 때문에 인산형 연료전지의 개발보다 늦게 개발되었다. 알칼리형 연료전지 시스템에서 수소의 저장과 이산화탄소의 경제적인 제거는 알칼리 연료전지의 상업화에 가장 중요한 요소이다.

자동차의 경우에 알칼리형 연료전지가 확보할 수 있는 시장 비율은 경쟁성 기술에 의하여 영향을 받을 것이다. 알칼리형 연료전지 기술 전망은 수소 저장과 대규모 상업화를 시작하기 전에 유통망(distribution)의 개량을 필요로 한다. 과학자들에 의하여 오랫동안 주장되어 온 수소를 기초한 미래 자동차의 경제성은 알칼리형 연료전지의 상업화를 선호하게 될 것이다.

2) 용융탄산염 연료전지

용융탄산염 연료전지(Molten Carbonate Fuel Cell, MCFC)는 통상 2세대 연료전지로 불리고 있다. 다른 형태의 연료전지와 마찬가지로 높은 열효율, 높은 환경친화성, 모듈화 특성 및 작은 설치공간이라는 장점을 갖는다. 한편 650℃의 고온에서 운전되기 때문에 인산형 연료전지(PAFC) 또는 고분자전해질 연료전지(PEMFC)와 같은 저온형 연료전지에서 기대할 수 없는 추가적인 장점들을 갖고 있다. 고온에서의 빠른 전기화학반응은 전극 재료에 쓰이는 촉매로 백금 대신 저렴한 니켈의 사용을 가능케 하여 경제적인 생산이 가능해진다. 그리고 백금 전극을 이용할 경우 일산화탄소를 발생시킬 우려가 있어 사용하기 힘든 석탄가스, 천연가스, 메탄올, 바이오매스 등 다양한 연료를 MCFC에는 이용할 수 있다. 그리고 HRSG(Heat Recovery Steam Generator) 등을 이용한 bottoming cycle로 양질의 고온 폐열을 회수 사용하면 전체 발전 시스템의 열효율을 약 60% 이상으로 제고시킬 수 있다. 또한 MCFC의 높은 작동 온도는 연료전지 스택 내부에서 전기화학반응과 연료개질반응이 동시에 진행될 수 있게 하는 내부개질 형태를 허용한다. 이러한 내부개질형 MCFC는 전기화학반응의 발열량을 별도의 외부 열교환기 없이 직접 흡열반응인 개질반응에 이용하므로 외부개질형 MCFC보다 전체 시스템의 열효율이 추가로 증가하며, 시스템 구성이 간단해진다.

그러나 MCFC는 고온에서 부식성이 높은 용융탄산염을 사용하기 위한 내식성 재료의 개발에 따르는 경제성 문제 및 수명, 신뢰성 확보 등 기술적 검증이 아직 끝나지 않은 상태이다.

3) 고분자전해질 연료전지

고분자전해질 연료전지(Polymer Electrolyte Membrane Fuel Cell, PEMFC)는 수소이온을 투과시킬 수 있는 고분자막을 전해질로 사용한다. 다른 형태의 연료전지에 비하여 전류밀도가 큰 고출력 연료전지로서, 100℃ 미만의 비교적 저온에서 작동되고 구조가 간단하다. 또한 빠른 시동과 응답특성, 우수한 내구성을 가지고 있으며 수소 이외에도 메탄올이나 천연가스를 연료로 사용할 수 있어 자동차의 동력원으로서 적합한 시스템이다. 이와 같은 PEMFC는 무공해자동차의 동력원 외에도 분산형 현지설치용 발전, 군수용 전원, 우주선용 전원 등으로 응용될 수 있는 등 그 응용범위가 매우 다양하다.

4) 고체산화물 연료전지

고체산화물 연료전지(Solid Oxide Fuel Cell, SOFC)는 3세대 연료전지로 불리고 있다. 산소 또는 수소 이온을 투과시킬 수 있는 고체산화물을 전해질로 사용하는 연료전지로서, 1937년에 Bauer와 Preis에 의해 처음으로 작동되었다. SOFC는 현존하는 연료전지 중 가장 높은 온도(700~1,000℃)에서 작동한다. 모든 구성요소가 고체로 이루어져 있기 때문에 다른 연료전지에 비해 구조가 간단하고, 전해질의 손실 및 보충과 부식의 문제가 없다. 또한 고온에서 작동하기 때문에 귀금속 촉매가 필요하지 않으며, 직접 내부 개질을 통한 연료 공급이 용이하다. 고온의 가스를 배출하기 때문에 폐열을 이용한 열 복합 발전이 가능하다는 장점도 지니고 있다.

일반적인 SOFC는 산소 이온전도성 전해질과 그 양면에 위치한 공기극(양극, cathode) 및 연료극(음극, anode)으로 이루어져 있다.

공기극에서 산소의 환원반응에 의해 생성된 산소이온이 전해질을 통해 연료극으로 이동하여, 다시 연료극에 공급된 수소와 반응함으로써 물을 생성하게 되며, 이때 연료극에서 전자가 생성되고 공기극에서 전자가 소모되므로 두 전극을 서로 연결하여 전류를 발생시키는 것이 기본 작동원리이다.

5) 직접메탄올 연료전지

직접메탄올 연료전지(Direct Methanol Fuel Cell, DMFC)는 고분자 전해질 막을 사이에 두고 양쪽에 각각 음극과 양극이 위치한다. 음극에서는 메탄올과 물이 반응하여 수소이온과 전자를 생성한다. 생성된 수소이온은 전해질 막을 통해 양극 쪽으로 이동하고, 양극에서는 수소이온과 전자가 산소와 결합하여 물을 생성시킨다. 이때 전자가 외부 회로를 통과하면서 전류를 발생시키는 것이 작동원리이다.

실제 사용 시에는 출력을 높이기 위해 이러한 단위전지를 여러 개 묶어서 스택을 만들어 사용하는데, 일반적인 연료전지의 스택에서는 양극판(兩極板, bipolar plate)을 사용하지만 마이크로 연료전지에서는 단극판(單極板, monopolar plate)을 사용한다. DMFC는 고분자전해질 연료전지(PEMFC)와 똑같은 구성요소를 사용하지만, 메탄올을 개질하여 수소로 만들 필요가 없이 직접 연료로 사용할 수

있기 때문에 소형화가 가능하다. DMFC는 PEMFC에 비해 출력밀도
는 낮지만, 연료의 공급이 용이하고 2차전지에 비해 높은 출력밀도
를 갖기 때문에 자동차의 동력원으로서 2차전지를 대체할 수 있는
가능성이 매우 높은 것으로 알려져 있다.

6) 인산형 연료전지

인산형 연료전지(Phosphoric Acid Fuel Cell, PAFC)는 액체 인
산을 전해질로 이용하는 연료전지이다. 전극은 카본지(carbon paper)
로 이루어지는데, 백금 촉매를 이용하기 때문에 제작 단가가 비싸다.
그러나 카본지의 백금은 연료로서 공급되는 수소 가스 내에 포함되
는 일산화탄소에 의해 손상되지 않는다. 한편, 액체 인산은 40℃에서
응고되어 버리기 때문에 시동이 어려우며, 지속적인 운전 또한 제약
이 따른다. 그러나 150~200℃의 운전 온도에 이르게 되면 반응 결과
물로 생성되는 물을 증기로 바꾸어 공기나 물의 가열에 이용할 수 있
게 된다. 이렇게 발생되는 열과 전력을 합했을 때 전체 효율은 80%
에 이르며, 고정형 연료전지 시장에서 그 입지를 넓혀 가는 중이다.

5. 연료전지의 응용

● 자동차 응용

최근에 전 세계적으로 지구의 환경 문제가 중요한 관심사로 떠오
르고 있고, 이를 해결하기 위한 여러 가지 규제들이 국제적으로 제
정되어 환경보호를 위해 시행되고 있다. 이에 가장 중요한 환경공해
는 주로 석유연료의 사용에 의해서 발생되고 있는데, 국내에서 수송
수단이 차지하는 석유에너지 소모량은 '07년 현재 약 22%를 상회하
고 있으며, 전체 공해 발생량 중 차량 및 수송 수단에서 발생되는 것

의 약 50.3%를 차지하고 있고 해마다 계속 증가하고 있는 추세이기 때문에 차량에 의한 공해 발생을 절감시키는 것이 매우 중요하다.

이에 대응하기 위하여 저공해 자동차의 개발을 통해 공해 발생을 줄이기 위하여 전기자동차, 축전지와 내연기관의 하이브리드 자동차, 연료전지 자동차 등이 개발되고 있는데, 전기자동차는 운행거리를 충분히 확보할 수 있는 축전지 기술의 실용화에 한계가 있다. 이러한 내연기관과 전기자동차의 문제점을 해결할 수 있는 유망한 기술이 연료전지를 이용한 전기자동차이다.

● **전기자동차**

연료전지 자동차도 일종의 대체에너지를 이용한 전기자동차이지만 축전지 구동 전기자동차와 구분하기 위하여 축전지 구동 자동차를 전기자동차로 기술하여 연료전지 자동차와 구분한다. 연료전지 자동차와 비교할 수 있는 대상은 축전지 구동 전기자동차이다. 전기자동차로부터 직접 배출되는 매연의 수준은 연료전지 자동차에 비해 매우 낮다. 전기자동차에 대한 주요 공해원은 축전지를 충전하는 데 필요한 전기를 생산하기 위해 생기는 발전소에서의 공해이다. 따라서 충전을 위한 전력을 무공해 발전 방식인 태양광, 풍력 그리고 수력을 이용한 발전을 하였을 경우에만 전기자동차의 공해량이 연료전지 자동차의 공해량보다 낮은 수준이 된다.

이와 같이 전기자동차의 실용화는 전 세계적으로 그 필요성이 인정되어 있지만 지금까지는 기술개발, 표준화, 시험안, 국가지원, 인프라 연구 등 여러 가지 전기자동차 관련분야 중에서 오직 기술개발만을 목적으로 모든 연구가 진행되어 왔었다. 그러나 차량이 양산체제에 돌입하고 시판까지 이르기 위해서는 개발품에 대한 성능의 객관적인 평가가 무엇보다 필요하고 이는 개발자뿐만 아니라 소비자들에게도 중요한 것이다.

● 연료전지 자동차

연료전지 자동차는 전기자동차와 거의 특성이 비슷하여 구동 방법상 근본적인 차이는 없다. 다만 구동원을 위한 에너지원으로서 연료전지 자동차는 순수 수소 혹은 개질 수소를 사용하여 발생하는 전력을 사용하고, 전기자동차는 보통 발전소에서 공급하는 전력을 사용한다는 점이다.

● 가정의 전기·급탕 코제너레이션

LP가스 또는 도시가스를 연료로 사용하여 각 가정에 설치된 발전장치와 급탕장치를 이용해 전기와 난방, 온수를 사용할 수 있도록 하는 시스템으로 일본 등에서는 활발한 연구가 이루어지고 있으며, 거의 실용 단계에 와 있다.

● 마이크로 연료전지

현재 PDA나 휴대폰, PalmTop PC 등과 같은 휴대용 전자기기에는 리튬이온 배터리가 주로 사용되고 있다. 그러나 휴대폰의 경우 통화시간이 160분(표준형 배터리의 경우)에 불과하고, 재충전(recharge) 속도가 느리기 때문에(90% 충전에 30~60분 소요) 사용하는 데 불편한 점이 많다. 또한 리튬이온 배터리는 무겁고, 비싸며, 폐기 시 공해를 유발하는 문제점이 있다.

이에 비해, 마이크로 연료전지는 에너지밀도가 배터리에 비해 3배 정도 크며, 폭발 위험성이 전혀 없고, 폐기 시 공해를 발생시키지 않으며, 카트리지 형태의 메탄올 저장용기를 교환함으로써(refuel) 거의 무제한으로 사용이 가능하다. 따라서 연료통만 지니고 다니면

얼마든지 오랫동안 연료전지의 사용이 가능하므로, '1회 충전 시 가
능한 통화시간'이란 말이 전혀 무의미하게 된다.

수소에너지

수소에너지

1. 개요

수소(水素, hydrogen)는 주기율표 1A족에 속하는 원소의 하나이며 원소기호 H, 원자번호 1, 원자량 1.00797, 녹는점 −259.2℃, 끓는점 −252.8℃이다. 또한 질량수 2와 3의 동위원소 2H, 3H가 있으며, 이들을 중수소(重水素)라고 하며 1H를 경수소(輕水素)라고도 한다.

적당한 상태에서 수소는 주기율표상 거의 대부분의 가벼운 원소와 직접 결합하며, 상당히 많은 중원소와도 직접 결합한다. 금속과 결합한 경우에는 전자 1개를 얻어서 수소 음이온(H^-)이 되고, 비금속과는 전자를 서로 공유하여 메탄, 암모니아, 물, 염화수소와 같은 공유결합을 한 분자를 만든다.

수소를 태우면 물이 생긴다. 따라서 수소는 환경오염을 일으키지 않기 때문에 전기와 함께 인류의 궁극적 에너지로 인식되고 있다. 그런데 수소나 전기 모두 자연적으로 얻어지는 에너지가 아니고 다른 형태의 에너지를 투입해야만 얻을 수 있는 2차 에너지라는 공통점이 있다.

수소를 만드는 방법으로는 크게 화석연료를 이용하는 방법, 대체에너지를 이용하는 방법, 원자력을 이용하는 방법 등으로 구분된다. 수소 제조 원료로는 물이 가장 얻기 쉽고 풍부한 자원으로서 물을 전기분해하는 방법이 가장 효율적인 수소제조 방법이다. 다만 현 단계에서는 석유, 가스, 석탄 등 화석연료를 사용하여 수소를 제조하는 방법이 가장 경제적이어서 많이 이용되고 있다. 그러나 화석연료는 고갈성 에너지인 만큼 점차적으로 태양광, 풍력과 같은 대체에너지로 수소를 만드는 비중이 점점 증가될 것으로 예상된다.

앞으로는 산업용 기초 소재에서부터 일반연료, 자동차, 비행기, 연료전지 등 현재의 에너지 시스템에서 사용되고 있는 거의 모든 분야에 응용될 미래의 에너지원으로 평가되고 있다. 수소에너지의 장점을 요약하면 다음과 같이 정리된다.

- 수소는 연료로 사용할 경우에 연소 시 극소량의 NOx 발생을 제외하고는 다른 공해물질이 생성되지 않으며, 직접 연소에 의한 연료로서 또는 연료전지 등의 연료로서 사용이 간편하다.
- 수소는 가스나 액체로서 쉽게 수송할 수 있으며, 고압가스, 액체수소, metal hybride(금속수소화물 또는 수소흡장합금) 등의 다양한 형태로 저장이 용이하다.
- 수소는 궁극적으로는 무한정인 물을 원료로 하여 제조할 수 있으며, 사용 후에는 다시 물로 재순환이 이루어진다.
- 수소는 산업용의 기초 소재로부터 일반 연료, 수소자동차, 수소비행기, 연료전지 등 현재의 에너지 시스템에서 사용되는 거의 모든 분야에 이용될 수 있다.

2. 수소 제조원리

수소의 제조기술은 여러 가지 방법들이 있으나 현재까지는 주로 석유나 천연가스의 열분해에 의하여 제조되거나 다른 화학공정의 부산물로서 주로 얻어지고 있다. 그러나 장차 청정에너지 시스템에서 궁극적인 수소의 제조기술은 화석연료에 의하지 않고 대체에너지를 이용하여 물로부터 수소를 제조하여야 할 것이다.

물을 분해하여 수소를 제조하는 대표적인 방법으로는 광촉매법, 전기분해법, 열화학 사이클법, 생물학적 방법 등이 있으며, 저장하는 방법에는 물리 및 화학적인 방법이 있다(〈표 9-1〉).

〈표 9-1〉 수소에너지의 제조 및 저장방법

대분류	중분류	기술 개발 내용
제조	물로부터 수소 제조 (세계적으로 연구 단계임)	전기분해(SPE, 태양광 풍력 등 대체전원 이용 등)
		저온열분해(산화물, 유황화합물, 염화물, 불화물, 요오드화물 등)
		광촉매(금속산화물, 페롭스카이트, 제올라이트 등)
		바이오(광합성 직·간접, 협기 발효, 광합성 발효 등)
	화석연료로부터 수소 제조	수증기 개질(상용화되어 있음)
		플라즈마 개질(반응기, 플랜트 건설) → 미국 상용화
		고온열분해(이론정립, 촉매, 반응기) → 미국 개발 단계
	수소 정제	고순도 수소 제조(PSA, MH 이용 등) → 선진국 기술 확립
저장	물리적 저장	기체저장(상용화되어 있음)
		액체저장(저장용기, 극저온 연구 등) → 독일 상용화
		고체저장(재료, 고용량 저장, 무게 등) → 일부 상용화
		CHT(재료, 합성, 공정기술 등) → 선진국 개발 단계
	화학적 저장	CO_2이용 메탄올, 에탄올 합성(상용화되어 있음)
이용	이용	가정(전기, 열), 산업(반도체, 전자, 철강 등), 수송(자동차, 배, 비행기) → 수소의 제조, 저장기술이 확립되지 않아 실용화된 사례가 없음
	안전대책	역화 방지 등

1) 태양광분해법

태양광분해법은 태양에너지로 물을 분해하여 수소를 제조하는 것으로, 반도체소자를 이용하여 태양광을 전기에너지로 변환시키고 동시에 물 분해를 수행하는 광전기화학법, 광증감제나 광촉매를 이용하여 물의 분광학적 분해를 가져오는 광촉매법, 미생물을 이용하여 광합성과 같은 원리로 수소를 제조하는 생물학적 광분해법 등 여러 가지 방법이 있으나 대표적인 것은 광촉매법이다.

광촉매법에서는 반도체[27]의 전자적 구조가 반도체의 광촉매에 주요한 역할을 한다. 전도체와는 달리 반도체는 VB(valence band)와 CB(conduction band)로 구성되어 있다. 두 에너지 준위 사이의 차

---

27) **반도체:** 고체 물질은 전기전도도에 따라 보통 절연체, 반도체, 도체로 나뉜다. 반도체의 전도도는 절연체와 도체의 중간영역이며 일반적으로 온도, 조명, 자기장 및 미량의 불순물 원자에 따라 그 전도도가 민감하게 달라진다. 예를 들면 특별한 종류의 불순물을 0.01% 이하로 첨가하여도 반도체의 전기전도도를 100,000배 이상 증가시킬 수 있다. 원소반도체는 한 종류의 원자로 구성된 반도체로, 예를 들면 원소 주기율표 Ⅳ족의 규소, 게르마늄, 회색 주석(Sn) 및 Ⅵ족의 셀렌(Se)과 텔루르(Te) 등이 있다. 그러나 두 종류 또는 그 이상의 원소들로 구성된 수많은 화합물반도체도 있다. 이것들은 구성하는 원소의 수에 따라 이원화합물반도체, 삼원화합물반도체, 사원화합물반도체 등으로 불린다. 예를 들면 비소화갈륨은 이원 Ⅲ-Ⅴ족 화합물반도체로 Ⅲ족의 갈륨(Ga)과 Ⅴ족의 비소(As) 결합으로 이루어져 있다. 삼원화합물반도체는 3개의 다른 족의 원소에 의해서 형성될 수 있다.

고유반도체의 전기전도는 매우 작다. 높은 전도도를 얻기 위해서 의도적으로 불순물을 주입할 수 있다(어미원자의 1/1,000,000 정도). 이것이 도핑 과정이다. 예를 들면 규소원자 하나가 비소와 같은 5개의 최외각 전자를 가진 원자로 대치되면, 비소원자는 그 주위의 4개 규소원자와 공유결합을 형성한다. 5번째 전자는 전도띠에 '제공된' 전도전자로 된다. 규소는 전자가 첨가되었기 때문에 n-형 반도체가 되고, 비소원자는 주개(donor)이다. 이와 유사하게 붕소와 같이 3개의 최외각 전자를 지닌 원자가 규소원자를 대체했을 경우, 붕소원자 주위에 4개의 공유결합을 형성하기 위해서 전자 하나가 '받아들여지고' 가전자띠에는 양으로 하전된 양공이 생긴다. 이것은 붕소를 받개(acceptor)로 가지고 있는 p-형 반도체이다.

단결정 구조 내에서 불순물형이 받개(p-형)에서 주개(n-형)로 갑자기 변화하면 p-n 접합이 형성된다. p 쪽에서는 양공이 주된 운반자이며, 따라서 이것은 다수 운반자라고 부른다. p쪽에서는 열에 의해서 생성된 전자도 얼마간 존재한다. 이들은 소수 운반자라고 한다. n 쪽에서는 전자가 다수 운반자이고, 양공이 소수 운반자이다. 접합 근처는 자유전하 운반자가 없는 영역이다. 이 영역은 공핍층(depletion region)이라고 부르는데, 절연체처럼 행동한다.

p-n 접합의 가장 중요한 특징은 그것이 정류 작용을 한다는 것이다. 즉 전류가 한쪽으로만 흐르게 된다. 대표적인 실리콘(규소) p-n 접합의 전류-전압 특성을 보면, 순방향 인가전압이 p-n 접합에 걸리면(n 쪽에 대해서 p 쪽에 양의 전압이 걸리면) 대부분의 전하 운반자는 접합을 가로질러서 이동하고 그 결과 많은 전류가 흐를 수 있다. 그러나 역방향 인가전압이 걸리면, 불순물에 의해서 도입된 전하 운반자는 접합에서 멀어지는 방향으로 이동하기 때문에 처음에는 단지 작은 누설 전류만 흐른다.

전류의 크기는 역방향 인가전압이 증가해도 임계전압에 도달할 때까지 매우 작게 유지되다가 임계전압에서 갑자기 증가한다. 이 갑작스러운 전류 증가를 접합 파괴라고 부르는데, 이것은 보통 그에 의한 전력 소비가 안전한 값 내에 있을 경우에는 비파괴적 현상이다. 부과된 순방향 전압은 보통 1V 미만이지만, 항복전압이라고 부르는 역방향 임계전압은 1V 미만에서 수천 V까지 변화할 수 있다. 이는 접합의 불순물 농도와 그 외 소자의 매개변수에 의해 좌우된다.

이가 band gap energy(Eg)이며, 여기(excitation) 상태[28]가 아니면 전자와 홀은 VB에 놓인다. 밴드갭 에너지 준위와 같거나 보다 높은 에너지로 반도체가 여기상태가 되면 전자는 광자로부터 에너지를 받고, VB에서 CB로 이동하게 된다. TiO_2 반도체의 경우 반응은 다음과 같이 표현된다.

$$Tio_2 \xrightarrow{\;h\nu\;} e^-_{Tio_2} + h^+_{Tio_2}$$

광에너지에 의해 생성된 전자와 홀은 벌크 상태나 반도체 표면에서 빠르게 재조합되어 열이나 광자의 형태로 에너지를 방출하게 된다. 재조합이 일어나지 않고 반도체의 표면으로 이동한 전자와 홀은 반도체에 흡착된 반응물을 각각 환원, 산화시킨다. 환원과 산화 각각의 반응은 광촉매 수소생산의 기본 메커니즘이 된다.

나노 크기의 반도체에서는 반응 표면적이 증가하므로 광촉매 반응뿐만 아니라 표면흡착이 향상될 수 있다. 수소 생성을 위해서는 CB준위는 수소생산 준위(EH_2/H_2O)보다 훨씬 작아야 하고, 반면 광촉매에 의해 물로부터 효과적으로 산소를 생성하기 위해서 VB는 물 산화 준위(EO_2/H_2O)보다 훨씬 높아야 한다. 이러한 필요조건을 만족시키는 모든 반도체 물질은 수소생산을 위한 광촉매로 사용될 수 있다. 그러나 CdS와 SiC와 같은 대부분의 반도체들은 photo corrosion을 일으키기 때문에 물 분해에 적합하지 못하다. 따라서 높은 촉매 활성과 높은 화학적 안정성, 전자/홀 쌍의 긴 수명을 가지는 TiO_2가 광촉매로 많이 사용되고 있다. 현재, 태양으로부터 TiO_2광촉매 물

---

28) **여기상태**(勵起狀態): 바닥상태에서의 들뜸(勵起: excitation) 또는 충돌에 의한 복합입자의 생성 등에서 생기는 경우가 많다. 일반적으로 가열, 전자기파나 복사선·입자선의 조사(照射), 화학적·전기적 자극 등 많은 원인에 의해서 실현된다. 이 상태는 극히 짧은 동안만 계속되고, 원자·분자 간의 분해나 충돌이 없을 때는 $10^{-9} \sim 10^{-6}$S에서 원래의 상태로 돌아가 자연적으로 정해진 파장의 전자기파를 방출한다. 분자의 경우에는 이 밖에 진동이나 회전상태에 대한 들뜬상태가 생각되며, 들뜬상태가 된 결과 해리(解離)가 일어나는 경우도 있다.

분해에 의한 에너지 전환율은 아직 낮은 편이며, 이는 다음과 같은 이유로 해석된다.

① 광에너지로 생성된 전자/홀 쌍의 재조합: CB전자는 VB홀과 매우 빠르게 재조합되어 열이나 광자의 형태로 에너지가 방출된다.

② 빠른 역반응: 수소와 산소의 물 분해는 에너지가 증가하는 반응으로 물에서 산소와 수소가 재결합하는 역반응이 보다 쉽게 일어난다.

③ 가시광선 이용의 불가능: TiO_2의 band gap은 약 3.2eV로 UV 광선만이 수소생산에 사용될 수 있다. UV 광선은 전체 태양광의 약 4%를 차지하며, 반면 가시광은 약 50%를 차지한다. 따라서 가시광선을 사용하지 못한다는 것은 태양광을 이용한 광촉매의 수소생산 효율이 제한받게 된다.

이와 같은 문제점을 해결하고, 태양광 촉매반응에 의한 수소생산을 보다 용이하게 하기 위해서는 광촉매[29] 활성을 높이고 가시광 반

---

29) **광촉매:** 광촉매 이산화티타늄은 빛을 흡수하여 전자와 정공을 발생한다. 반도체 특성을 갖는 적당한 밴드갭(band gap: CB－VB) 에너지에 해당하는 빛에너지를 조사하면, 전자가 채워져 있는 가전자대(valence band: VB)의 전자는 이 빛에너지를 흡수하여 전자가 비어 있는 전도대(conduction band: CB)로 여기하게 된다.
가전자대에는 전자가 빠져나간 자리가 비게 되고 이것을 정공(hole)이라 하며 전도대로 여기된 전자를 여기전자(excited electron)라 한다. 정공과 전자는 쌍을 이루게 되며 전하 분리쌍(charge seperation pair) 또는 정공－전자쌍(hole－electron pair)을 이룬다. 전자와 정공은 대단히 강한 환원력과 산화력을 갖고 있다. 정공은 표면에 물분자를 산화시켜 자신은 원래의 상태로 되고 산화된 물분자는 ●OH 라디칼을 형성한다. 이 라디칼은 강력한 산화물질인 오존보다 큰 산화력을 갖는다. 여기된 전자는 재결합할 수 있는 자리가 없으면 표면에 흡착된 산소 등에 전자전이가 일어나며 전자를 받은 산소는 과산소라디칼을 형성하여 물 등과 반응하여 과산화수소를 형성하게 된다.
이렇게 발생된 과산화수소도 강력한 산화작용을 하게 된다. 만약 촉매 표면에 흡착된 유기물이 없으면 정공－전자쌍은 재결합하여 원래의 상태로 돌아간다. 광촉매 반응의 작용은 정공－전자쌍 간의 재결합과 산화－환원반응 간의 경쟁반응이며 전하분리쌍의 유지시간이 길면 길수록 산화환원반응이 유리하다.
따라서 광촉매의 성능은 가능한 한 긴 수명의 정공－전자쌍의 유지이다. 정공－전자 중 어떤 한 종을 먼저 제거하여 주면 재결합할 수 있는 자리가 없어지므로 계속적으로 반응이 유도된다.

응을 향상시켜야 한다. 그 방법의 일환으로 전자주게(electron donor) 혹은 홀 제거제(hole scavenger)의 첨가, 탄산염의 첨가, 귀금속의 담지, 금속이온의 doping, anion의 doping, dye sensitization, composite semiconductor, 금속이온 implantation 등이 검토되고 있다. 이들 중 몇몇 방법은 수소생산을 향상시키는 것으로 알려져 있는데, 이들 기술들을 요약하면 크게 전자주게의 첨가와 역반응 억제제의 첨가 기술로 구분할 수 있다.

(1) 전자주게의 첨가

광자에 의해 생성된 CB전자와 VB홀은 빠르게 재조합되기 때문에, 증류수를 TiO$_2$광촉매로 물 분해시켜 수소를 생산하기는 어렵다. 광자로 생성된 VB홀과 비가역적으로 반응하도록 전자주게를 첨가하여, 광촉매 전자−홀 쌍의 분리를 향상시키고 양자 효율을 높인다. 전자주게는 광촉매 반응에서 소모되므로, 수소생산을 유지하기 위해서는 계속적인 전자주게의 첨가가 필요하다.

탄화수소와 같은 유기화합물은 VB홀에 의해 산화될 수 있으므로 광촉매 수소생산을 위한 전자주게로 많이 사용된다. 남아 있는 CB전자는 광자를 수소로 환원시킨다. EDTA, 에탄올, 메탄올, CN$^-$, lactic acid, 포름알데하이드 등이 수소생산에 효과적이며, 수소생산 향상 정도는 EDTA＞메탄올〉에탄올〉lactic acid 순이다.

탄화수소의 첨가로 탄화수소가 분해되면서 수소가 발생한다. 또한 공해물질의 광촉매 분해도 수소를 생산할 수 있다. oxalic acid, formic acid, 포름알데하이드 등의 공해 물질이 전자주게로 작용하며, 이는 공해물질의 분해와 수소생산이 결합될 수 있음을 의미한다. S^{2-}/SO_3^{2-}, Ce^{4+}/Ce^{3+}, IO_3^-/I^-와 같은 무기물질이 수소생산을 위한 sacrificial reagent로 사용되는데, CdS가 광촉매로 사용될 경우, 다음과 같은 photo corrosion이 일어난다.

$$CdS + 2h^+ \rightarrow Cd^{2+} + S$$

S^{2-}의 sacrificial reagent가 첨가되면, 두 개의 홀과 반응하여 S를 형성하게 된다. 첨가된 SO_3^{2-}는 S를 $S_2O_3^{2-}$로 용해시켜 S가 CdS에 고착되는 것을 막는다. 그러므로 CdS의 photo corrosion을 막을 수 있게 된다. 또한 I$^-$(전자주게)와 IO_3^-(전자받게)가 산화/환원 매체 쌍으로 사용된다. 두 개의 광촉매가 각각 I$^-$과 IO_3^-를 매체로 수소와 산소를 생산한다. CB에너지 준위가 더 낮은 광촉매에서 수소생산을 위해서는 I$^-$이 홀을 제거하고, CB전자가 광자를 수소분자로 환원시킨다. VB에너지 준위가 보다 높은 광촉매에서는 IO_3^-가 CB전자와 반응하여 I$^-$을 형성하고 따라서 VB홀이 물을 산화시켜 산소를 발생하게 된다. 이러한 시스템에서는 광촉매 물 분해 시 sacrificial reagent의 소모 없이 수소와 산소를 생성하게 된다. rutile의 TiO$_2$는 산화에 대한 선택도를 가져 산소를 생산하고, anatase는 IO_3^-를 표면에서 생성한다. 따라서 이들 rutile과 anatase의 결합은 I$^-$/IO_3^- 쌍으로 이루어진 매체에서 수소생산을 높일 수 있다.

유사하게 Ce^{4+}/Ce^{4+}와 Fe^{3+}/Fe^{2+} 쌍들이 물 분해 수소생산에 효과적인 것으로 알려져 있다.

(2) 역반응 억제제 첨가

광분해의 역반응을 억제하기 위하여 Pt/TiO$_2$ 광촉매에 대해 Na$_2$CO$_3$의 첨가는 수소와 산소의 생산을 효과적으로 향상시키는 방법이다. 그 외 다양한 TiO$_2$, Ta$_2$O$_3$, ZrO$_3$ 등의 반도체 광촉매에 대해서도 Na$_2$CO$_3$가 수소와 산소 생산에 유리하다.

(3) Metal ion doping

Fe, Mo, Ru, Os, Re, V, Rh 이온들은 광촉매 활성을 증가시킬 수 있으며, 반면 Co, Al 이온들은 감소시키는 경향을 나타낸다. 금속이온들의 서로 다른 효과는 전자/홀의 trap과 전달 능력의 차이에 의한다. 예를 들어, Cu, Fe 이온들은 전자뿐만 아니라 홀도 trap할 수 있으며, 불순물의 에너지 준위가 TiO_2의 CB, VB 가장자리 근처로 형성된다. 그러므로 Cu, Fe 이온의 도핑이 광촉매 활성의 향상을 위해 사용될 수 있다.

한편, 전이 금속이온에 대한 다른 조사에 의하면, Cu, Mn, Fe이온들이 전자와 홀 양쪽을 모두 trap할 수 있어, 한쪽만 trap하는 Cr, Co, Ni에 비해 더 유리하다. 또한 희토류 금속이온에 대한 조사에 따르면 Gd이온이 도핑되었을 때 광촉매 활성이 가장 효과적이다. WO_3는 proton을 수소로 환원시킬 수는 없으나, 여기에 Fe, Co, Ni, Cu, Zn 의 전이금속 이온이 도핑되면 이들 전이금속 이온들이 산화물 형태로 존재하면서, proton을 수소로 환원시킬 수 있게 된다. FeO, CoO, NiO, Cu_2O 등은 EH_2/H_2O보다 CB 준위가 더 negative하여, CB 전자가 proton을 환원시킬 수 있다. 반면 ZnO는 WO_3의 CB로부터 전자를 잡을 수 없어 다른 금속 이온에 비해 덜 효과적이다. 그 밖에 Be 이온이 TiO_2에 최적화된 값으로 도핑되면, 수소생산에 있어서 도핑되지 않은 TiO_2에 비해 약 75%가 증가된다.

TiO_2의 광촉매 효과는 금속이온 도핑 방법과 도핑 양과 깊이 등에 매우 민감하게 영향을 받는다. 따라서 금속이온의 도핑에 의한 광촉매 수소생산의 특성을 파악하기 위해서는 보다 체계적인 비교조사가 필요하다.

(4) Anion doping

가시광 영역에서 수소생산을 개선하기 위해서 음이온의 도핑이 새로이 시도되고 있다. TiO_2결정에 N, F, C, S 등의 음이온을 도핑하여 가시광 영역에서 광반응이 일어나도록 하는 것이다. 양이온인 금속이온과는 달리, 음이온은 재조합의 중심역할이 적기 때문에 광촉매 활성을 효과적으로 향상시킬 수 있다.

(5) Dye sensitization

에너지 전환을 위한 가시광선의 사용을 위해 염료 첨가에 의한 민감화가 폭넓게 사용되고 있다. 산화/환원 성질과 가시광에 대한 감도를 가지는 몇몇 염료들은 태양전지와 광촉매 시스템에 사용되고 있다. 가시광이 조사될 때, 여기된 염료는 전자를 반도체의 CB로 주입하여, 촉매반응을 개시하게 된다. 반도체가 없더라도 safranine O/EDTA와 T/EDTA와 같은 몇몇 염료는 가시광을 흡수하여 수소생산을 위한 강한 환원제인 전자를 생산한다.

그렇지만, 전하를 효과적으로 분리시키는 역할을 하는 반도체 없이 염료만을 이용한 수소생산 속도는 매우 낮다. 수소생산 속도를 높이기 우해서는 가시광을 효과적으로 흡수하고, 여기된 염료로부터 TiO_2의 CB로 전자가 잘 전달되어야 한다.

(6) Composite semiconductor

가시광을 이용한 수소생산의 또 다른 방법으로 반도체를 혼합시키는 방법이 있다. band gap이 큰 반도체가 더 negative한 CB 준위를 가진 작은 band gap의 반도체와 혼합되면, CB 전자가 작은 band gap의 반도체로부터 큰 band gap의 반도체로 주입될 수 있다. 따라서 폭넓은 전자-홀 분리가 일어날 수 있다. 이러한 과정은 염료 민감화 과정과 유사하며, 차이점은 전자가 여기된 염료로부터 반도체로 전달되는 것이 아니라 하나의 반도체로부터 다른 반도체로 전달된다는 점이다. WO_3와의 혼합은 광촉매 산화반응에는 적합하나, proton을 환원시킬 수 없어 수소생산에는 적합하지 못하다. 반면 SiC 와의 혼합은 SiC의 CB로부터 TiO_2의 CB로 전달된 전자가 EH2/H2O 보다 더 negative한 값을 가지므로, UV에 의한 수소생산에 적합하다. 또한 RuS/TiO_2-SiO_2도 proton의 환원을 통한 수소생산이 가능하다.

(7) Metal ion-implantation

가시광 반응을 높이기 위한 반도체 전자 구조를 개선하는 방법으로 최근 금속이온의 implantation이 사용되고 있다. 고전압으로 가속된 고에너지의 전이금속 이온으로 TiO_2에 충격을 가하면, 고에너지의 이온이 격자 내로 주입되어 TiO_2와 상호작용을 일으킨다. 이 과정을 통해 TiO_2의 전자 구조가 개선되어 600㎚까지의 가시광에 광반응하게 된다. 현재 태양에너지를 이용하기 위한 가장 효과적인 광촉매를 얻는 방법으로 금속이온의 implantation이 사용되고 있다.

2) 열화학 사이클법

물 분해를 단계적 반응으로 나누어 비교적 낮은 온도(1,300K 이하)의 화학반응들로 구성하여 전체적으로는 물을 분해하는 폐사이클(close cycle)이 되도록 할 수 있는데, 이것이 열화학법에 의한 수소 제조 방법이다. 열원으로는 고온의 가스로 또는 집열된 태양열, 핵반응로, 제철소 용광로 폐열 등을 이용할 수 있다. 흡열반응에 필요한 열과 발열 등을 상쇄하면 이론상 전기분해법보다 높은 열효율을 얻을 수 있으므로 1967년 이래 200여 개가 넘는 많은 사이클이 제안되어 있는 상태이며, Hagenmuller는 이를 다섯 가지로 분류한 바 있다.

즉 (1) 수증기와 염소로부터 산소를 발생시키는 deacon equilibrium
을 이용한 사이클, (2) 수증기와 탄소 또는 일산화탄소의 산화반응을
이용하는 사이클, (3) 여러 산화상태를 가지는 전이금속 산화물을 이
용하는 사이클, (4) 할로겐화합물을 이용하는 사이클, (5) 혼성 사이
클로 분류하고 있다. 혼성 사이클을 이용하는 기술은 순수 열화학 사
이클의 보완 및 개선의 일환으로 많이 연구되고 있는 것으로, 주로
전기분해 방법을 병용하는 것들이 대부분이나 일부 광화학 방법을
이용하는 기술의 개발도 이루어지고 있다. 열화학법의 열화학적 원
리는 가장 간단한 2단계 화학반응으로 물을 분해하는 경우 사이클 물
질을 A와 B라고 하면 다음의 반응식으로 나타낼 수 있다.

$$A + H_2O \rightarrow AO + H_2(g) \tag{9.1}$$

$$AO \rightarrow A + 1/2\ O_2(g) \tag{9.2}$$

$$또는,\ B + H_2O \rightarrow BH_2 + 1/2\ O_2(g) \tag{9.3}$$

$$BH_2 \rightarrow B + H_2(g) \tag{9.4}$$

예를 들어 A로서 알칼리금속을, B로서 Cl_2를 선택하면 (9.1),
(9.3)의 반응은 용이하게 진행하나 (9.2), (9.4)의 반응은 어렵다. 이
와 같이 산화력(또는 환원력)이 큰 물질을 선택하는 것은 한편으로는
잘 맞으나 다른 편으로는 곤란하여 전체적으로 사이클이 원활히 진
행되지 않는다. 그래서 이들의 중간적 성질을 갖는 금속(Hg 등)이나
스스로 산화력과 환원력을 동시에 갖는 원소(S, Br, I 등)를 사용하
고 반응조건(산성, 염기성, 또는 기액고상 등)을 써서 분리하여 양 반
응이 진행할 수 있는 계를 찾아내는 방향으로 연구가 진행되고 있다.
따라서 이러한 과정은 사이클의 다단계를 동반하게 된다. 이탈리아
lspra연구소(EC 유럽공동체 부설)에서 제안되었고 세계 최초로 실험
적 검토를 행하였던 예로서 유명한 Ispra Mark I사이클에서는 Hg를
HBr과 반응시켜 H_2를 얻고 생성된 HgBr를 염기성에서 HgO로 한다.

다음 HgO의 열분해에서 O_2를 생성하며, HgBr로부터 HgO를 만드는 과정은 $Ca(OH)_2$를 이용하는데, 이 사이클은 1,000℃ 이하에서 물 분해의 가능성을 보여 준 것으로 역사적 의의가 크다.

열화학 사이클 측면에서, 일반적인 물의 단계적인 열화학 분해과정을 예를 들어 보면 다음과 같이 쓸 수 있다.

$$H_2O + XY \rightarrow H_2Y + XO(가수분해) \tag{9.5}$$

$$H_2Y + Y' \rightarrow YY' + H_2(수소발생) \tag{9.6}$$

$$XO + X' \rightarrow XX' + 1/2 O_2(산소발생) \tag{9.7}$$

$$XX' + YY' \rightarrow XY + X' + Y'(순환물질\ 재생) \tag{9.8}$$

위의 화학식에서 XY, X', Y'은 사이클을 조합하는 데 관여하는 보조물질들이다. 먼저 (9.5)의 반응에서 물은 수소를 포함하는 화합물과 산소를 포함하는 화합물로 변하며 이는 가수분해 반응이다. 이 반응을 이용하여 수소 또는 산소를 발생시키는 것이 가능하다. 물분자에서 수소−산소의 결합력은 아주 강하며, 이는 물이 안정한 물질임을 말해 주는 것으로 이 결합을 각기 결합력이 약한 원소들과의 결합으로 변화시켜 물로부터 안정성이 작은 화합물로 변화시키는 것이 이 가수분해 반응의 목적이다. (9.6)의 수소발생 반응에서는 수소를 포함한 화합물을 열분해하거나 또는 적당한 물질 Y'과 반응시켜 수소를 발생시키는 것이다. (9.7)의 산소발생 반응에서는 산소를 포함한 화합물을 열분해하거나 적당한 보조물질 X'과 반응시켜 산소를 발생시킨다. (9.6) 또는 (9.7)의 반응에 이용되는 보조물질 XX', YY'는 원래의 상태 XY, X', Y'로 돌아갈 필요가 있으므로, 이를 (9.8)의 재생반응에서 행한다.

물의 열화학분해 과정은 크게 나누면 위와 같은 네 가지 반응으로 분류할 수 있으며, 실제 어떤 순환물질을 사용하느냐에 따라 반응양식이 달라지는데 순환물질에 따른 반응은 다음과 같다.

- 금속 또는 금속산화물과 수증기와의 반응 일반식은 다음과 같이 나타낼 수 있다.

$$2M + nH_2O \rightarrow 2M(n)On/2 + nH_2 \qquad (9.9)$$

또는 $2M(n)On/2 + mH_2O$

$$\rightarrow 2M(n+m)O(n+m)/2 + mH_2 \qquad (9.10)$$

여기서 $M(n)$, $m(n+m)$의 괄호 안의 로마자 n, m은 금속의 원자가 상태를 표시한다. 반응식에서 보는 바와 같이 금속 또는 금속산화물이 산화하여 결과적으로 물로부터 산소를 떼어 내고 수소를 발생시킨다. (9.9)와 (9.10)의 두 반응식은 산화물의 생성반응과 물의 분해반응을 조합시킨 것이라고 할 수 있다. 즉 (9.9)식은 다음과 같은 분해반응이다.

$$2M + n/2O_2 \rightarrow 2M(n)On/2 \qquad (9.11)$$

$$nH_2O \rightarrow nH_2 + n/2O_2 \qquad (9.12)$$

산화물의 생성반응에서 산화물의 값과 물의 값과의 차이가 (9.9), (9.10)반응의 자유에너지 변화이다

- 금속과 산과의 반응 일반식은 아래와 같이 쓸 수 있다.

$$M + nHX \rightarrow M(n)Xn + n/2 \ H_2 \qquad (9.13)$$

이 반응은 수용액 중에서 금속의 단극전위가 수소보다 낮으므로 수소를 발생하며, 고체와 기체 간의 반응도 쉽게 일어난다. 대부분의 반응이 발열반응이므로 실온부터 500K 사이의 비교적 낮은 온도에서도 반응이 진행한다. 아래의 반응은 기존의 사이클에 사용되고 있다.

$$2Cu + 2HCl \rightarrow 2CuCl + H_2 \qquad (9.14)$$

$$Hg + 2HBr \rightarrow HgBr_2 + H_2 \qquad (9.15)$$

$$Ni + 2HI \rightarrow NiI_2 + H_2 \qquad (9.16)$$

- 금속염과 산과의 반응의 일반식은 다음과 같다.

$$M(n)Xn + mHX \rightarrow M(n+m)Xn + m + m/2 \ H_2 \qquad (9.17)$$

이 반응에서는 금속의 산화상태가 높으므로 이 산화력에 의하여 수소이온이 수소로 된다. 따라서 이 반응에 사용되는 금속은 복수의 원자가 상태를 가지는 전이금속에 한한다. 금속염과 산과의 반응은 용이하게 일어나며, 많은 종류의 반응을 조합할 수 있는 실제 열화학 사이클에 구성되는 반응은 다음과 같다.

$$2VCl_2 + 2HCl \rightarrow 2VCl_3 + H_2 \tag{9.18}$$

$$2VOCl + 2HCl \rightarrow 2VOCl_2 + H_2 \tag{9.19}$$

$$2CrCl_2 + 2HCl \rightarrow 2CrCl_3 + H_2 \tag{9.20}$$

$$Hg_2Br_2 + 2HBr \rightarrow 2HgBr2_2 + H_2 \tag{9.21}$$

$$Cu_2O + 4HBr \rightarrow 2CuBr_2 + H_2O + H_2 \tag{9.22}$$

$$2CrBr_2 + 2HBr \rightarrow 2CrBr_3 + H_2 \tag{9.23}$$

● 금속 또는 금속염과 수증기와의 반응

일반식은 다음과 같다.

$$2M + nH_2O \rightarrow 2M(n)On/2 + nH_2 \tag{9.24}$$

$$2M(n)On/2 + mH_2O$$

$$\rightarrow 2M(n+m)O(n+m)/2 + mH_2 \tag{9.25}$$

$$2M(n)Xn + (n+m)H_2O$$

$$\rightarrow 2M(n+m)O(n+m)/2 + 2nHX + mH_2 \tag{9.26}$$

● 가수분해반응의 자유에너지 변화가 작은 물질은 고온에서 해리한다.

$$2HX \rightarrow H_2 + X_2 \tag{9.27}$$

수소화합물은 금속수소화합물도 좁은 의미의 수소화합물이므로 이에 따라 이온 결합성도 할로겐화수소로 나누어 생각할 수 있다. 수소화물은 열분해에 의해 수소와 금속으로 분해하는 것이 용이하나 물로부터 수소화물을 만드는 것은 쉽지 않다. 할로겐화수소인 요오드화수소 또는 황화수소, 암모니아, 메탄 등은 해리반응을 이용하여 수소를 제조하는 데 적당한 물질이다. 이와 같은 반응으로 다음의 것들이 기존 사이클에 이용되고 있다.

$$HI \rightarrow H_2 + I_2 \qquad\qquad (9.28)$$

$$H_2S \rightarrow H_2 + 1/2\ S_2 \qquad\qquad (9.29)$$

결론적으로 아직 경제성을 논하기는 어려우나, 금속산화물의 산화-환원기술은 전기분해기술에 필적할 수 있는 수소생산비용을 보일 것으로 평가하고 있으며, 이 기술이 확립되면 중요한 물 분해 기술로 기대될 것이다. 특히, 전기분해의 경우 대량생산에 따른 비용감소 효과가 없으나 금속산화물의 산화-환원기술은 대량생산에 따른 비용감소 효과가 클 것으로 기대되므로 대량의 물 분해 시 수소생산비용이 전기분해에 비해 낮아질 것으로 본다. 수소 이용기술인 연료전지 분야의 기술 확보와 연계하여 환경오염이 전혀 없는 수소생산 기술인 물 분해 기술이 확보되면 청정에너지 관련 분야의 산업적인 측면의 시너지 효과가 극대화될 것이다.

3) 전기분해법

전기분해법은 가장 오래된 방법으로 실용화된 기술이나 값싼 수력발전이 이용되는 캐나다나 노르웨이 등을 제외하고는 경제성이 없어 세계적으로 널리 이용되지 않고 있다. 다만 그간의 전기분해 방법의 대종을 이루고 있는 알칼리 전기분해의 효율이 70% 내외이므로 효율을 높이는 기술로 고체고분자전해질 전기분해나 고온 수증기 전기분해법에 대한 연구가 활발히 이루어지고 있다.

순수한 물은 거의 이온화하지 않아 전류가 통하지 않는다. 그러나 순수한 물에 전해질[30]인 황산이나 수산화나트륨을 가하면 전기가

---

30) **전해질(電解質, electrolyte):** 대부분 전해질은 체액 내에 있는 무기성 염, 산, 염기들이다. 염화나트륨, 황산, 염산, 수산화나트륨, 수산화칼륨 등은 전해질의 대표적인 예다. 유기적 복합체들은 비전해질인데, 비전해질은 이온으로 나누어지지 않아서 전류가 통하지 않는 물질이다. 예를 들어, 글루코오스는 물에 녹기는 하지만 이온화되지 않고 글루코오스 분자 그대로 남아 있다. 전해질은 양이온과 음이온으로 분리된다. 양이온(positive

통하게 된다. 그러므로 물을 전기분해할 때에는 묽은 황산이나 수산화나트륨을 조금 가하여 전기분해한다.

물에 묽은 황산을 넣고 물을 전기분해하면 황산은 수소이온과 황산이온으로 이온화하고, 물은 수소이온과 수산화이온으로 이온화한다. 이때 음(−)극에서는 수소이온이 끌려와서 전자를 얻어 수소 기체가 발생한다. 그리고 양(+)극에서는 황산이온과 수산화이온이 끌려와, 이 중에서 전자를 더 잃기 쉬운 수산화이온이 전자를 잃고 산소를 발생한다. 이때 발생하는 수소와 산소의 부피 비는 2:1이다.

전해질의 수용액 또는 용융 상태에 전류를 통하여 화학변화를 일으키는 것을 전해라고도 한다. 화학반응에서는 일어날 수 없는 것을 전기에너지를 가함으로써 자유에너지가 증가하여 반응이 가능하도록 하는 것이다. 즉 수소와 산소에서 물을 생성하는 반응 $2H^+ + O^- \rightarrow H_2O$는 그 자유에너지변화($\Delta G$)[31]가 음(陰)이므로 자발적으로 일어날 수 있으나, 그 역반응인 물의 분해로 수소와 산소가 생성되는

---

ions, cations)에는 나트륨이온(Na^+), 칼륨이온(K^+), 칼슘이온(Ca^{2+}), 수소이온(H^+) 등이 있다. 음이온(negative ions, anions)에는 염화이온(Cl^-), 황화이론(S^{2-}), 산화이론(O^{2-}), 황산이온(SO_4^{2-}) 등이 있다. 전해질에는 염화나트륨과 같이 물에 녹기 전부터 이온으로 존재하는 것도 있고, 아세트산과 같이 분자로 존재하다가 물에 녹아 이온으로 나누어지는 것도 있다. 전해질은 체액의 삼투질 농도를 형성하도록 하며 수분 구획 간의 수분 삼투질을 조절하게 한다.

31) **자유에너지(free energy)**: 열역학에서 열역학적 평형상태에 있는 계(系)가 갖는 에너지 성격의 상태 함수로서, 자유에너지는 에너지와 같은 차원이며 그 값은 지나온 과정과는 상관없이 현재 상태에 의해 결정된다. 이것은 일힘수라고도 하는 헬름홀츠 자유에너지 A와 깁스 자유에너지 G(또는 F로도 표기함)의 2가지 형태로 표현된다. 만약 E가 계의 내부에너지이고 PV가 압력과 부피의 곱, TS가 온도와 엔트로피의 곱이라면 A＝E－TS이고 G＝E＋PV－TS이다. 자유에너지는 주어진 열역학 상태에서 존재하는 물질의 양에 의존한다.
자유에너지의 변화량 ΔA 또는 ΔG는 열역학적인 과정을 평가하는 데 유용하다. 가역과정에서 일정한 온도와 일정한 부피하에서의 일은 헬름홀츠 자유에너지의 변화량인 ΔA와 같으며, 일정한 온도와 일정한 압력하에서의 일은 깁스 자유에너지의 변화량 ΔG와 같다. 자유에너지의 변화는 어떤 상태변환이 자발적인가 아닌가를 판단하는 데 사용된다. 일정한 온도와 부피의 어떤 조건에서는, 최후상태의 헬름홀츠 자유에너지가 초기상태의 그것보다 작다면, 즉 최후상태와 초기상태 사이의 차이 ΔA가 음의 값을 가진다면 느리든지 빠르든지 상태변환이 자발적으로 일어난다. 일정한 온도와 압력하에서는 깁스 자유에너지의 변화분 ΔG가 음의 값을 가질 때 자발적인 상태변환이 일어난다.

반응 $H_2O \rightarrow 2H^+ + O^-$ 은 ΔG가 양(陽)이므로 자발적으로 일어날 수 없다. 이때 외부에서 전기에너지를 가하면 반응이 자발적으로 일어난다. 물의 전기분해 때에 보통 전해질로 NaOH 15% 수용액이나 KOH 30% 수용액이 사용된다. 이 경우 극의 반응은 다음과 같다.

(양극) $2OH^- \rightarrow H_2O + 1/2O_2 + 2e^-$

(음극) $2H_2O + 2e^- \rightarrow H_2 + 2OH^-$

양극에서는 전자를 주는 산화반응, 음극에서는 전자를 받는 환원반응이 일어나며 OH^- 이온이 음극에서 양극으로 이동하면서 전류를 운반한다. 전기분해 때의 전기량과 석출하는 몰질량(M)의 사이에는 패러데이(Faraday)의 전기분해법칙이 성립한다. 즉 1화학당량의 몰질량을 석출하는 데 필요한 전기량은 물질의 종류에 관계없이 항상 일정하며(96,487쿨롱/㏖전자), 이 전기량을 패러데이 상수라고 하고 F로 표시한다. 전기분해는 반응에 필요한 G를 전기에너지로 공급하는 것이므로 최소한의 필요 전압 E는 이론분해전압이라 하며 ZFE=G로 결정된다. 물의 전기분해의 경우 E는 상온에서 1.23V이다. 실제의 전기분해에서는 E보다 큰 전압을 줄 필요가 있다. 또 ZF는 전기분해에 의해 양쪽 극에서 받아들이는 전기량이며 물의 전기분해의 경우 Z=4이다.

4) 바이오 수소생산법

바이오 수소생산의 대표적인 방법으로는 혐기성 발효와 광합성에 의한 수소생산방법이 있다. 혐기성 발효는 **7.2 & 7.6절**과 **7.9.2절**에서, 광합성은 **7.9.3절**과 **7.9.4절**에서 충분히 논의하였으므로 여기서는 간략히 설명하고자 한다.

물의 광분해과정은 엽록소에 흡수된 빛에너지에 의해 물(H_2O)이 분해되는 것으로, 전자(e^-)와 수소이온(H^+), 그리고 산소(O_2)를 만

들어 낸다. 즉 광합성의 최종산물 중 하나인 산소기체(O2)는 물에서
유래된 것임을 알 수 있다.

$$H_2O \xrightarrow{solar} \frac{1}{2}O_2 + 2H^+ + 2e^-$$

광인산화과정은 엽록소가 흡수한 빛에너지를 화학에너지로 전환
시켜 ATP를 만들어 내는 과정이다. 빛에너지가 엽록소(P680, 광계
Ⅱ 색소)에 흡수되면 엽록소가 흥분(에너지가 커져서 전자가 들뜬상
태)하여 전자(e^-)를 방출하게 되는데, 전자(e^-)가 방출된 자리는 물
분자를 광분해하여 얻은 전자(e^-)가 그 자리로 들어가게 되고, 방출
된 전자(e^-)는 전자전달계를 거치면서 ADP를 ATP로 합성한 다음,
다른 엽록소 분자(P700, 광계Ⅰ 색소)로 이동하여 붙었다가 빛에너
지에 의해 다시 전자(e^-)가 들뜬상태가 되어 엽록소 분자로부터 떨
어져 나가 환원제인 페레독신으로 이동한다. 이 이동한 전자(e^-)는
두 가지 경로로 갈 수 있는데, 한 경로는 NADP로 이동하고, 또 한
경로는 전자전달계로 순환하게 된다. NADP로 이동한 2개의 전자(e^-)
는 물의 광분해과정에서 생성된 H^+ 2개를 받아 환원형인 NADPH₂
가 된다(비순환적 광인산화). 또 전자전달계로 순환한 전자(e^-)는
ADP를 ATP로 합성한다(순환적 광인산화).

$$H_2O + NADP^+ + ADP \xrightarrow{solar} O_2 + NADPH_2 + H^+ + ATP$$

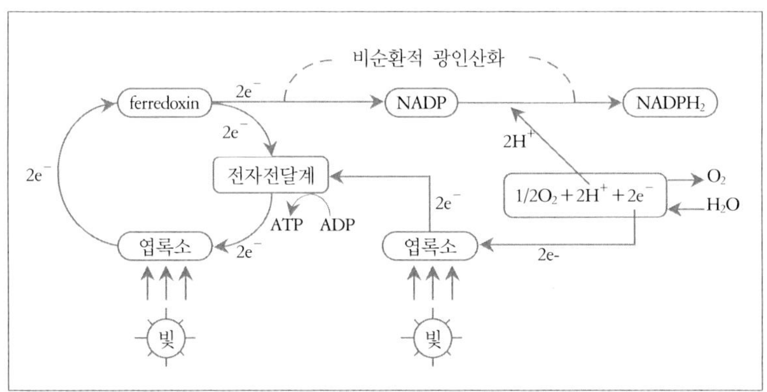

〈그림 9-1〉 명반응에서의 전자(e^-) 이동경로

광합성과 태양광 변환 효율은 광 이용 생물학적 수소생산 기술에서 고려해야 할 중요한 인자의 하나로 광생물학적 수소생산은 식물이나 조류의 광합성 메커니즘을 이용한다. 광합성은 연속적인 두 개의 다른 광합성 작용인 photosystem Ⅱ(PS Ⅱ)와 photosystem Ⅰ(PS Ⅰ)를 이용하는데 PS Ⅱ는 물 분해와 산소 발생에 관여하고, PS Ⅰ은 이산화탄소 환원에 관여하는 환원체를 생산하거나 수소를 발생하는 데 주로 관여한다. 실험실 최적 조건에서 조류와 같은 광합성 미생물은 가시광선이 가지는 에너지의 약 22%를 화학에너지로 저장 변환할 수 있는데 이는 태양에너지의 약 10%를 변환할 수 있는 것으로 계산된다. 그러나 실질적으로는 나무나 곡식의 태양에너지 변환효율은 경작과 추수 중에 잃는 유실을 고려할 때 약 1% 이내로 추정한다. 이와 같은 생물학적 수소생산을 바이오매스 생산과 비교할 때, 실질적으로 좀 더 높은 광합성 변환효율을 얻을 수 있다고 추정된다. 식물이나 조류에서 발견되는 광합성 효율은 지구상에서 받는 최대 태양에너지의 10~20% 이상이 적용될 때에는 광에너지를 증가하여도 비례적으로 증가하지 않는 비효율적인 작동을 한다. 이 현상은 빛을 흡수하는 색소(antenna)가 빛을 이용하는 클로로필(reaction center)보다 지나치게 많아서 빛의 흡수가 지나치게 높기 때문이다. 특히 태양광을 옥외에서 받을 경우, 흡수한 빛을 대부분 이용하지 못하고 잃게 된다. 이러한 빛 포화 현상을 극복하기 위하여 광합성 미생물 내의 빛을 흡수하는 antenna의 수를 줄여서 이론적인 광이용 효율에 근접하는 유전공학적 연구가 수행되고 있다.

혐기성 발효에 의한 수소생성의 기본원리는 〈그림 9-2〉에서 보는 바와 같이 혐기성 분해의 경로는 가수분해, 산생성, 초산생성, 메탄생성으로 이루어진다. 따라서 초산과 H_2로부터 CH_4가 생성되는 메탄생성단계를 막을 수 있다면 CH_4 대신 H_2를 얻을 수 있다는 것

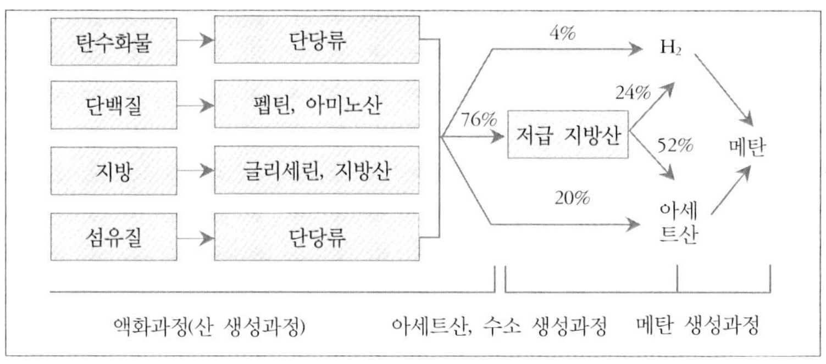

〈그림 9-2〉 바이오가스의 생성 메커니즘

이 수소발효의 기본개념이다.

$$CH_3CH_2OH + H_2O \rightarrow CH_3COOH + 2H_2$$

에탄올   초산

$$CH_3CH_2COOH + 2H_2O \rightarrow CH_3COOH + CO_2 + 3H_2$$

플피온산   초산

$$CH_3CH_2CH_2COOH + 2H_2O \rightarrow 2CH_3COOH + 2H_2$$

부틸산   초산

$$CO_2 + 4H_2 \rightarrow CH_4 + 2H_2O$$

$$CH_3COOH \rightarrow CH_4 + CO_2$$

따라서 수소생산에 대한 대부분의 기술개발 방향은 수소를 소비하는 메탄균의 활성을 저해시키며 수소를 생성하는 *Clostridium* sp. 균에 대한 연구가 활발하다.

Clostridium sp. 는 대수성장단계에서는 H₂와 초산, 뷰틸산을 생성하지만, 대수성장단계의 후반이 되면 대사작용의 변경이 일어나 용매를 생산하기 시작해서 정상기에서는 본격적인 용매의 생산이 이루어지기 때문에 *Clostridium* sp. 의 수소/유기산 생성단계를 유지하도록 환경조건을 유지시키는 것이 중요하다. 바이오수소 생성반응식은 다음과 같다.

$$Glucose + 2H_2O \rightarrow 2Acetate + 2CO_2 + 4H_2 \quad \Delta G = -184.2kJ$$

$$Glucose \rightarrow Butyrate + 2CO_2 + 2H_2 \quad \Delta G = -257.1kJ$$

5) 탄화수소 개질법

탄화수소의 개질방법과 원리, 응용에 대해서는 제8장 연료전지에서 충분히 논의하였으므로 여기서는 간략히 개요만 설명한다(2. & 4. 참고).

탄화수소연료를 합성가스로 제조한 후, 필요한 수소를 분리하는 것을 개질이라고 하는데, 이를 위해 일반적으로 천연가스, 부탄가스, 가솔린, 디젤 그리고 메탄올 등이 사용된다.

개질반응은 크게 나누어 수증기 개질, 부분산화 개질, 자열 개질 등이 있다.

수증기 개질은 높은 수소 조성의 이유로 이미 화학공장 등의 산업 현장에서 널리 사용되어 온 방법이며 그에 대한 연구가 많이 진행된 상태이다. 하지만 흡열반응을 위한 열 공급의 문제가 있어 작은 시스템에는 적합하지 않다.

부분산화 개질은 별도의 열 공급을 필요로 하지 않는 발열반응이다. 따라서 소형 시스템에 매우 적합하다. 하지만 생성물 중 수소의 조성이 낮으며, 탄소침적의 가능성이 매우 높다.

자열 개질 반응은 수증기 개질과 부분산화 개질 반응의 조합된 형태이다. 개질 시스템 내부로 연료와 물, 산소를 동시에 주입하며, 산소에 의한 산화반응 시 발생되는 열을 흡열반응에 이용하게 된다. 약간 발열반응으로 조정하게 될 때 추가의 열 공급이 필요 없게 되어 자립운전이 가능해진다. 또한 다양한 연료에 대해 유연성이 뛰어나며, 수증기 개질과 비교하여 동특성 및 시동성이 매우 용이하다. 하지만 연료에 따라 적절한 산소와 수증기의 주입량을 결정하는 것이 이슈가 되어 주로 연구되고 있다.

3. 수소 저장방법

　수소에너지 시스템에서 수소의 저장기술은 수소의 제조 및 수송, 이용기술을 연결하는 기술로 효율적인 에너지체계를 구축하는 중요한 기술의 하나이다. 일반적인 저장기술로는 기체, 액체 및 수소저장합금에 의한 수소의 저장방법이 있다.

〈표 9-2〉 수소 저장방법 비교

방법	압축가스	액체수소	지하저장	수소저장합금
내용	• 고압·상온 • 내압탱크 　: 10~30atm, 　25000Nm³ • 봄베 등 　: 150~200atm, 　2800Nm³	• −253℃·상압 • 70.8kg/m³ • 단열용기(탱크 또는 Dewer) 최대: 　3,200m³	• 고압·상온 • 폐갱, 암영층, 대수층에 압입 　106~109Nm³ • 실용실적 있음	• 상온상압근방 • 금속수소화물의 생성 • 1/1,000로 축소 • 열교환형식의 반응용기 필요 • 실용실적 있음
장점	• 보급기술 양호 • 저에너지소비(저장)	• 고중량 밀도 • 체적밀도도 큼 • 대량저장 가능	• 코스트가 쌈 • 대량저장 가능 • 장기저장 가능	• 안전성이 큼 • 체적밀도가 큼 • 열에 의한 방출
단점	• 고압 • 저충진 밀도 • 소중용량	• 액화의 동력요 • 코스트가 큼 • boil−off flush	• 적지가 한정	• 합금 값 비싸다 • 무거움 • 초기 활성화

　그중에서 고압 기체에 의한 수소의 저장기술이 가장 널리 상용화되어 있지만, 수소의 특성(분자량: 2.016, 비중: 0℃ 1atm 에서 0.0898, 융점: −259.1℃, 비점: −239.9℃, 무색투명, 무미, 무취) 상 사용압력이 150기압 내외의 고압으로 안전성 문제가 대두되고 있어, 현재는 30기압 이하의 압력으로 저장이 가능한 수소저장합금 저장기술이 꾸준히 연구 개발되고 있다. 수소저장합금을 이용한 수소의 저장기술은 저장용기의 무게가 가볍고, 저장용량이 크며, 값이 싸고, 수명이 긴 이점이 있으나, 아직은 열교환이 우수한 합금 저장탱크의 소재개발과 설계, 제작기술이 초기단계에 있다.

1) 고압저장

수소의 저장 방법 중 가장 널리 사용되는 방법이다. 수소기체를 압축하여 용기에 충전시켜 저장하는 방법으로서, 제한된 체적의 용기에 다량의 수소를 채우기 위해 150~200기압의 고압으로 충전 저장하게 된다. 저장용기는 고정식의 경우 구형의 대용량 탱크가 이용되고, 소용량의 저장 및 수송용으로는 수소실린더 내압용기가 사용되고 있다. 고압 수소저장용 실린더는 120~150기압으로 40~47L 용기에 수소를 약 $5{\sim}7\text{m}^3$를 저장하게 되며, 이 용기의 총중량은 대략 55kg이다. 수소를 대량으로 저장할 경우는 저장탱크를 이용하는데, 원통형 및 구형의 것이 많고 재질은 압력용기용 강판 등을 사용하며, 최고 충전압력은 수소실린더보다 훨씬 낮은 $5{\sim}10\text{kg/cm}^2$ 정도이다.

2) 액화저장

수소액화에 필요한 기술은 $-253℃$ 이하의 온도를 구현할 수 있는 냉각기술, ortho수소를 para수소로 변환하는 기술, 수소를 정제하는 기술 등과 저장을 위한 여러 가지 단열기술이 요구된다. 수소분자의 두 원자 스핀이 같은 방향인 ortho와 반대방향인 para수소는 상온에서 75:25, $-253℃$에서는 0.2:99.8의 비율로 평형을 이룬다. 온도가 낮아지면서 ortho에서 para로 변환되며, 발열과정이기 때문에 액체에 의한 저장효과를 얻으려면 충분한 양만큼 ortho에서 para로 변환되어야 한다. 액화의 근본적인 목적은 체적과 총중량의 감량화, 즉 수소를 $-253℃$의 극저온으로 액화시키면 상압에서의 기체수소에 비해 체적은 1/800로 감소시킬 수 있다.

〈표 9-3〉 연료저장 무게 비교

저장방법	연료		용기무게(kg)	총중량(kg)
	체적(ℓ)	무게(kg)		
휘발유	30	22	5	27
고압수소	670	8.2	755	763
액체수소	115	8.2	65	73
금속수소화물	-	8.2	764	772

액화수소 저장탱크는 액화수소 저장용기와 같이 내조와 외조의 이중구조로 되어 있으며, 단열방법으로는 펄라이트 충전, 진공단열 또는 적층 진공단열방법이 사용된다. 재질은 스테인리스강(STS-304)으로 용량 1,000~100,000 L의 원통형과 구형이 가장 많이 사용되고 있다. 용기의 단열성능은 액체수소를 장기간 저장할 경우 기화손실을 줄이는 데 큰 역할을 하므로, 내용기와 외용기 사이를 적층 진공 단열한 용기가 요구되며, 내용기와 외용기는 이동 시 진동과 충격에 대해서도 충분히 견딜 수 있는 구조로 되어야 한다.

3) 수소저장합금에 저장

수소저장합금(M)[32]과 수소가스(H)가 반응하여 고체상태의 금속수소화물을 형성하는 반응에 대한 반응식은 $M+\frac{1}{2}H_2 \leftrightarrow MH+Q$로 나타낼 수 있다. 이 반응은 가역적이며, 금속수소화물[33]의 형성 시에

---

32) **수소저장합금(水素貯藏合金, metallic alloy for hydrogen storage)**: 수소흡수저장합금이라고도 함. 온도를 낮추거나 압력을 높이면 수소를 흡수하여 금속수소화합물로 되고 그와 동시에 열을 내는 성질이 있으며, 반대로 온도를 올리거나 압력을 낮추면 다시 수소를 방출하고 열을 흡수하는 성질이 있다. 이 합금을 사용해서 수소를 저장하면 과거와 같이 무거운 고압봄베를 사용하거나 극저온에서 액화시키지 않고도 저장할 수 있다는 이점이 있으며 폭발위험도 없다. 냉난방장치와 공장의 폐열회수 시스템으로 응용하는 방안이 현재 진행 중이다.

33) **금속수소화물(水素化物, metal hydride)**: 수소화물은 화학결합에 따라 4가지로 분류된다. ① 염류성(鹽類性) 수소화물: 수소가 음이온으로 존재하는 수소화물을 가리키며, 이때 수소는 할로겐 원소(플루오르·염소 등)와 유사한 작용을 한다. 물과 격렬하게 반응하여 다량의 수소 기체를 발생시키므로 이 성질을 이용하면 가벼운 휴대용 수소 제조원으로 이용할 수 있다. 2원소 염류성 화합물로는 수소화나트륨(NaH)과 수소화칼륨

는 반응열 Q를 방출하고 분해 시에는 반응열 Q를 흡수하게 된다. 금속 중에는 수소와의 친화력이 매우 커서 안정한 수소화물을 형성하는 원소, 수소와의 친화력은 있으나 수소화물을 형성하기 위해서는 매우 높은 수소압력이 필요한 발열반응형 원소 그리고 수소와의 친화력이 거의 없는 흡열반응형 원소 등이 있다.

어떤 금속이 수소저장재료로 사용되기 위해서는 상온, 상압 부근에서 수소를 가역적으로 흡수, 방출할 수 있어야 한다. 금속의 수소 저장은 금속의 원자크기가 수소원자에 비해 월등히 크므로 금속결합의 틈 사이에 쉽게 수소가 들어갈 수 있기 때문이다. 수소(H_2)가 금속과 접촉되면 먼저 금속표면에 흡착이 이루어지고, 분자상으로 물리흡착한 수소의 H-H결합이 절단되어 원자상 수소(H)로 분리하고, 금속원자와 금속원자 사이에 존재하는 '틈'(결정격자 간 위치)으로 들어가고 내부에 확산하게 되는 것이다. 이렇게 하여 금속원자의 결합 사이에 수소원자가 일정농도 이상 채워진 부분은 금속수소화

(CaH_2)이 있다. 다원소 염류성 화합물에는 수소화리튬알루미늄($LiAlH_4$)과 수소화붕소나트륨($NaBH_4$)이 있고, 이들 화합물은 환원제로 널리 사용된다. ② 금속성(金屬性) 수소화물: 이전에는 격자성 수소화물이라고 했으며 광택이 있고 전기전도도가 큰 금속의 특징을 갖고 있는 합금성 수소화물을 말한다. 그러나 이들은 원래의 금속(일반적으로 연성을 가짐)보다 부서지기 쉽고 때로는 더 단단하다. 이들은 염과 합금 사이의 중간적인 성질을 가진다. 금속성 수소화물은 전자 바다(전자가 매우 풍부하며 유동적인 상태)에 양성자(H^+)와 금속원자가 규칙적으로 배열되어 있다고 생각된다. 전자가 이 수소화물에서는 비교적 자유롭게 움직이기 때문에 광택과 전기전도도를 갖는다. 여기에 속하는 화합물로는 수소화티탄(TiH_2), 이수소화토륨(ThH_2), 토륨과 여러 개의 수소가 결합하여 형성된 수소화토륨(Th_4H_{15})이 있다. ③ 이합체성(二合體性) 또는 중합체성(重合體性) 수소화물: 수소가 금속이나 준금속 원자를 이어 주는 다리 역할을 하는 수소화물이다. 전형적인 예로는 붕소의 수소화물(디보란(B_2H_6), 펜타보란(B_5H_9), 데카보란($B_{10}H_{14}$) 등)이 있다. 이들 수소화물이 연소할 때는 탄화수소들이 탈 때보다 훨씬 더 많은 에너지를 방출하기 때문에 로켓에 사용되는 고에너지 연료로 이용될 전망이 높다. 알루미늄, 구리, 베릴륨의 수소화물들은 고체, 액체, 기체 형태로 존재하는 부도체들로서 열에 불안정하며, 공기나 습기 중에서 폭발하기도 한다. ④ 휘발성 공유결합 수소화물: 원자의 전기음성도가 서로 비슷하여 전자쌍을 공유하여 결합을 형성하고 있는 수소화물이다. 예를 들면 실란(SiH_4), 아르신(AsH_3), 게르만(GeH_4), 수소화붕소알루미늄($Al(BH_4)_3$), 디게르만(Ge_2H_6)이 있다. 이들 수소화물은 휘발성이 있고 열에 불안정하며 냄새가 난다. 일부(예를 들면 아르신)는 대단히 유독하며, 수소화붕소알루미늄과 같은 수소화물은 공기와 습기 중에서 발화(發火)한다.

물로 상변화를 하게 된다. 수소의 방출반응은 이러한 반응과정이 역
으로 일어나는 것으로, 수소원자는 먼저 금속표면에서 수소분자로
되어 방출하게 되는 것이다. 실제 사용에서는 금속 또는 합금의 표
면적을 크게 하기 위해 분말상으로도 이용하고 있다. 수소저장 용도
로 사용되는 수소저장합금은 이런 각각의 반응과정이 모두 가역적
으로 빠르게 열역학적인 평형상태에 도달할 수 있는 것에 한정되고
있다.

<표 9-4> 금속수소화물의 수소 저장함량

매 체	밀도 (g/㎤)	수소함량 (wt%)	원자수 H/㎤(10^{22})
H2(액체)	0.07	100	4.2
H2(기체, 150기압, 20℃)	0.012	100	0.38
NH3(액체)	0.6	17.7	6.5
MgH2	1.4	7.6	6.7
TiH2	3.8	4.0	9.1
VH2	2.9	2.08	11.37
Mg2NiH4	2.6	3.6	5.6
FeTiH195	6.1	1.52	5.5
LaNi5H6	8.25	1.37	6.76

4. 수소 저장소재

1) 화합물

수소와 질소를 사산화철과 알루미나의 혼합촉매에서 200~1,000
기압과 400~700℃ 온도에서 반응시키면 암모니아(NH_3)를 얻을 수
있다($N_2 + 3H_2 \rightarrow 2NH_3$). 암모니아는 1기압, $-33.3℃$에서 액화가 가
능하므로 대량의 수소를 액화 및 수송이 용이한 암모니아의 형태로
저장, 수송하고 수요처에서 이를 다시 수소와 질소로 분해시켜 수소
를 이용할 수 있을 것이다. 메탄올이나 에탄올 등은 부피로 보면 액

체 수소보다 더 많은 수소를 함유하고 있으며 이를 고온에서 수증기 개질하면 수소를 얻을 수 있으므로 메탄올 합성반응 등 많은 화학반응들이 고려되고 있다. 이 밖에도 수소와 브롬을 이용한 수소저장기술이 미국의 에너지성 프로그램으로 진행되고 있는 등 다양한 기술이 태양에너지의 저장수단으로서 또는 태양에너지 이용기술로서 연구 중이다.

$$H_2O + Br_2 + 태양에너지 \rightarrow 2HBr + \tfrac{1}{2} O_2$$

$$2HBr + 전기 \leftrightarrow H_2 + Br_2$$

2) 제올라이트

제올라이트(zeolite)는 $Al-Si-O_4$ 사면체가 정점을 공유하는 3차원 그물망 구조의 빈자리에 알칼리금속, 알칼리토금속, 물분자가 들어간 구조로, 양이온 교환능이 있는 물질로서 비석[34]이라고도 한다.

제올라이트는 3차원 골격구조를 가지고 있으므로 이들의 미세 결정체들은 전체 부피의 약 50%가 빈 공간인 동공(cavity)으로 구성되

---

34) **비석:** 비석은 큰 이온교환성과 가역적 탈수반응으로 잘 알려져 있다. 이들은 큰 금속이온(양전하를 띰)과 물분자에 의해 채워진 상호 연결된 간극(間隙)을 갖는 망상구조(網狀構造)를 이루고 있다.
　비석은 기본적으로 각 산소원자들이 2개의 사면체에 의해 공유되어 있는 3차원적 사면체 망상구조이다. 만약 모든 사면체가 규소를 포함한다면, 망상구조는 전기적으로 중성이 된다. 규소를 알루미늄이 치환하면 전하 불균형이 초래되며, 망상구조 내에 다소 큰 간극이 생기게 되어 다른 금속이온을 필요로 하게 된다. 천연산 비석의 경우, 이런 금속이온은 나트륨, 칼륨, 마그네슘, 칼슘, 바륨과 같은 전형적인 1가나 2가 이온이다. 비석은 간극이 다소 크고 물이 존재한다는 점을 제외하고는 장석광물과 비슷하다. 구조적으로 비석은 고리나 다면체 형태 같은 망상으로 구성된 구조단위의 형태로 분류된다. 망상구조 단위에 의해 생기는 간극은 직경이 약 $2 \sim 8 \text{Å}$(옹스트롬)의 범위를 가지며, 이것은 간극 사이에서 이온들이 다소 쉽게 이동할 수 있도록 해 준다.
　망상구조 내에서 이온과 물이 쉽게 이동할 수 있는 것은, 화학적·구조적 차이에 따라 변화가 큰 특성인 가역적 탈수반응과 양이온교환을 가능하게 해 준다. 탈수반응은 구조 내에서 물이 결합된 방법에 따라 달라진다. 물이 단단하게 결합된 비석은 다소 높은 온도에서 탈수가 일어난다. 이에 반해 큰 간극을 갖는 일부 비석은 낮은 온도에서 약간의 물이 탈수되기도 한다. 이온교환의 속도는 간극들의 연결 상태와 크기에 의해 결정된다. 어떤 이온은 특수한 구조적 성질 때문에 제한되기도 한다.

어 있고 이들 동공들은 3차원으로 연결
되어 각종 분자차원의 입구를 가진 channel
과 window들을 형성하므로 분자체로서
도 현재 많이 사용되고 있다. 이러한 제
올라이트의 물리 화학적 특성과 분말이
라는 물리적인 특성을 이용하여 수소의
저장시스템으로 활용하고자 하는 연구들

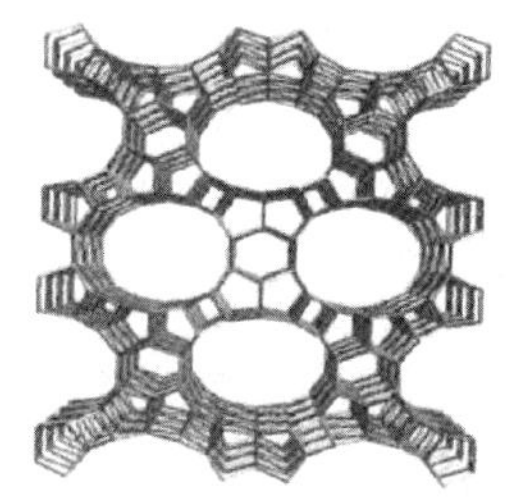

〈그림 9-3〉 제올라이트의
구조

이 1960년대 초부터 시작되었는데, 미국의 Sandra laboratory에서
는 제올라이트와 함께 구조화합물을 이용한 연구가 진행되고 있으
며 이스라엘의 Weizmann institute에서는 합성 제올라이트 A를 이
용한 수소의 캡슐화가 연구 중에 있다. 제올라이트의 동공들은 분자
차원의 크기이므로 수소기체 분자들을 고농도로 저장할 수 있어서
수소기체의 안전한 취급 및 정량과 미량의 사용을 가능하게 하고,
저장 시 수반되는 분리효과로 고순도 수소기체를 얻을 수 있다.

3) 탄소나노튜브

탄소나노튜브(carbon nanotube, CNT)는 지구 상에 다량으로 존
재하는 탄소로 이루어진 탄소동소체(allotrope)로서, 하나의 탄소가
다른 탄소원자와 육각형 벌집무늬로 결합되어 튜브형태를 이루고
있는 물질이며, 튜브의 직경이 나노미터(㎚＝10억분의 1미터) 수준
으로 극히 작은 영역의 물질이다.

탄소나노튜브는 우수한 기계적 특성, 전기적 선택성, 뛰어난 전계
방출 특성, 고효율의 수소저장매체 특성 등을 지니며 현존하는 물질
중 결함이 거의 없는 완벽한 신소재로 알려져 있다. 나노구조를 가
지는 탄소재료는 구조 및 제조방법에 따라서 단일벽나노튜브(SWNT),
다중벽나노튜브(MWNT), 탄소나노파이버(CNF), graphite nanofiber

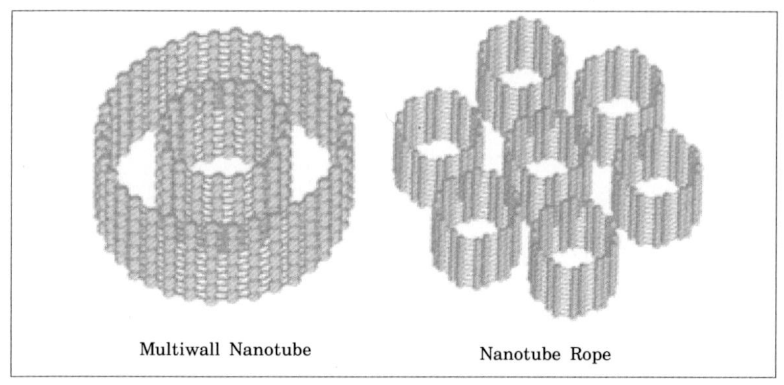

Multiwall Nanotube　　　　　Nanotube Rope

〈그림 9-4〉 carbon nanotubes의 구조

(GNF), vapor-grown carbon fiber(VGCF) 등으로 분류하는데, 일 반적으로 탄소나노튜브(CNT)라고 불리는 것은 SWNT, MWNT를 일컫는다.

CNT는 주로 아크방전 및 레이저증착, 화학기상증착법으로 제조하며 결정성이 우수하다. SWNT의 경우는 단일벽으로 이루어져 있고 1~1.4㎚ 이하의 직경을 가진 반면 MWNT의 경우는 흔히 2~30개의 흑연층으로 이루어진 다중벽을 가지면서 그 직경이 10~50㎚ 정도이다. CNF 및 GNF, VGCF는 용어의 쓰임에 있어서 자주 혼동되어 사용되고 있으며 주로 메탄, 아세틸렌, 벤젠 등 탄화수소를 촉매금속의 열분해 방법을 이용하여 합성한다. CNT에 비해 직경이 수십 ㎚ 이상으로 상당히 크고 성장방법에 따라서 파이버 내부가 비어 있거나 혹은 막혀 있기도 한다. 이 중 특히 직경이 100㎚ 이상일 경우에 특별히 VGCF라고 명하고 있다. 지금까지 발표된 나노구조 탄소재료의 수소저장특성은 사용한 재료의 특성에 따라 수소저장량이 다르고 또 같은 재료라고 해도 실험방법에 따라 수소저장특성이 다른 것을 감안한다 할지라도 그 차이가 상당히 크게 나타나는 것으로 보고되어 있다.

다양한 결정구조를 갖는 탄소재료의 수소저장특성과 수소저장방법 등을 고찰해 볼 때, 많은 연구 결과들이 이미 미국 에너지성(DOE)의 목표를 초과하는 연구결과를 보고한 반면, 탄소재료의 수소저장 재료로서의 가능성을 확신하기 위해서는 아직도 연구해야 할 많은 문제점들이 남아 있다고 지적하고 있다. 효율적 수소저장 방법이 값싼 수소제조 방법과 함께 수소에너지 시대를 열 중요한 기술이므로 이러한 문제점이 해결된다면 수소를 에너지로 이용하는 데 큰 역할을 할 것이나, 아직도 많은 연구와 노력들이 필요하다. 탄소재료에 수소저장 상용화를 위해서는 수소저장에 유리한 구조와 그 적정 조건을 찾는 연구, 나노구조 탄소재료의 대량생산 및 고순도를 갖는 정제기술 개발, 수소저장 메커니즘 규명, 후처리기술(표면처리, 도핑) 등을 통한 수소저장량 향상 그리고 수소저장 중 또는 후의 탄소나노튜브의 물성변화 등의 연구가 필요하다.

이 밖에도 나노크기의 기공을 제어한 탄소나노구조체를 이용한 수소저장기술이 한국에너지 기술연구원에서 이루어지고 있으며, 또한 플로렌(C_{60})이 플로렌 하이드라이드($C_{60}Hx$) 형태로 하면 7.7Wt%까지 수소를 저장할 수 있다는 보고도 있다.

4) Glass

속이 빈 작은 구형 유리 입자들(hollow glass microspheres)이 수소를 안전하게 저장하는 데 사용될 수 있다. 유리구 속 빈 공간에 수소를 채울 때는 유리구 벽의 수소투과도를 높이기 위하여 유리구 입자들을 가열한 상태에서($100 \sim 400^\circ C$) 고압 수소 가스 속에 두게 되며 이후 다시 냉각시키면 수소가 유리구들 속에 갇히게 된다. 유리구 속에 갇혀 있는 수소를 다시 유리구들로부터 방출시키려면 온도(heating 때의 온도보다 낮아도 됨)를 증가시키면 된다. 이 방법의 특징은 ① 안전성이 매우 높고, ② 오염에 대한 저항성이 크고, ③ 저압에서 수소를 저장할 수 있다는 것으로 요약된다. 원리적으로 > 10wt% H_2의 수소 저장능력과, 저가격화를 달성할 수 있는 잠재력을 가진 것으로 평가되며, 미세 유리구의 합성, 가공 및 수소 흡수/방출 때의 열 및 압력 조절 등이 고려 사항이다. 상업적으로 제조 가능한 미세 유리구들의 크기는 직경 5~200μm, 유리구 벽두께는 0.5~2 μm이며 분말로 제조된다. 하지만 자료에 의하면 10,000psi 이상에서 6wt% 이상의 수소 저장능력이 가능하지만 대부분 3,000psi 이상에서 유리가 파손되었다는 보고도 있다.

5. 수소에너지의 응용

수소(H)는 우주에 존재하는 가장 단순한 원소의 하나로 양성자 하나와 전자로 이루어져 있다. 우주는 90% 이상이 수소로 이루어져 있으며 우리가 사는 지구에는 탄소(C), 질소(N) 다음의 3번째로 풍부한 원소로 대부분이 물(H_2O)에서 발견된다. 수소는 연소할 때 미량의 질소 산화물만이 발생하는 깨끗한 에너지원이므로 최근 온실가스(CO_2)나 화석연료 사용에 따른 공해문제가 대두되면서 미래의 에너지원으로서 연구개발이 매우 활발하다.

수소에너지를 이용하는 방법은 크게 두 가지로 분류할 수 있다. 수소를 태워서 기계에너지나 전기에너지, 열에너지 등으로 이용하는 방법과 수소 연료전지를 이용해서 전기에너지를 기계에너지 또는 열에너지 등으로 이용하는 방법이 있다. 예를 들어, 태양전지를 이용해 전기를 발생시키고 이를 이용하여 물을 전기분해하면 수소를 얻을 수 있는데, 고압용기에 기체 혹은 액체상태(동일 무게 기체 부피의 1/700)로 저장하였다가 필요시 가스 연소기, 수소자동차나 연료전지를 가동하여 열, 힘이나 전기에너지를 발생시켜 이용하면 된다.

이와 같은 시스템의 경제성이 확보되고 인프라가 구축된다면 거의 공해가 없는 청정 대체에너지 이용체계를 형성할 수 있다. 가히 미래 인류가 달성해야 할 꿈의 에너지 체계라 하지 않을 수 없지만 값싸게 수소를 생산할 수 있는 각종 대체에너지원의 개발, 대량의 수소를 안전하게 저장하는 기술 그리고 수소를 효율적으로 이용하는 수소 자동차, 연료전지의 개발 등 모든 과정이 우리의 지혜를 기다리고 있다.

연료전지는 수소와 산소를 불꽃으로 연소시키는 방법이 아닌 전기화학 반응을 일으키도록 하여 전력을 발생하게 한 장치이다. 연료전지는 사용 전해질의 종류에 따라 인산형(PAFC), 용융 탄산염형(MCFC), 고체산화물형(SOFC) 등이 있으며 수소가 아닌 메탄올을 연료로 사용하는 직접메탄올(DMFC: Direct Methanol Fuel Cell) 연료전지도 개발되고 있다.

연료전지는 수소나 메탄올을 연료로 사용한다. 연소 시 질소 산화물도 생기지 않아 깨끗하며, 다른 발전기와 달리 소음이 없고 전력 변환 효율(30% 이상)도 높아 수 와트급의 소규모에서부터 메가와트급의 대규모 발전설비까지의 구성이 용이하므로 휴대용 혹은 분산형 청정전원으로서 매우 가치가 있는 전력 생산 기술이다.

그러나 전원기기로서의 연료전지는 대규모 발전소에 비교해서는 발전단가가 높은 수준이라 아직도 상용화 단계까지는 도달하지 못하고 있다. 게다가 소규모 자가발전(분산형 전원)이라는 것이 아직도 비상전원 외에는 일반에게 익숙지 못한 것도 큰 원인이다.

아무튼 전기화학 반응을 일으키는 재료의 개발 그리고 출력제어, 수분의 처리 문제 등 연료전지 자체의 몇 가지 기술문제가 해결되면 휴대용 전원(통신기기, 예초기 등)에서부터 연료전지 자동차, 소형 독립 전원(외딴집 등의 전기공급)으로 발전되고 궁극적으로는 수소 에너지의 전반적 공급을 전제로 하는 분산형 전원의 시대가 도래할 것이다.

최근 자동차업계에서 열풍인 수소연료전지 자동차의 원리를 간략히 소개하면 다음과 같다. 수소연료전지 자동차를 이해하려면 우선 일반 내연기관 엔진의 역할을 담당하는 연료전지 스택을 알아야 한다. 연료전지 스택이 어떻게 구성되고 있고, 어떤 화학적 원리로 전기를 발생시키는지를 알면 수소연료전자 자동차의 반 이상을 이해한 것이라고 보면 된다.

연료전지의 구조는 전기를 전달할 수 있는 '전해질'이라는 물질을 사이에 두고 양극과 음극의 두 전극이 샌드위치의 형태로 위치하게 된다. 연료전지의 음극(+)을 통해 수소가 공급되고 양극(−)을 통해 각각 산소가 공급되는데, 음극을 통해 들어온 수소는 백금 등 촉매제(catalyst)에 의해 수소이온(H^+)과 전자(e^-)로 나누어진다.

나뉜 수소이온과 전자는 서로 다른 경로를 통해 양극(+)에 도달하게 되는데, 수소이온은 연료전지의 중심에 있는 전해질을 통해 양극(+)으로 흘러가고, 전자는 외부회로를 통해 이동하면서 전류를 흐르게 하는 동시에 양극으로 흘러가 산소와 결합해 물이 되다. 결국 연료전지 스택의 원리는 수소분자를 수소이온과 전자로 분리한 다음, 분리된 전자가 전기를 만들어 내는 것이다.

이렇게 만들어진 전류는 그대로 사용할 수 없는 직류(DC)이기 때문에 인버터라는 전기장치를 통해 교류(AC)로 변환하여 모터 엔진을 가동시킨다.

또한 니켈수소나 리튬이온, 리튬폴리머를 주원료로 하는 배터리를 보조동력원으로 사용하기도 하는데, 이럴 경우에는 연료전지에서 만들어진 전기와 함께 더 큰 힘을 발휘하거나 시동전원 등의 보조 역할을 한다.

연료전지 가동에 필요한 산소는 공기 중에 풍부하게 존재하지만,

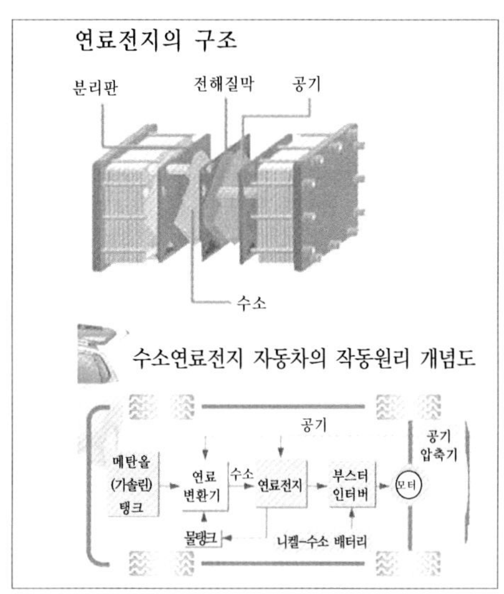

〈그림 9-5〉 연료전지 및 연료전지
자동차의 작동원리

수소는 메탄올이나 가솔린 등 탄화수소 연료를 별도의 화학 처리작업을 통해 뽑아내야 하기 때문에 수소가 사실상 연료전지차의 핵심 연료원이라고 보면 된다.

수소를 연료전지차에 공급하는 방식은 초기 연료전지차 개발 시에는 차량에 메탄올 등에서 수소를 추출하는 연료변환장치를 장착하는 방식이었지만, 최근에는 아예 주유소처럼 수소 주유소를 건설해 연료전지차 내부의 수소가스탱크에 고압으로 충전하는 방식이 대세로 굳어 가고 있다.

PART 10

원자력에너지

원자력에너지

1. 개요

에너지자원이 거의 없는 우리나라에서 빠른 경제성장에 원자력발전만큼 기여한 기술도 흔치 않다. 지금까지 우리가 전력을 비교적 싼값에 풍부하게 쓰고 있는 것은 원자력발전의 덕분이며 국내 원자력발전 설비용량은 전체 발전설비의 30% 정도이지만 원자력발전소는 그 특성상 가동률이 높기 때문에 발전량은 무려 40%에 육박하여 우리나라의 원자력발전 의존도는 세계적으로 아주 높은 편이다.

원자력발전은 핵분열이 일어날 때 발생하는 열을 이용하여 전기를 생산하는 설비이다. **핵분열**은 우라늄이나 플루토늄 같은 무거운 원자핵이 두개 또는 그 이상의 가벼운 원자핵으로 분열되는 과정에서 대량의 에너지 방출을 수반한다. 자연에 존재하는 우라늄은 ^{238}U이 99.3%, ^{235}U가 0.7%인데 핵분열 연쇄반응에 이용할 수 있는 것은 ^{235}U이고 ^{238}U은 핵분열이 진행되는 동안 중성자를 흡수하여 ^{239}Pu로 변환한다.

1938년 독일의 두 화학자 오토 한과 프리츠 슈트라스만이 중성자로 우라늄을 포격해 우라퓸보다 더 무거운 원소를 만들려고 시도하던 중 핵분열을 발견했는데, 이들은 실제로 자신들이 핵분열 반응을 일으켰다는 사실을 깨닫지 못했다. 그 후에 나온 다른 학자들의 이론적 연구가 이 과정을 묘사했고, 핵분열에 관련된 원리를 제공했다. 이들이 초기에 발견한 핵분열은 중성자 같은 입자를 우라늄 원자에 충돌시키면 비슷한 질량을 가진 두개의 원소로 깨어지면서 일어난다는 것이 밝혀졌다. 이때 두 원소는 원래 원자핵의 중성자와 양성자 수의 약 절반 정도를 지닌 원자핵으로 이루어진다. 이 핵분열 과정은 감마선과 2개 이상의 자유중성자(핵분열 토막에 결합되어 있지 않는 중성자)뿐만 아니라 많은 양의 열에너지를 방출한다. 이들 자유중성자가 다른 우라늄 핵을 분열시키면 우라늄의 원자핵은 더 많은 원자핵을 쪼갤 수 있는 중성자를 내놓는다. 이러한 종류의 일련 핵분열은 연쇄반응을 만들어 내는데, 그 결과 핵에너지가 연속적으로 발생된다.

덴마크의 닐스 보어와 미국의 존 A. 휠러는 우라늄에서 관찰된 핵분열에는 천연 우라늄에 풍부하게 들어 있는 우라늄 ^{238}U보다는 그것의 1/140밖에 들어 있지 않은 동위원소인 우라늄 ^{235}U가 관련되어 있음을 보여 주었다. ^{238}U은 우라늄에 부딪치는 중성자의 대부분을 흡수하기 때문에 ^{235}U만큼 쉽게 핵분열을 하지는 않는다. 보어와 휠러의 예측은 소량의 표적물질을 사용함으로써 나중에 확인되었다. 1942년 미국 시카고대학교에서 이탈리아 태생의 물리학자 엔리코 페르미를 비롯한 공동연구자들은 최초로 제어가 가능한 핵분열 반응을 만들어 냈다. 그들은 최초로 제작된 간단한 원자로를 가지고 이 위업을 이룩했는데, 그들의 원자로는 특수하게 정제된 수백 t의 흑연 속에 박혀 있는 커다란 천연우라늄 덩어리들로 이루어져 있었다. 흑연은 천연우라늄 연료 속에 들어 있는 적은 수의 ^{235}U 원자핵이 확실하게 중성자를 포획할 수 있도록 자유중성자의 속도를 줄이기 위한 것이었다. 페르미는 이렇게 하지 않을 경우 포격하는 중성자는 천연우라늄에 풍부하게 들어 있는 ^{238}U의 원자핵에 의해 간단하게 흡수되어 연쇄반응을 지속하기가 불가능하게 된다는 것을 알았다. 오늘날의 개선된 원자로는 ^{235}U의 원자핵에 의한 중성자 포획을 촉진시키기 위해 페르미가 고안한 기본 기술(자유중성자의 속도를 줄이기 위해 감속재를 사용하는 것)을 아직도 사용하고 있다. 핵분열은 상당한 양의 에너지를 방출하는 3가지 형태의 핵반응 중 하나이다. 나머지 둘은 방사성 붕괴와 핵융합이다.

이러한 에너지는 전력 생산과 선박, 특히 잠수함의 추진에 비교적 폭넓게 이용되고 있다. 또한 이 에너지는 원자폭탄과 중성자 무기의 엄청난 파괴력을 제공하는 원천이기도 하다.

2. 원자로

원자로의 기본요소는 핵연료, 감속재, 냉각재이며 핵연료로는 천연우라늄이나 농축우라늄 또는 토륨이나 플루토늄이 사용 될 수 있다. 감속재로는 흑연이나 중수 또는 경수가 사용되고 냉각재로는 물이나 이산화탄소, 헬륨 또는 액체나트륨이 사용되기도 한다. 현재 전 세계에 가장 많이 보급된 원자로는 미국에서 개발된 가압경수로인데 원자로 내부를 순환하는 물이 끓지 않도록 하기 위해 내부압력을 150기압 정도로 높게 유지한다. 고속증식로는 원자로에서 핵분열 반응 시 생성되는 ^{239}Pu를 연료로 사용하는데 반응속도가 빠르기 때문에 폭발사고가 일어나면 그 강도가 엄청나게 크다.

중성자는 무거운 원자핵, 특히 우라늄, 토륨, 플루토늄에서 핵분열을 일으킬 수 있다. **핵분열**은 무거운 원자핵이 질량이 거의 같은

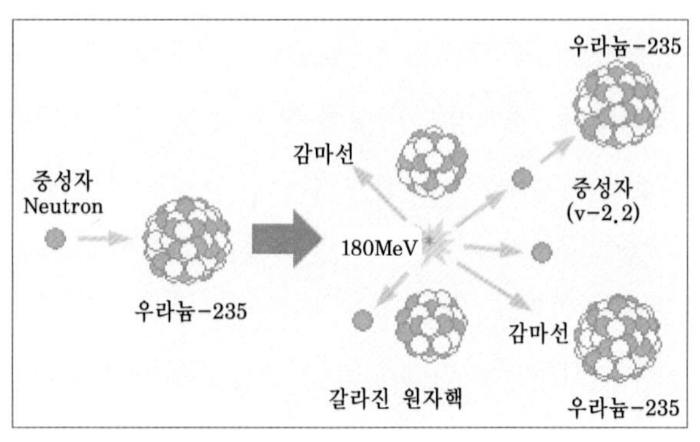

〈그림 10-1〉 핵분열

2개의 조각으로 분할되는 것인데, 핵분열이 일어날 수 있는 이유는 무거운 원자핵의 질량에너지가 핵분열에 의해서 생기는 2개의 원자핵 질량에너지 합보다도 크기 때문에, 이러한 질량에너지의 차가 분열생성물의 운동에너지로 방출되기 때문이다.

핵분열 과정에서 중성자들이 새로 발생하게 되고, 이들 중성자는 다른 원자들이 연쇄적으로 분열하도록 할 수 있다. 이와 같이 핵분열을 연쇄적으로 일으키면 대량의 **핵**분열을 한꺼번에 일으킬 수 있는데, 핵반응은 보통 그 에너지가 화학반응에 비해 막대하므로, 대량의 핵분열은 극히 많은 에너지를 방출한다. 이러한 연쇄 핵분열 반응의 속도를 줄이지 않고 일시에 일으키는 것의 예가 **원자폭탄**이고, 중성자 흡수제를 이용하여 반응속도를 줄여서 지속적으로 고온을 만들어 내는 것이 **원자로**이다. 이런 것을 이용해서 에너지를 만드는 장소는 **원자력발전소**라고 일컫는다.

핵반응은 흔히 반응 전후의 질량을 비교한 에너지를 산출하는데, 아인슈타인의 상대성이론 방정식을 사용하여 계산이 가능하다.

$E = mc^2$ E: 에너지, m: 질량, c: 광속도

핵분열로 발생되는 에너지의 크기는 핵분열 1회당 약 200MeV이

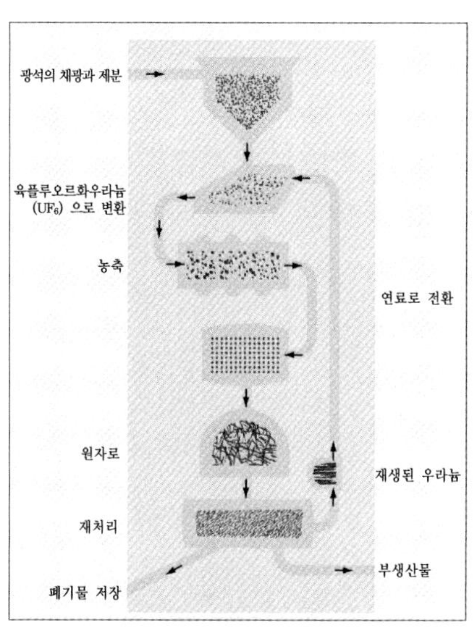

〈그림 10-2〉 원자로

다. 이것은 100만kW 원자력발전소의 경우 하루에 약 1kg의 우라늄이 필요하고, 1파운드(0.45kg)의 우라늄 ^{235}U가 핵분열을 한다면, 생성된 열은 석탄 1,500t을 태우는 것과 맞먹는다. 이러한 현상은 주로 전력 생산을 위한 원자로에서 많은 양의 열을 생산하는 데 이용된다. 핵분열이 일어날 때 생성되는 두 원자는 보통 방사성원자가 되는데, 이 원자들은 투과력이 강한 감마선(X선류의 방사선)과 이보다는 투과력이 약한 베타선(전자)을 동시에 방출하기도 한다.

보통 우라늄은 산화물의 상태인 이산화우라늄(UO_2)의 형태로서, **핵연료**로 사용되는 우라늄은 1% 미만 포함하고 있다. 광석의 채광과 제분 후 기체 확산공장에 들어가 농축과정을 거치기 위해서는, 우라늄이 농축되고 육플루오르화우라늄(UF_6)으로 변환되어야 한다. 원하는 수준까지 농축이 이루어지면, 그다음은 금속이나 산화물 또는 그 외의 원하는 물질로 변환되고, 요구되는 형태로 가공하여 피복재로 둘러싼다. 원자로에 장전된 후에는 우라늄의 일정량은 분열

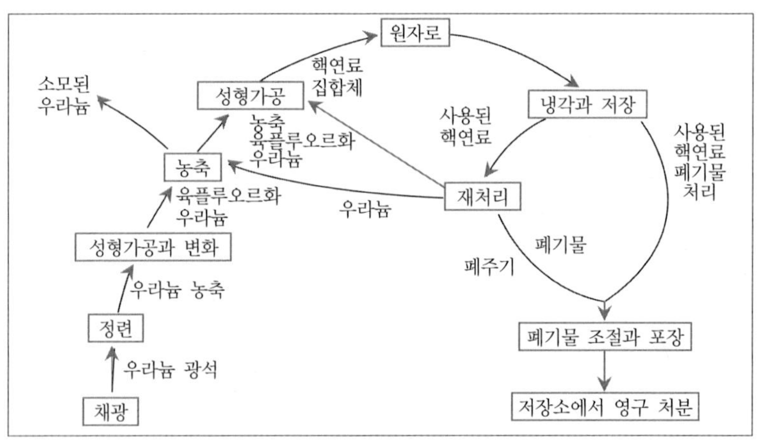

〈그림 10-3〉 핵연료 주기

생성물과 ^{238}U, 그리고 새로이 형성된 플루토늄을 남기면서 소모된다. 적정 연소시간이 경과한 후, 사용한 핵연료는 인출되어 화학처리공장으로 이송되며 여기에서는 분열생성물과 플루토늄을 분리하고, 사용되지 않고 남은 우라늄은 다시 재농축·재사용하기 위하여 육플루오르화우라늄으로 변화시킨다. 어떤 경우 분열생성물은 방사선원으로서 가치를 지니게 되고, 핵연료로 사용될 수 있는 부산물로서 취급되기도 한다. 그렇지 않은 경우에는 방사성 폐기물로서 저장되어야 한다. 플루토늄은 부산물의 일종이다. 이러한 연료주기의 개괄적인 흐름을 〈그림 10-2〉에 나타냈다.

3. 원자로의 반응원리

1) 연쇄반응

연쇄반응이 일어나기 위해서는, 각각의 핵분열 과정에서 또 다른 분열을 일으킬 수 있는 중성자가 적어도 1개 이상 방출되어야 한다. 이러한 조건이 형성되기 위해서 많은 수의 중성자가 방출되어야 하는데 그 이유는 중성자 중 많은 수가 연쇄 반응계를 이탈하고, 또 원자와 충돌한 중성자 가운데 일부는 분열을 유발하지 않고 원자에 그대로 흡수되어 버리기 때문이다.

자연에서 발견되는 원자 중에서 핵연쇄반응을 유지할 능력을 갖춘 유일한 원자는 우라늄의 희소 동위원소인 ^{235}U이다. 일반적으로 자연산 우라늄의 대부분은 그들의 핵 내에 중성자와 양성자를 합해서 238개의 입자를 담고 있으며, 235개의 입자를 가진 원자는 약 1/140의 확률로 존재한다. ^{235}U는 중성자와 충돌할 때 일반적으로 쉽게 분열된다. 고속의 중성자는 원자에 아무런 영향도 주지 않고 통과하는 경향이 있지만, 중성자가 상대적으로 느린 속도로 움직일 때 분열이 보다 더 잘 일어나게 된다. 핵분열로 생성된 중성자는 높은 속도를 가지므로 핵 분열 연쇄반응을 촉진시키기 위해서는 발생된 고속의 중성자를 감속시키는 방법을 찾는 것이다. 연쇄반응이 발생할 확률을 증가시키는 또 다른 방법은 농축(enrichment)과정을 통하여 핵연료 중의 ^{235}U의 비율을 높이는 것이다. 충분히 농축을 하면 중성자의 감속 없이도 연쇄반응이 일어날 수 있다. 또 다른 연쇄반응 촉진방법으로는 원자로의 노심(爐心)을 크게 만들어 노심 경계 밖으로 빠져나가는 중성자의 수를 최소화하는 것이다. 특정한 형태의 원자로에서 연쇄반응이 일어날 수 없는 한계치인 임계크기(critical size)가 존재하는데, 이 임계크기는, ^{235}U의 농축도를 증가시킴으로써 감소되며 또한 원자로 주위에 반사체를 설치함으로써 감소될 수도 있다. 반사체란 중성자들을 다시 노심 안으로 반사시키는 물질이다. 또 비**핵**분열성(nonfissionable) 원자에 의해 포획되는 중성자의 수가 최소화될 경우에 연쇄반응은 보다 지속적으로 유지된다. 어떤 종류의 원자들은 중성자, 특히 느린중성자를 쉽게 포획하므로 이런 종류의 원자들로 이루어진 물질은 가능한 한 피해야 한

다. 우라늄 중 비핵분열성인 ^{238}U은 중성자, 특히 중간 속도의 중성
자들을 핵분열 없이 흡수한다. ^{238}U이 고속 중성자를 흡수할 때는 분
열이 일어나지만, 그 가능성은 매우 낮아서 그러한 방식으로 보충된
중성자의 수는 연쇄반응의 발생에 아주 작은 기여를 할 뿐이다.

2) 감속

중성자의 속도를 늦추는 과정을 감속이라 한다. 이 과정에서 중성
자 흡수 단면적(cross section)이 작고 가벼운 원자로 이루어진 감
속재가 사용된다. 단면적이란 중성자가 원자핵과 반응하기 위해서
반드시 통과해야 하는 원자핵 주위의 면적이라고 할 수 있다. 중성
자가 감속재 안으로 방출되면, 그들은 한 원자로부터 다른 원자로
튀어나가는데, 이때 당구공의 충돌에서와 같이 충돌과정 중에 중성
자는 자신의 속도를 잃게 된다. 이러한 작용은 중성자와 충돌하는
원자로의 크기가 작고 중성자를 흡수하지 않을 때만 일어난다. 예를
들어 중수소의 경우, 원자량이 단지 중성자의 2배이며 흡수 단면적
역시 작기 때문에 매우 뛰어난 감속재이다. 수소는 질량의 측면에서
는 중수소보다 좋지만, 흡수 또는 포획 단면적이 중수소보다 더 크다.

3) 중성자의 감속

만약 ^{238}U이 원자로 노심에 포함되어 있다면, ^{238}U이 중속 중성자
에 대해 상대적으로 높은 흡수 단면적을 가지고 있으므로, 원자로
노심은 때때로 우라늄을 긴 봉의 형태로 만들어 감속재 안에 일정한
간격으로 배치하여 격자 형태를 갖추어야 한다. 이러한 방식은 핵연
료가 불연속적인 여러 개의 봉이나 판의 형태로 배치되는 비균질 원
자로형(heterogeneous reactor)으로 귀결되는데, 이렇게 함으로써
방출된 고속 중성자는 빠르게 우라늄 영역을 탈출하고, 다시 연료봉

으로 들어가기까지 감속재 안에서 충돌을 거치게 된다. 그리하여 중성자 속도는 ^{238}U원자에 의해 포획될 가능성은 낮은 수준으로 떨어지고, 반면에 ^{235}U원자에 의해 포획되는 기회는 증가하게 된다.

4) 원자로 제어

만일 연쇄반응이 너무 빠른 속도로 진행된다면, 열이 과다하게 방출될 수 있다. 반응을 제어하기 위해 중성자 흡수 단면적이 큰 카드뮴이나 붕소와 같은 물질을 봉의 형태로 노심에 삽입하는데 이것을 제어봉이라 한다. 이들 봉을 제거하면 노심의 반응도는 증가하며 제어봉을 가능한 한 깊이 삽입했을 때, 반응은 완전히 정지되고 더 이상의 연쇄반응은 진행되지 않는다. 제어의 또 다른 방법은 연료의 양을 변화시키는 것으로, 이 경우 연료봉을 제거하면 반응도가 저하된다. 반응의 제어는 반사체나 감속재의 양을 조절함으로써 얻어질 수도 있다.

5) 열 제거

원자핵분열은 열의 형태로 에너지를 방출한다. 만약 원자로 내의 핵분열이 일어나는 속도가 낮게 유지된다면, 노심은 매우 천천히 데워질 것이고, 열을 제거하기 위한 어떤 특별 설비도 필요치 않을 것이다. 반면에 높은 출력하에서는 노심 안쪽에 열 제거 계통의 설치가 필요하다. 이러한 냉각계통을 위해서는 물이나 기체 또는 액체 금속과 같은 냉각유체가 노심을 관통해 흐르게 된다. 이 유체는 중성자가 너무 많이 흡수되지 않도록 하기 위해서 알맞은 핵 분열특성을 지녀야 하며, 또한 적절한 유동 특성과 열전달 특성을 지녀야 한다.

6) 차폐

원자로 근처의 사람을 방사선으로부터 보호하기 위해 노심 주위에 차폐물이 설치된다. 이 차폐물은 원자로 주변에 두꺼운 콘크리트 구조로 되어 있으며, 핵분열과 분열 파편으로부터 방출되어 누출되는 중성자와 감마선을 효과적으로 흡수하기 위하여 납이나 강철 같은 중금속을 포함하기도 한다. 요구되는 차폐의 양은 원자로가 운전되는 출력 수준과 방사선 분열 파편이 축적되는 시간에 따라 달라진다. 차폐는 방사선에 의해 물리적 성질이 변화하는 여러 가지 물질을 보호하기 위해 사용되기도 한다.

4. 원자로의 분류

원자로의 분류는 사용목적, 원자로를 구성하고 있는 물질, 중성자 에너지, 핵연료 종류, 감속재 종류, 냉각재 종류 등에 따라 다양하게 분류되고 있다. 현재 상업용으로 많이 쓰이는 원자로는 가압경수형 원자로, 비등경수형 원자로와 액체금속 고속증식로이다.

1) 가압경수형 원자로

가압경수형 원자로(pressurized-water reactor)는 경수(물)로 냉각과 감속을 한다. 이때 경수는 높은 압력으로 유지되기 때문에 높은 온도를 얻는 것이 가능해진다. 뜨거워진 물은 노심을 둘러싸고 있는 가압용기로부터 증기발생기로 강제 순환된다. 증기발생기에서 교환된 열은 터빈을 회전시키는 수증기를 발생시킨다.

핵연료는 격자형태로 배치되는데, 상업용 원자로의 경우 보통 농도가 3~4%인 ^{235}U을 사용하고, 이는 이산화우라늄 탄알(pellets)로 이루어진 봉의 형태로 준비된다. 핵연료 피복재로는 스테인리스강과 지르코늄 합금이 사용된다. 핵연료와 피복재 사이의 공간은 열의 흐름을 원활히 하기 위해 헬륨으로 채워져 있다.

2) 비등경수형 원자로

비등경수형 원자로(boiling-water reactor)는 가압경수형 원자로와 많은 공통점이 있다. 차이점은 중간 증기발생기가 제거되고, 증기가 노심의 비등수로부터 직접 터빈으로 공급된다는 점이다.

3) 액체금속 고속증식로

액체금속 고속증식로(liquid-metal fast-breeder reactor)는 우라늄 원소의 대부분을 차지하고 있는 ^{238}U을 핵분열성 물질로 변환시켜 우라늄 자원의 사용을 극대화하기 위해 개발한 원자로이다. 고속증식로는 핵분열에서 생성되는 고속중성자를 경수로에서와 같이 감속과정을 거치지 않고 그대로 핵분열에 사용하기 때문에 감속재가 필요하지 않은 대신 ^{235}U+^{238}U이 중성자를 흡수하여 생성되는 플루토늄^{239}Pu를 20% 정도로 농축하여 핵연료로 쓴다. 냉각재는 중성자에너지를 감속시키는 기능이 작은 나트륨^{23}Na을 주로 사용하는데 Na은 물이나 공기와 접촉했을 때 격렬한 화학반응을 일으킨다. 그리고 1차 계통의 Na이 방사선 물질을 많이 함유하고 있기 때문에 직접 증기 발생기와 연결되지 않고 중간 열교환기를 설치하여 2차 계통의 깨끗한 Na에 열을 전달한다. 2차 계통은 증기 발생기와 연결되어 증기를 발생시킨다.

5. 안전성

1) 개요

원자로는 폭탄이 아니다. 따라서 원자폭탄과 같은 재앙을 제공하지는 않는다. 그럼에도 안전성 문제는 논란의 대상이다. 원자로에는 확실한 자기 제어 기능이 있기 때문에, 안전성 문제는 보다 간단해진다. 예를 들면 비등경수형 원자로나 가압경수형 원자로에서 온도의 상승은 핵분열을 감속시키고 이로부터 원자로는 정지하려는 경향이 있다. 즉, 원자로는 고유 안정성(inherent stability)이 있다.

2) 원자로 사고

많은 방사성물질의 누출을 수반하는 원자로 사고(reactor excursion)의 가능성은 존재한다. 그중 냉각수 상실 사고를 생각할 수 있는데, 냉각수의 상실은 곧바로 연쇄반응을 중지시킨다. 그러나 잔류열이 연료를 녹일 수 있고, 이로 인해 많은 양의 방사성물질이 누출된다. 냉각수 계통은 이러한 사고가 발생할 확률을 극소화하도록 설계되어 있고, 비상 냉각수는 붕소가 섞인 물이 자동적으로 뿌려지는 형태로 공급된다. 냉각수 계통과 비상냉각수 계통이 동시에 실패할 매우 희박한 가능성 때문에 추가로 공학적 안전설비(engineering safe guards)가 설치된다. 이것은 해롭지 않은 분열 생성물이 방출되도록 하는 보조 기구와 일반 차폐물에 보완적으로 설치된다. 이는 사고 시 방사선 낙진의 어떠한 관석도 담아낼 수 있을 정도로 강한 철제 외피로 원자로 전체를 둘러싸는 것을 포함한다. 원자로 설비는 항상 가장 근접한 도시에 대한 위험을 최소화할 수 있을 정도로 충분히 외딴 지역에 설치한다.

3) 냉각수 정화

원자로의 정상 출력 운전 동안, 노심을 관통해 순환하는 냉각수 안에는 누출되어 나오는 적은 양의 분열 생성물과, 또 어떤 경우에는, 방사성 부식 생성물이 존재할 수 있다. 따라서 모든 원자로는 냉각수 정화 계통을 통해 이러한 물질을 제거하는 과정이 필요하다. 또한 가연성 독봉으로 붕소를 사용하는 가압경수형 원자로의 경수 냉각수 안에는 중성자 흡수의 결과로 생성된 삼중수소가 존재할 수 있다. 정상 상태에서 이들 물질의 전량이 완전히 원자로 안에 갇혀 있음에도 불구하고, 누출을 완벽하게 막는 것은 어려운 일이다. 어떤 경우에는, 반감기가 짧은 동위원소가 붕괴하도록 하기 위해 설정된 저장기간을 지난 후 분열 생성물 중 일부가 방출될 때, 비활성 기체인 크립톤(Kr)·크세논(Xe)과 같은 약간의 분열 생성물이 굴뚝을 통해 대기의 높은 곳으로 분출되기도 한다. 마찬가지로 비등경수형 원자로에서 삼중수소 또한 2차 냉각수 안으로 적은 양이 누출될 수 있다. 삼중수소는 산소와 결합한 후에는 화학적으로 물과 동일해진다.

6. 원자로의 응용

1) 연구용·훈련용·검사용 원자로

이러한 원자로는 연구와 검사를 목적으로 설계되고 사용될 수 있는데, 이 경우 노심을 빠져나온 중성자를 직접 사용한다. 연구용 원자로는 동력 원자로에 비교할 때, 소규모인 것이 보통이다. 대학 구내에 있는 많은 연구용 원자로는 훈련과 교육을 목적으로 쓰이고, 물리학과 생물학의 다양한 분야에서 연구를 하기 위한 중성자 생산에 쓰이고 있다. 큰 규모의 연구용 원자로는 국립 연구소에서 찾아볼 수 있는데, 보다 높은 출력을 유지하기 위해 소모되는 비용의 추가분은 높은 중성자속(neutron flux)을 얻음으로써 보상된다. 중성자속이란 초당 단위면적을 지나는 중성자의 수를 말한다. 검사용 원자로는 1차 목적이 중성자가 물질에, 특히 동력 원자로에 사용될 물질에 미치는 영향을 검사하는 것이므로, 상대적으로 높은 중성자속을 필요로 한다. 높은 중성자속에 오랜 시간 동안 피폭된 물질은 때때로 그 질이 나빠지게 되는데, 검사용 원자로는 실제 원자로 운전기간 동안 기다리지 않고 이러한 영향을 연구하는 것을 가능하게 한다. 이러한 검사는 동력 원자로를 위해 여러 가지 형태의 핵연료의 사용 가능성을 예측한다는 측면에서 특히 중요하다.

2) 소규모 동력 원자로

중앙 발전소로부터 상업적 전력을 공급하기 위한 거대한 설비와는 달리 핵연료를 쉽게 재충전하기 어려울 정도로 외딴 지역에서는 소규모 동력 원자로가 실용적이다.

3) 원자력 선박

미국의 항공모함 '엔터프라이즈호'와 같은 많은 해상선박들이 핵연료로 움직인다.

상업용 선박을 위한 핵 추진의 선례는 1960년대 미국에 의해 건조된 '사바나호'에서 찾아볼 수 있다. 이 배는 가압경수형 원자로가 사용되었는데, 그 결과 기술적인 성공을 거두었지만 상업적으로는 실패했다. 그 배는 보조금 없이 운항하는 것이 불가능했던 것이다. 그러나 이러한 시도는 매우 중요한 것이었고, 이후로 원자력을 해양에서 다른 비군사적인 측면에 응용하는 일은 발전되어 왔다.

유명한 구(舊)소련의 쇄빙선 '레닌', 독일이 건조한 무역선 '오토한' 등은 추진에 사용할 동력을 공급하기 위해 가압경수형 원자로를 갖추고 있다.

4) 바닷물의 음료수화

세계의 어떤 지역은 담수가 귀하고 수송하는 데 많은 돈이 드는 반면, 바닷물은 흔한 경우가 있다. 원자력은 바닷물의 탈염 공장을 움직이는 가장 경제적인 수단을 제공한다. 이때 발생되는 열의 일부를 전력 생산에 이용하는 다목적 공장에 대한 연구가 진행 중에 있다.

5) 로켓 추진

소규모 원자로가 우주 비행물을 위한 열과 전기의 보조원으로 연구되어 왔다. 보다 야심적인 노력이 로켓 추진을 위한 원자력 엔진을 만드는 데 경주되어 왔다. 새로운 분열과 융합 개념에 있어서 많은 연구활동과 그에 따른 진보가 이루어지고 있다.

PART 11

에너지의 효율적 이용

11

에너지의 효율적 이용

1. 패시브하우스

패시브하우스(PH, Passive House)란? 기후온난화의 주범인 온실가스 배출을 줄이기 위해 독일을 중심으로 유럽에서 보급 중인 고효율저탄소(HELC) 주택으로 연간 난방에너지 소비량이 평방미터당 $15\,kWh/m^2 \cdot$ 년 이하로서 일반주택의 1/10 수준이다. 패시브하우스 적용기술은 모든 건축물에 적용이 가능하지만 지금까지 PH의 보급실적은 단독주택, 연립주택, 아파트 등과 같은 주거용 건물이 대부분이며 특히 단독주택과 같이 에너지소비가 많은 건물일수록 PH도입효과가 크다. PH는 단열과 기밀이 철저하기 때문에 주민선호도가 일반건물보다 낮을 것으로 생각하기 쉬우나 실제 PH 입주자를 대상으로 선호도를 조사한 결과 일반건물보다 선호도가 월등하게 높은 것으로 조사되었다. 이러한 원인은 철저한 단열로 실내온도 분포가 균일하며 벽체온도가 일반건물보다 높아 인체피부가 느끼는 복사냉각 불쾌감이 감소하고 연속적인 강제 환기로 실내공기의 청정도가 개선된 데 기인하는 것으로 분석된다.

실제로 외기온도 −10℃에서 단열이 미흡한 일반건물은 외벽온도가 16℃로 낮아서 실내온도가 23℃ 이상이 되어야 인체가 쾌감을 느끼지만 PH는 외벽온도가 20℃로 높게 유지되기 때문에 실내온도가 20℃로 낮아도 동등 이상의 쾌감을 느끼게 된다.

PH의 기술을 적용하기 위해서는 다음과 같은 사항을 충분히 고려하여야 한다.

● 단열강화

일반적으로 건물의 에너지손실은 외벽과 천정 및 바닥을 통한 열손실이 가장 많으므로 건물의 단열을 철저히 하여 열손실을 최소수준으로 줄인다. 독일은 지역에 따라 다소 차이가 있으나 전체적으로 우리나라보다 춥기 때문에 PH인증기준 열관류율 0.13w/㎠을 충족하기 위해 단열두께를 30㎝ 정도로 설계하고 있다. 우리나라는 독일보다 기후조건이 유리하여 단열두께를 18㎝ 정도로 하면 PH단열기준을 충족할 수 있는 것으로 분석되었다.

● 고기밀 단열창호

창문은 단열과 기밀유지가 어려워 창문을 통한 열손실이 높은 비중을 차지하고 있다. 독일은 PH 건축을 위해 슈퍼단열창호를 개발하여 사용하고 있다. 슈퍼단열창호는 3중 유리로 제작되며 유리와 유리 사이의 공간에 아르곤, 크립톤 등 0족 원소를 충진하여 단열성능을 극대화하여 열관류율을 0.8w/㎡ 이하로 하고 있다. 0족 원소는 공기와 같은 분자상태가 아닌 원자상태로 존재하기 때문에 공기와 같은 대류전열이 발생하지 않아 단열성능이 크게 향상되는 것으로 알려져 있다. 슈퍼단열창호는 고가이고 아직 국내에서 개발되지 않아 국내적용에 어려움이 있으나 최근 국내에서 개발된 이중유리를 복층으로 제작한 발코니창으로 사용하면 열관류율을 $1.3w/㎡$ 이하로 할 수 있어, 가격과 성능 면에서 적용 가능한 수준이다.

- 폐열회수형 환기장치

건물의 환기를 통한 에너지손실도 높은 비중을 차지하며 따라서 PH는 높은 수준의 기밀유지가 필수요건이다. PH의 건물밀폐 성능기준은 실내외의 압력차가 50파스칼인 상태에서 시간당 공기교환율을 0.6으로 하고 있다. 이것은 한 시간에 실내공기의 60%를 새로운 공기로 대체하는 것이며, PH는 밀폐가 철저하여 자연환기가 불가능하기 때문에 별도의 환기장치가 필요하다. 또한 환기로 손실되는 열을 회수하기 위해 폐열회수형 환기장치를 설치한다.

폐열회수형 환기장치는 에너지소비와 소음이 적고 열회수율이 높아야한다. 독일에서 사용하는 환기열회수장치의 열회수율은 90% 이상이다.

- 열교(heat bridge) 차단

열교란 천정과 벽체, 벽체와 바닥 등 건물의 모서리부분, 문틀과 벽체의 연결부위, 베란다 등 외부돌출부위, 콘센트 설치부위, 단열재부착을 위한 철사나 각종 틈새 등을 통해 건물의 내부와 외부 사이에 열이 이동하는 통로(heat bridge)가 형성되는 것이다. 따라서 PH를 건축하기 위해서는 열교를 차단하도록 건물의 설계와 시공에 이르기까지 세심한 배려와 감독이 아주 중요하다. 열교를 차단하기 위해 창틀은 금속재가 아닌 나무나 플라스틱을 사용하고 표면까지 단열 시공하여야 한다.

● PH건축 시 유의사항

① 일반건물보다 설계, 자재, 시공, 감리비가 증가된다.

② 콘크리트건물은 다른 건물보다 기밀유지가 용이하다.

③ 베란다설치 시 열교방지를 위해 외부에 별도의 지지대를 설치
한다.

④ 열교환기 소비동력을 회수에너지의 15% 이내로 유지한다.

⑤ 환기장치는 부엌, 화장실에서 배기, 침실이나 거실로 급기한다.

⑥ 창틀표면, 건물 모서리 부분의 단열강화 등이 요구된다.

● PH 보급촉진 방안

① PH 설계기술 개발 및 설계인력 양성

② 고성능단열재, 고성능 환기장치 등 PH기자재 개발

③ PH 시공기술 개발 및 시공인력 양성

④ PH 보급촉진을 위한 지원정책 마련

2. 소규모 집단에너지 공급시스템

일정지역의 밀집된 건물군에 열과 전기를 일괄 공급하는 선진형 에너지공급시스템을 CES(Community Energy System)라고 한다. 구성기기로는 열(난방, 냉방, 급탕)과 전기를 공급하기 위하여 공급 대상구역의 여건에 따라 소형열병합발전시설, 보일러, 열교환기, 히 트펌프, 냉동기, 축열조 등을 다양하게 조합하여 구성된다.

CES를 보급하면 국가적 측면에서 고효율 에너지공급시스템 도입 으로 에너지가 절약되고 저렴한 비용으로 에너지공급이 가능하며, 에너지공급시설 유지보수가 용이하고, 하절기 피크전력난 완화에 기여하며, 쾌적한 환경유지가 가능하다.

외국의 CES 도입현황을 살펴보면 미국의 뉴욕 시카고, 일본의 동경 오사카, 프랑스의 파리 리용 등에 보급되고 있다. 우리나라에서 CES 도입대상으로는 단기적으로 도심 고층건물 밀집지역에 보급이 필요하고, 중기적으로는 민자역사 등 도심지 개별건물에, 장기적으로는 도심재개발사업장이나 신도시조성지구에 도입되어야 할 것이다.

3. 에너지저장

에너지를 생산할 때와 사용할 때 시차가 있을 경우에 에너지를 저장할 필요가 있다. 특히 전기의 경우에는 생산과 동시에 사용하여야 하기 때문에 전기가 남을 때에는 전기를 다른 형태의 에너지로 전환하여 저장하였다가 전기가 부족할 때 사용하는 전력저장 시스템이 요구된다. 에너지의 저장방법으로는 열로 저장하는 방법, 화학에너지로 저장하는 방법, 기계적 에너지로 바꾸어 저장하는 방법이 있다.

열저장방법으로 가장 대표적인 것은 온수나 냉수를 만들어 저장하는 방법인데 물탱크의 크기가 너무 커져서 공간을 많이 차지하는 단점이 있다. 그래서 개발된 것이 잠열 축열재나 얼음 등을 이용하는 잠열 축열방법인데 공간을 적게 차지하는 대신에 공사비가 많이 들고 운전이 복잡해진다. 조상들이 난방에 이용하던 구들장은 아주 훌륭한 축열기술이며 요즘 온돌바닥에 채워 넣는 모래와 자갈도 우수한 축열재이다.

원자력발전으로 전력공급에 여분이 있는 심야에 전력으로 온수나 얼음을 만들어 에너지 수요가 많은 주간의 냉·난방에 이용하는 기술도 대표적인 축열기술이다. 또한 지역난방공급소에는 대형 온수 축열조가 다수 설치되어 수용가에게 열을 항상 일정하게 공급하고 있는 것을 볼 수 있고 증기의 부하변동이 심한 산업체에서는 증기어

큐무레이터를 설치하여 증기를 고압의 압축수 형태로 저장하였다가 증기를 많이 쓸 때에 증기를 발생시켜 증기사용처에 공급함으로써 보일러의 운전을 안정적이고 고효율로 운전하기도 한다.

전기를 화학적으로 저장하는 방법으로는 이차전지가 가장 많이 이용된다. 우리가 흔히 사용하는 핸드폰, CD플레이어, 디지털카메라, 노트북컴퓨터 등에 사용하는 충전용 배터리는 모두 이차전지인데 이차전지 제조기술의 발달로 동일체적당의 충전량이 갈수록 커져 휴대용기기의 보급확대에 크게 기여하고 있다.

수력발전소 하부에 설치된 양수발전소에서는 전력에 여유가 있을 때에는 모터로 수차를 돌려서 하부댐에 있는 물을 상부댐으로 퍼 올려놓았다가 전력이 부족할 때에 수차와 모터를 거꾸로 돌려 발전을 함으로써 전기부하의 변동에 효율적으로 대처하고 있다.

폐열을 고체축열재에 축열하여 이용하는 기술도 많이 이용되고 있다. 유리 제조공장에서는 유리용해로에서 발생하는 고온의 배기가스로 내화물을 예열한 후에 용해로로 공급되는 차가운 연소용 공기를 데워서 용해로에 투입하여 연료를 절감하고 있다. 또한 최근 널리 보급 중인 축열식 버너는 강재의 간접가열 시 버너의 연소실을 통과한 배가스가 볼이나 벌집모양의 축열재를 통과하여 배출되도록 설계되어 있으며 반대편에서 연소용공기가 축열재를 통과하면서 예열된 후 연소실로 공급되어 연료절감 효과가 크다.

화학적 저장방법으로는 금속수소화합물의 흡착열을 이용하거나 축전지, 생석회와 석회석의 가역화학반응열을 이용하는 방법이 알려져 있으나 실제 적용 사례는 축전지를 제외하고는 많지 않다.

축열기술은 에너지이용효율을 높이는 효과가 크기 때문에 아주 중요한 기술 분야이다. 앞으로 점차 기술이 발달하여 철강공장이나 시멘트공장에서 대량으로 배출되는 고온폐열을 저장하거나 번개나

벼락과 같이 순간적으로 발생하는 엄청난 에너지를 효과적으로 저장할 수만 있다면 우리나라의 경우 장마철에 상당히 많은 에너지를 얻을 수 있을 텐데 언제 그런 기술이 개발될 수 있을지 무척 궁금하다.

4. 폐열이용

폐열은 에너지를 이용하는 과정에서 외부로 버려지는 열로서 보일러의 배기가스열, 발전소의 냉각수열, 목욕탕의 온배수, 환풍기의 배공기, 증기의 응축수, 염색폐수, 건조기의 배기 등 에너지를 사용하는 곳에는 반드시 폐열이 발생하게 되므로 우리가 폐열을 효과적으로 회수하여 이용하게 되면 아주 효과적으로 많은 에너지를 절약할 수 있어서 폐열은 중요한 제2의 에너지자원으로 볼 수 있다.

폐열회수 이용기술에는 2가지 단계가 있으며 첫 번째는 열교환기를 이용하여 폐열을 회수하는 것이다. 보일러의 배가스 폐열을 회수하는 방법으로는 배가스열로 연소용 공기를 예열하는 열교환기(공기예열기)를 설치하거나 배가스열로 보일러에 공급하는 물을 데우는 열교환기(급수가열기)를 설치하면 보일러에서 소비되는 연료를 크게 줄일 수 있다. 실제로 공기예열온도를 20℃ 정도 올리거나 급수예열온도를 7℃ 정도 올리게 되면 1% 정도의 연료가 절약된다. 대표적인 폐열회수 사례로서 공중목욕탕은 대부분 목욕탕에서 버려지는 폐수열을 회수하여 목욕수를 예열하는 폐수열교환기를 설치하여 연료비를 절약하고 있다. 두 번째는 에너지증식기를 이용하여 폐열을 회수하는 것이다. 열교환기를 이용하여 폐열을 회수하면 투자비도 저렴하고 설비도 간단해지는 이점이 있으나 폐열온도가 낮은 경우에는 회수온도가 낮아서 이용할 수 없게 되는 단점이 있다. 에너지증식기는 온도가 낮은 폐열에서 폐열온도 이상의 고온으로 열을

회수할 수 있어서 폐열회수효과를 극대화할 수 있는 고성능 폐열회
수장치도 개발되고 있다.

5. CNT 신광원

나노기술이 21세기 미래기술로 각광을 받고 있다. 나노란 10억분
의 1m의 극미세 영역인데 대략 물질구성의 기본단위인 분자의 크기
수준이다.

CNT(카본나노튜브)는 우수한 기계적 강도, 화학적 안정성, 큰 열
전도도, 뛰어난 전계방출 특성을 갖고 있어 이를 이용하여 각종 장
치의 전계방출원, 리튬이온2차전지, 연료전지의 전극, 나노와이어,
단전자소자, 고기능복합체, FED, LCD백라이트, 옥외광고판, 전광
판 등에의 응용기술개발이 활발히 진행되고 있다. 특히 세계3대 조
명회사인 오스람, 필립스, GE를 중심으로 지금까지의 백열전구, 형
광등보다 성능이 우수한 새로운 신광원을 적극 개발하여 저출력에
서는 LED, 유기EL을 대표로 하는 고휘도반도체광원이, 고출력에서
는 무전극형광등, 황전등 등의 신광원이 개발되어 보급되고 있다.
이러한 신광원의 특징은 기존 광원에 비해 수명이 월등하게 길고 견
고하며 연색성이 높고 무공해물질을 사용하여 30~50%의 에너지절
약이 가능한 특징을 갖고 있다.

6. 마이크로파 건조

마이크로파 건조기는 가정에서 많이 사용하고 있는 전자레인지의
원리를 산업용건조기에 응용한 것이라 생각하면 쉽게 이해할 수 있
으며 열풍건조와 같은 외부가열이 아니고 전자파에 의한 내부가열

특성을 이용하기 때문에 열풍건조가 어려운 덩어리나 벌크제품 건조에 이용하면 아주 우수한 건조성능을 발휘하므로 이런 제품을 건조할 때에는 마이크로파 건조를 적극 검토할 필요가 있다. 마이크로파 건조의 특징은 에너지절약뿐만 아니라 건조품의 품질도 크게 향상되고 건조시간도 단축시킬 수 있으며 연속건조가 가능하여 생산성 향상효과가 큰 점이다.

마이크로파 건조방식의 적용대상은 대단히 광범위하며 지금까지 적용된 주요 사례를 살펴보면 타이어고무예열, 고무의 연속가류, 몰드성형, 나무건조 및 가열접착, 합판접착, 목재살충 살균 방부처리, 합섬열처리, 염색공정발색, 찻잎 건조, 식품살균 방균 조리, 열성처리, 초콜릿 껌가열, 점토건조, 압출성형품 건조, 세라믹촉매필터 건조, 석고몰드 건조, 페라이트건조경화, 의약품 및 인공장기살균 건조, PVC필름성형, 중합촉진가열, 열경화성수지가열, 플라스틱 펠렛 가열 등 응용범위는 무궁무진하다.

마이크로파 건조기의 건조효율은 전자파 전환효율을 포함하여 50~60% 범위인데 이러한 건조효율은 일반적인 열풍건조기의 건조효율 30~40%에 비하면 상당히 높은 편이다.

7. 에멀젼 연료

에멀젼 연료는 여러 종류가 있으나 대부분 중유 또는 경유에 물 10~30%와 유화제를 1% 정도 첨가한 연료이다. 환경규제가 날로 강화됨에 따라 보일러에 에멀젼 연료를 사용하면 연소성능이 크게 개선되는 것으로 알려져 에멀젼 연료 사용에 관심을 갖고 있는 사람이 많다.

산업체에서는 원가절감을 위해 가격이 저렴한 중질유(주로 벙커

유)를 많이 사용하여 왔으나 중유와 같은 중질유는 점도가 높고 연료 중에 불순물이 많으며 연소성이 불량하여 매연발생으로 환경관리에 어려움이 있다. 중유와 같이 질이 낮은 연료는 연소기성능, 연소분위기, 연소실형상 등이 잘 조화되지 않으면 검댕이나 매연이 발생하기 쉽고 검댕이 발생하면 연소실 내부 관벽에 부착하여 전열을 방해하므로 배가스 온도가 올라가고 보일러 성능이 저하된다. 에멀젼 연료는 이러한 연소 장애를 개선하기 위하여 중유에 물을 혼합하여 연소성능을 향상시킨 혼합연료를 말하며 일반적으로 에멀젼 연료에는 혼합된 물과 기름 간에 분리가 일어나지 않도록 유화제로서 계면활성제가 첨가되는 경우가 많다.

에멀젼 연료의 연소 시에는 연료 중에 함유된 미세한 물방울이 버너에서 연료와 함께 분사되는 순간 1,500℃ 이상의 고온화염에 의해 순간적인 폭발현상이 일어나게 되며 이때 미세한 물 입자 표면의 연료가 물방울의 폭발에 의해 극미립화가 되므로 아주 성능이 우수한 버너를 사용한 것과 마찬가지로 연료의 미립화가 촉진되어 공기와의 접촉 면적이 크게 증가되므로 이상적인 연소분위기가 형성되어 완전연소가 이루어진다고 한다.

따라서 평소 연소장애가 자주 발생하여 매연과 불완전연소가 발생하는 보일러는 에멀젼 연료 사용을 검토할 필요가 있으며 에멀젼 연료를 적정히 선정하면 완전연소가 가능하게 되어 매연과 질소산화물, 일산화탄소 발생이 크게 감소되고 연소실 내부에 부착된 그을음도 제거되어 전열성능이 개선되므로 연료절감효과를 얻을 수 있다.

8. 진공단열패널

진공은 가장 우수한 단열재이다. 우리가 잘 알고 있는 바와 같이 열은 전도, 대류, 복사를 통해 고온부에서 저온부로 이동한다. 그런데 진공은 공기가 없는 상태이므로 공기를 통한 전도나 대류열전달이 일어나지 않아 열 이동을 차단하는 단열재로서는 아주 이상적이다. 그래서 높은 단열성능을 필요로 하는 보온병의 벽체 내부는 진공으로 제작된다. 높은 단열성능을 필요로 하는 곳은 보온병뿐만 아니라 저온창고, LNG저장탱크 등 여러 곳이지만 우리가정에서 사용하는 냉장고나 상점의 냉동고 등도 단열재의 성능이 우수해야 에너지 손실을 줄이고 내용물을 손상 없이 장기간 보존할 수 있다.

국내에서 개발된 고성능 진공단열패널은 외피재료로 알루미늄이 아닌 스테인리스 박판을 사용하고 있는데 스테인리스의 기밀성능이 알루미늄보다 우수하여 제습제가 불필요하며 심재로는 고분자물질 대신 무기재료인 유리섬유를 사용하여 가스발생을 억제함으로써 단열성능이 외국제 진공단열패널의 2배 이상으로 성능이 우수한 것으로 평가되고 있다. 국산 진공단열패널의 절전성능을 시험하기 위해 기존의 750 L 급 냉장고의 벽체에 외피면적의 38%에 해당하는 면적에 진공단열패널을 사용하였을 때 13%의 절전성능이 있는 것으로 분석되었으며 향후 외피면적의 60%까지 진공단열패널사용을 증가시키면 절전율은 25% 수준이 될 것으로 예측되었다.

참고문헌

PART 01. 지구촌 환경위기

강신택, 『원자력안전백서』(1992~1997년도판).

곽태식 외 4인, 「지구온난화에 따른 국내 과수작물 재배지 변화에 대한 GIS 예측 모형 연구―여섯 가지 열대 및 아열대 과수를 중심으로―」, 『한국공간정보시스템학회 논문지』 제10권 제3호, 93~106(2009).

국가과학기술위원회, 『녹색기술연구개발 종합대책』(2009).

김영식, 『우라늄 235를 잡아라』, 한국원자력문화재단(1997).

김은하 역, 『지구온난화 충격 리포트』, 미디어월(2007).

김종연, 「'녹색성장'과 지형학적 연구의 기여」, 『대한지리학회지』 제45권 제1호, 75~94(2010).

김효정, 「원자력 과학기술 발전사」, 『기계저널』 제44권 제2호(2004).

대한기계학회, 「저탄소 녹색성장과 녹색기술」, 열공학부문 춘계학술대회 논문집, 17~18(2009).

박수억, 『글로벌경쟁시대의 에너지산업』, 한국에너지협회(2000).

박헌렬, 『지구온난화와 그 영향과 예방』, 우용출판사(2003).

산림관련국제회의및협약대응연구팀, 『지구온난화』, 국립산림과학원(2005).

삼성경제연구소, 『녹색성장시대의 도래』(2008).

신연재, 『지구온난화와 국제사회의 대응』, 울산대학교출판부(2005).

신현국 외 1인, 『환경과학총론, 동화기술』, 249~257(1998).

윤순진, 「기후변화 대응전략으로서의 원자력발전정책에 대한 비판적 검토―지속 가능한 발전의 관점에서―」, 『한국행정학보』 제37권 제4호, 359~382(2003).

윤순진, 「'저탄소 녹색성장'의 이념적 기초와 실재」, 『환경사회학연구 ECO』 제13권 1호, 219~266(2009).

이용수, 『현대문명의 빛과 그늘 – 원자력』, 한국원자력문화재단(1996).

이재승, 「한국 에너지 정책 패러다임의 재고찰―해외자원개발과 녹색성장을 중심으로―」, 『국제관계연구』 제14권 제1호(통권 제26호), 5~31(2009).

이재영, 『환경문제의 겉과 속』, 신구문화사(1996).

이필렬, 『과학읽기 체르노빌의 기억』, 세계일보(2006).

이필렬, 『에너지 대안을 찾아서』, 창작과비평사(1999).

이필렬, 「원자력 석유대체론의 허구성 매년 50조 투자 50년이면 우라늄 고갈」, 교수신문(2006).

조광우, 지구온난화에 따른 한반도 주변의 해수면 변화와 그 영향에 관한 연구, 환경정책평가연구원(2002). 조선일보 2009년 12월 18일자 A1면 기사.

조용덕·이상화, 『수질공학의 응용과 해설』, 한국학술정보원(2010).

「지구 온난화에 따른 해양환경 변화와 대책」, 해양환경안전학회 2010년 춘계학술발표회, 59~62.

최병두, 「신자유주의적 에너지정책과 '녹색성장'의 한계」, 『대한지리학회지』 제45권 제1호, 26~48(2010).

하상안·구현서, 『에너지환경개론』, 형설출판사(2009).

환경교재연구회, 『환경과 인간』, 녹문당(2001).

환경부, 『환경분야 녹색성장 실천계획』(2009).

「日本における地球溫暖化防止のための對策關聯法制の內容及び課題」, 『東亞法學』 第45號, 97~133(2009).

Encyclopa dia Britannica(15).

Gao, Y., Chen, L., and Ehsani, M., "Investigation of the Effectiveness of Regenerative Braking for EV and HEV", *SAE Paper*, 1999-01-2910(1999).

Jens Meiners and Tim Moran, "The flawed, the fabulous, the futuristic", Automotive News Europe, **11**, 16~21(2006).

Kim, H. S., Kim, J. M., and Kim, D. H., "Presence and Future of Hybrid Electric Vehicle", *Auto Journal*, **28**, 16~27(2006).

Lim, S. W., "Advanced Automobile Material", *KSHT*, **20**,148~156(2007).

Nakazawa, N., "Development of a Braking Energy Regeneration System for City Buses", *SAE Paper*, 872265(1987).

Oh, H. S., "Development Trends and Prospects of Fuel Cell Vehiches", *Auto Journal*, **29**, 16~21(2007).

Tim Flannery, "We are the Weather Makers: the story of Global Worming Phenomena", Scenery of Knowledge(2007).

Yamamoto Ryoich, "Impact Report for Global Worming", Media Wall(2007).

http://100.naver.com

http://blog.naver.com/hayeon

http://blog.naver.com/neo

http://enc.daum.net

http://energyvision.org/board/print.php?no

http://ko.wikipedia.org

http://opentory.joins.com

http://racer.kemco.or.kr

http://www.eb.com

http://www.environet.co.kr

http://www.kemco.or.kr

http://www.kfem.or.kr

http://www.kier.re.kr

http://www.me.go.kr

http://www.nier.go.kr

http://www.shihwaho.or.kr

http://www.todayenergy.kr

PART 02. 에너지

국립환경연구원, 『유기성폐기물 종합관리기술 구축』(2004).

김종민 외 1인, 「신재생에너지 발전(태양광, 풍력, 소수력, 바이오가스)의 경제성 분석
　　　　연구」, 『한국태양에너지학회 논문집』 제28권 제6호, 70~77(2008).

김학준, 『에너지 개론』, 경남대학교 출판부(2004).

산업자원부, 『신재생에너지 RD&D전략2030(유기성폐자원 바이오에너지 분야)』(2007).

수도권 매립지관리공사, 『국내매립가스 자원화시설 현황 및 기술사례집』(2006).

알렉시에프 G. N., 『에너지와 엔트로피』, 일빛(2001).

우정만, 『전기자기학』, 문운당(2002).

윤정인, 『에너지시스템』, 태훈출판사(2000).

이광식, 『에너지공학의 기초』, (주)북스힐(2002).

이용석 외 1인, 「신재생에너지 기술혁신 개발과 R&D성과 사업화 촉진방안」, 『기술혁신
　　　　학회지』 제12권 제4호, 788~818(2009).

이재승, 「EU의 녹색에너지전략: 신재생에너지와 기후변화 정책을 중심으로」, 『국제관

계연구』 2010년 봄호 제15권 제1호(통권 제28호), 271~292(2010).

이정민, 『열역학 빨리 이해하기』, 태훈출판사(2000).

이필렬, 『에너지 대안을 찾아서』, 창작과 비평사(1999).

차재호, 『에너지총설』, 한국에너지정보센터(2003).

「초저온 케스케이드 냉동사이클의 중간압력 및 바이패스 유량 최적화」, 『한국동력기계
　　　공학회지』 제14권 제2호, 28~33(2010).

하백현, 『에너지공학개론』, 청문각(2001).

하상안·구현서, 『에너지환경개론』, 형설출판사(2009).

한국화학공학회, 『에너지공학』, 교보문고(1996).

「화력 및 원자력 발전 플랜트의 엑서지 및 열경제학적 해석」, 대한기계학회 춘추학술대
　　　회 1999년 제2권 제2호, 96~103(1999).

환경부, 『환경통계연감』(2007).

Brenda and Rovert Vale, *Green Architecture*, Thames and Hudson(2001).

D. Stewart, *Wheels go round and round, but always run down, Smithsonian*,
　　　pp.193－208, November(1986).

EnCyber & EnCyber.com

Encyclopa dia Britannica(15).

G. J. Van Wylen and R. E. Sonntag, *Fundamentals of Classical Thermodynamics*,
　　　3d ed., Wiley, New York(1985).

IEA, *International Energy Outlook*(2005).

John Tillman Lyle, *Regenerative Design for Sustainable Development*, John
　　　Wiley and Sons(1996).

J. R. Howell and R. O. Buckius, *Fundamentals of Engineering Thermodynamics*,
　　　McGraw－Hill. New York(1987).

K. Wark. *Thermodynamics*, McGraw－Hill, New York(1988).

Sue Roaf, "Ecohouse－A Design guide", Architectural Press(2001).

W. G. Chun, S. H. Lim, Y. H. KANG, "A Study on the Performance of Green
　　　Energy Office building for KIER", ICBSFM, Singapore(2003).

W. Z. Black and J. G. Hartley, *Thermodynamics*, Harper & Row, New York(1985).

http://100.naver.com

http://blog.naver.com/hayeon

http://blog.naver.com/neo

http://enc.daum.net

http://energyvision.org/board/print.php?no

http://ko.wikipedia.org

http://opentory.joins.com

http://racer.kemco.or.kr

http://www.eb.com

http://www.environet.co.kr

http://www.kemco.or.kr

http://www.kfem.or.kr

http://www.kier.re.kr

http://www.me.go.kr

http://www.nier.go.kr

http://www.shihwaho.or.kr

http://www.todayenergy.kr

PART 03. 물에너지

경북대학교대학원 석사학위논문, 27~63(2006).

김길호, 「소수력 개발을 위한 타당성분석 방안」, 인하대학교 석사학위논문, 5~24(2008).

김동식·홍원화, 「하수처리장 소수력 발전소 건설 타당성 분석에 관한 연구」, 『대한건축학회논문집』 21(5), 225~230(2005).

김희곤, 「소수력발전시스템의 설계파라미터 분석 및 설계에 관한 연구」, 충남대학교대학원 석사학위논문, 17~57(2007).

남광현, 『신천하수종말처리시설 소수력발전 적용 검토』, 대구경북개발원, 37~55(2002).

문일성, 「서귀포시 동부하수처리장 방류수를 이용한 소수력발전」, 제주대학교 석사학위논문, 18~31(2005).

박완순, 「소수력 발전소의 성능예측 기법에 관한 연구」, 공주대학교 박사학위논문, 31~76(2003).

박완순·이철형, 「하수처리장 방류수를 이용한 소수력발전」, 『설비/공조·냉동·위생』 10월호, 57~61(2007).

박완순·이철형·정상만, 「소수력발전소의 건설 타당성분석기법」, 『태양에너지』 18(3), 153~158(1998).

박봉일·박준식, 「소수력발전시스템 시공사례」, 『전자잡지』 11월호, 74~80(2006).

산업자원부, 『환경친화적 소수력자원조사 및 활용기술 개발』, 산업자원부, 4~19(2006).

이건영, 「농업용 저수지의 소수력 발전이용에 관한 연구」, 한양대학교 대학원 석사학위
　　　논문, 4~67(2001).

이경배, 소수력발전, 『월간전기』 7월호, 91~97(2007).

이경배·이은웅, 「소수력발전의 기술 및 시장동향」, 2008년도 대한전기학회 하계학술
　　　대회 논문집, 1188~1189.

이문옥, 『해양에너지 공학』, 전남대학교출판부(2008).

이영대, 「하수처리수 재이용활성화를 위한 미활용에너지 개발」, 『설비저널』 37(1),
　　　38(2008).

이철형, 「국내·외 소수력발전 개발 동향」, 『태양에너지』 3(4), 3~10(2004).

이철형·박완순「소수력발전소의 성능 예측기법에 관한 연구」, 유체기계공업학회 2005
　　　유체기계 연구개발 발표회 논문집, 742~747(2005).

이철형·박완순·신동렬·정헌생, 「소수력 발전소의 성능 해석에 관한 연구」, 한국동
　　　력자원연구소 11(4), 133~145(1989).

「자가발전형 고정밀 수도계량기개발을 위한 최적 수차 및 최적 모터의 개발 및 조합연
　　　구」, 한국지반환경공학회 2008 학술발표회 논문집, 301~307.

조맹수, 「소수력 발전소 건설에 관하여」, 『한국기술사회지』 23(1), 21~29(1990).

조명제, 『수차류 등 전통적 동력기기에 관한 역사적 고찰』, 한국과학사학회(1989).

조철희·이영호, 『해양에너지개론』, 대선(2008).

조용덕·이상화, 『수질공학의 응용과 해설 1·2』, 한국학술정보㈜(2010).

전북경제사회연구원, 『하수처리장 미활용 에너지 이용 타당성 조사 연구』, 한국에너지
　　　기술연구원, 21~72(2001).

하상안·구현서, 『에너지환경개론』, 형설출판사(2009).

홍석원 외, 『해양에너지공학』, 신기술(1999).

Chung Gu Lee and Jin Dal Jeong, *A study on the Performance characteristics
　　　of Francis Turbine*(1993).

Encyclopa dia Britannica(15).

http://100.naver.com

http://blog.daum.net/tower123

http://blog.daum.net/vision32/208

http://blog.naver.com/hayeon

http://blog.naver.com/neo

http://enc.daum.net

http://energyvision.org/board/print.php?no

http://ko.wikipedia.org

http://opentory.joins.com

http://photohistory.tistory.com

http://racer.kemco.or.kr

http://www.eb.com

http://www.environet.co.kr

http://www.kemco.or.kr

http://www.kfem.or.kr

http://www.kier.re.kr

http://www.me.go.kr

http://www.nier.go.kr

http://www.shihwaho.or.kr

http://www.todayenergy.kr

PART 04. 태양에너지

김용식 외 5인, 「Demonstration Research of Photovoltaic System with Solar Reflectors」, 『한국태양에너지학회 논문집』 제29권 제1호, 64~69(2009).

김종규 외 5인, 「Study on the Large Scale Solar Power Plant Compared with the Thermal Power Plant」, 『한국태양에너지학회 2006년도 춘계학술발표대회 논문집』, 194~198.

류연수 외 3인, 「계통연계 태양광발전시스템과 회전계자형 동기발전기의 병렬운전 특성」, 『한국태양에너지학회 2008년도 춘계학술발표대회 논문집』, 43~48.

산업자원부 에너지공단, 『대체에너지보급 관련 자료집』(2001).

에너지경제연구원, 『태양광발전클러스터 조성 기본 구상』(2008).

오대균, 『태양광발전의 원리와 이용가능성』, 에너지관리공단(2000).

윤연섭·김규태, 「태양광발전용 무보수 밀폐형 연축전지 개발」, 『한국태양에너지학회 96 춘계태양에너지학술발표회 논문집』, 43~50.

이준신, 「Brief Review of Silicon Solar Cells(실리콘 태양전지)」, 『한국진공학회지』 제16권 제3호, 161~166(2007).

이태규, 『21세기 대체가능한 신재생에너지 기술탐색』, 한국에너지기술연구원(2000).

정혜진, 『태양도시: 에너지를 바꿔 삶을 바꾸다』, 그물코(2004).

조덕기·강용혁, 「집광식 태양광발전시스템 설치를 위한 태양광자원 성분분석에 관한
연구」, 『한국태양에너지학회 논문집』 제27권 제2호, 53~59(2007).

하상안·구현서, 『에너지환경개론』, 형설출판사(2009).

화학경제연구원, 『태양광 산업의 Value Chain 분석』(2008).

Encyclopa dia Britannica(15).

http://100.naver.com

http://blog.naver.com/hayeon

http://blog.naver.com/neo

http://enc.daum.net

http://energyvision.org/board/print.php?no

http://ko.wikipedia.org

http://opentory.joins.com

http://racer.kemco.or.kr

http://www.eb.com

http://www.environet.co.kr

http://www.kemco.or.kr

http://www.kfem.or.kr

http://www.kier.re.kr

http://www.me.go.kr

http://www.nier.go.kr

http://www.shihwaho.or.kr

http://www.todayenergy.kr

PART 05. 풍력에너지

김석권, 『풍력발전 기술자료와 신재생에너지의 사례집』, 신기술(2009).

「날개 형상이 수직축 풍력터빈의 정지기동특성에 미치는 영향 해석」, 『한국풍공학회지』
제13권 제3호, 163~168(2009).

박광현·정해상, 『풍력발전기술』, 겸지사(2007).

비아이알 편집부, 『글로벌 풍력발전시장 기술동향과 사업전략』, BIR(2010).

성화창 외 3인, 「풍력과 태양에너지를 이용한 하이브리드 발전 시스템 구현을 위한 디
지털 퍼지 제어기 개발」, 『한국퍼지 및 지능시스템학회 2006년도 춘계학술대회

학술발표논문집』 제16권 제1호, 99~102.

오진석 외 1인, 「태양광 및 풍력 하이브리드 발전 시스템에 관한 연구」, 『한국마린엔지니어링학회지』 제33권 제8호, 1226~1231(2009).

장정익 외 1인, 「불평형 계통전압시 풍력발전용 이중여자 유도발전기의 전력제어」, 『전력전자학회 2006년도 전력전자학술대회 논문집』, 274~276.

정재호, 「풍력발전산업의 경제성 및 정책적 과제」, 『전력전자학회 2004년도 전력전자학술대회 논문집(Ⅱ)』, 506~510.

하상안·구현서, 『에너지환경개론』, 형설출판사(2009).

「Simulink를 이용한 소형 풍력 발전 시스템 모델링」, 『한국지능시스템학회 2010년도 춘계학술대회 학술발표논문집』 제20권 제1호, 106~108.

Encyclopa dia Britannica(15).

http://100.naver.com

http://blog.naver.com/hayeon

http://blog.naver.com/neo

http://enc.daum.net

http://energyvision.org/board/print.php?no

http://ko.wikipedia.org

http://opentory.joins.com

http://racer.kemco.or.kr

http://www.eb.com

http://www.environet.co.kr

http://www.kemco.or.kr

http://www.kfem.or.kr

http://www.kier.re.kr

http://www.me.go.kr

http://www.nier.go.kr

http://www.shihwaho.or.kr

http://www.todayenergy.kr

PART 06. 지열에너지

김태웅 외 1인, 「주거 냉난방용 지열에너지 이용효과에 관한 연구」, 『대한건축학회 논문집』 제13권 제2호, 151~157(1997).

박혜리 외 3인, 「국내의 지열에너지 열펌프 시스템 활용현황과 활성화 방안」, 대한설비공학회 2009년도 하계학술발표대회, 922~927.

안연준·민병례·최영길, 「지하수미생물과 환경요인의 상호관계」, 『한국지하수환경학회지』 2(2), 85~92(1995).

정수남, 「공공의무화 제도에 도입된 신재생에너지 지열설비 설치동향」, 『설비저널』 제38권 제1호, 13~17(2009).

「지열에너지를 이용한 Heat pump 이용이 토양과 지하수에 미치는 영향에 관한 연구」, 『한국지반환경공학회 2008학술발표회 논문집』, 297~300.

하상안·구현서, 『에너지환경개론』, 형설출판사(2009).

Donald H. Kampbell, Ken P. Jewell, Jason R. Masoner. "Groundwater qualitysurrounding Lake Texoma during short−term drought conditions", *Environmental Pollution* 125, 183~191(2003).

Encyclopa dia Britannica(15).

Haryana, *Journal of Hazardous Materials* 106B, 85~97(2004).

http://100.naver.com

http://blog.naver.com/hayeon

http://blog.naver.com/neo

http://enc.daum.net

http://energyvision.org/board/print.php?no

http://ko.wikipedia.org

http://opentory.joins.com

http://racer.kemco.or.kr

http://www.eb.com

http://www.environet.co.kr

http://www.kemco.or.kr

http://www.kfem.or.kr

http://www.kier.re.kr

http://www.me.go.kr

http://www.nier.go.kr

http://www.shihwaho.or.kr

http://www.todayenergy.kr

http://harpy.tistory.com

http://opentory.joins.com/index.

PART 07. 바이오매스/폐기물에너지

김근한·신인수·최봉종·이승목·양재규, 「TiO2에 의한 Cu(II)－EDTA 흡착에서 음
　　이온물질 및 pH 영향」, 『대한환경공학회』 25(5), 644~649(2003).

김현하·Akira Mizuno·최금찬, 「펄스코로나방전과 촉매를 결합한 공정을 이용한 환
　　원에 의한 NOx의 제거」, 『대한환경공학회지』 24(3), 435~446(2002).

신인수·최봉종·이승목·양재규, 「TiO2 광촉매반응을 이용한 구리함유 폐수처리 연
　　구」, 『대한환경공학회』 25(10), 1225~1232(2003).

윤경식, 「광전기화학과 태양에너지의 변화」, 『화학공업과 기술』 6(3), 43~52(1988).

오정무, 「태양에너지 이용에 관한 현황 및 전망」, 『화학공학』 18(14), 301~307(1980).

장홍기 외 5인, 「산업용 디젤엔진에 대한 코로나탈질기술적용에 관한 연구」, 『대한환경
　　공학회지』 29권 11호, (2007).

정재우·손병학·목영선·조무현·남인식, 「스트리머 코로나방전에 의한 황산화물 및
　　소산화물저감특성」, 『대한환경공학회지』 20(6), 791~799(1998).

하상안·구현서, 『에너지환경개론, 형설출판사(2009).

황의현·김종호, 김신도, 「저온플라스마를 이용한 일산화질소의 분해특성에 관한 연구
　　(II)」, 『대한환경공학회지』 25(2), 171~176(2003).

A. Effendi, K. Hellgardt, Z. G. Zhang, T. Yoshida, "Optimising H2 production
　　from model biogas via combined steam reforming and CO shift reactions",
　　Fuel, 84, 869~874(2005).

Banks C. J., Wang Z. "Development of a two phaseanaerobic digester for the
　　treatment of mixed abattoir wastes", *Water Science and Technology*, **40**,
　　69~76(1999).

Bond D. and Lovley D., "Electricity production by Geobacter sulfurreducens
　　attached to electrodes", *Appl. Environ. Microbiol.*, 69, 1548－1555(2003).

Dolfing, J. Granulation in UASB reactors, *WaterScience and echnology*, **18**, 78
　　－81(1986).

Encyclopa dia Britannica(15).

Ghosh S., Chynoweth DP, "Tarman PB. Two−phaseanaerobic digestion", *US Patent* No.4, 696, 746(1987).

Ghosh S., Conrad, J. R., Klass, D. L. "Anaerobic acidogenesis of wastewater sludge", *Journal of Water Pollution Control Federation,* 47(1), 30~45(1975).

Hulshoff Pol L. W., Castro Lopes S. I. de, Lettinga G., Lens P. N. L. "Anaerobic sludge granulation", *Water Research,* 38, 1376−138(2004).

Jun, J., Kim, J. C., Shin, J. H., Lee, K. W., Baek, Y. S., "Effect of electron beam irradiation on CO2 reforming of methane over Ni/Al2O3 catalysts", *Radiat. Phys. Chem.,* 71, 1095−1101(2004).

Kuroki, T., Takahashi, M., Okubo, M., Yamamoto, T., "ingle−stage plasma−chemical process for particulates NOx and SOx simultaneous removal", *IEEE Transactions Industry Applications,* 38(5), 1204~1209(2002).

Largus T. "Angenent, Shihwu Sung and Lutgarde Raskin Methanogenic population dynamics during startup of a full−scale anaerobic sequencing batch reactor treating swine waste", *Water Research,* 36, 4648−4654(2002).

METCALF & EDDY, *wastewater Engineering,* Forth edition, Mc Graw Hill(2001)

Nadais H., Capela I., Arroja L., Duarte A. "Treatment of dairy wastewater in UASB reactors inoculated with flocculent biomass", *Water WA,* 31(4)(2005).

Nam, S. W., Yoon, S. P., Ha, H. Y., Hong, S. A., "Anatoly P. Maganyuk, Methane steam reforming in a Pd−RuMembrane Reactor", *Korea J. Chem. Eng.,* 17(3), 288~291(2000).

Owen, W. F., Stuckey, D. C., Healy, J. B., Jr. Young, L. Y., and McCarty, P. L. "Bioassay for monitoring biochemical methane potential and anaerobic toxicity", *Water Res.,* 13, 485~492(1979).

Speece, R. E. *Anaerobic biotechnology for industrial wastewaters,* Archae Press, United States of America(1996).

Wang, S. C., Cheng, S. S., Wong, K. M. and Tseng, I. "Characteristics of a two−phase UASB series process with a methanosarcina type of sludge", IAWPRC's asian workshop on anaerobic treatment at SASA international house, Bankok(1988).

Wiegnant WM, "Zeeman G. The mechanism of ammonia inhibition in the thermophilic digestion of liverstock manures", *Agriculture Manures,* 16,

243~253(1986).

Yu H., Fang H. H. P. "Acidogenesis of dairy wastewater at various pH levels", *Water Science Technology*, **45**(10), 201~206(2002).

http://100.naver.com

http://blog.naver.com/hayeon

http://blog.naver.com/neo

http://enc.daum.net

http://energyvision.org/board/print.php?no

http://ko.wikipedia.org

http://opentory.joins.com

http://racer.kemco.or.kr

http://www.eb.com

http://www.environet.co.kr

http://www.kemco.or.kr

http://www.kfem.or.kr

http://www.kier.re.kr

http://www.me.go.kr

http://www.nier.go.kr

http://www.shihwaho.or.kr

http://www.todayenergy.kr

PART 08. 연료전지

'바이오에너지 연구회'의 '바이오에너지 기술 소개'(blog.naver.com/hayeon).

하상안·구현서, 『에너지환경개론』, 형설출판사(2009).

APHP, WEF, AWWA, Standard Methods for the Examination of Water and Wastewater 19th(1995).

Cha, G. C. et al, 「혐기성 산발효에 있어서 기질분해의 특성과 세균군의 분포에 미치는 온도의 영향」, 『대한환경공학회지』 16(8), 995－1005(1994).

Chaudhuri, S. C. Lovley, D. R., "Electricity generation by direct oxidation of glucose in G－34 mediatorless microbial fuel cells", *Nature Biotechnology*, 21(10), 1229~1232(2003).

Encyclopa dia Britannica(15).

Jang, J. K. et al., "Construction and opertion of a novel mediator－and membrane－less microbial fuel cell", *Process Biochemistry*, 39, 1007~1012(2003).

Min, B. K. Cheng, S. Logan, B. E., "Electricity generation using membrane and salt bridge microbial fuel cells", *Water Research*, 39, 1675~168(2005).

Pham, et al., "Improvement of Cathode Reaction of a Mediatorless Microbial Fuel Cell", *Journal of Microbiology and Biotechnology*, 14(2), 324~329(2003).

http://100.naver.com

http://blog.naver.com/hayeon

http://blog.naver.com/neo

http://enc.daum.net

http://energyvision.org/board/print.php?no

http://fuelcell.kist.re.kr/Teams/fuelcell/03_01.htm

http://ko.wikipedia.org

http://opentory.joins.com

http://racer.kemco.or.kr

http://www.eb.com

http://www.environet.co.kr

http://www.kemco.or.kr

http://www.kfem.or.kr

http://www.kier.re.kr

http://www.me.go.kr

http://www.nier.go.kr

http://www.shihwaho.or.kr

http://www.todayenergy.kr

PART 09. 수소에너지

김동건, 「음식물쓰레기와 폐활성슬러지를 이용한 수소생산에서의 최적 발효조건」, 서울시립대 박사학위 논문, 96~97(2006).

하상안·구현서, 『에너지환경개론』, 형설출판사(2009).

APHA, AWWA, and WEF, *Standard Methods for the Examination of Water and Wastewater*, 20th edition, Washington DC, USA(1998).

Bond D. and Lovley D., "Electricity production by Geobacter sulfurreducens attached to electrodes", *Appl. Environ. Microbiol.*, 69, 1548~1555(2003).

Encyclopa dia Britannica(15).

Kim, S. H., Han, S. K., and Shin, H. S., "Feasibility of biohydrogen production by anaerobic co−digestion of food waste and sewage sludge", *Int. J. Hydrogen Energy*, 29, 1607~1616(2004).

Liu, H., Logan, B. E., "Electricity generation using an air−cathode single chamber microbial fuel cell in the presence and absence of a proton exchange membrane", *Environ. Sci. Tech.*, 38(14): 4040~4046(2004).

Liu, H. Ramnarayanan, R., Logan, B. E., "Production of electricity from acetate or butyrate using a single−chamber microbial fuel cell", *Environ. Sci. Technol.*, 39, 658~662(2004).

Logan, B. E., "Extracting hydrogen and electricity from renewable resources", *Environ. Sci. Technol*, 160A~167A(2004).

Logan B., Hamelers B., Rozendal R., Schroder U., Keller, J., Freguia S., Aelterman P., Verstraete W., Rabaey K., "Microbial fuel cells: methodology and technology", *Environ. Sci. Technol.*, 40, 5181~5192(2006).

Oh, S., Min, B., Logan, B. E., "Cathode performance as a factor in electricity generation in microbial fuel cells", *Environ. Sci. Technol.*, 38(18), 4900~4904(2004).

http://100.naver.com

http://blog.naver.com/hayeon

http://blog.naver.com/neo

http://enc.daum.net

http://energyvision.org/board/print.php?no

http://ko.wikipedia.org

http://opentory.joins.com

http://racer.kemco.or.kr

http://www.eb.com

http://www.environet.co.kr

http://www.kemco.or.kr

http://www.kfem.or.kr

http://www.kier.re.kr

http://www.me.go.kr

http://www.nier.go.kr

http://www.shihwaho.or.kr

http://www.todayenergy.kr

PART 10. 원자력에너지

강명휘·정해봉·정환삼, 「원자력발전의 환경영향분석을 위한 LCA 연구」, 『학술연구
　　　논문발표회연구논문집』, 한국전과정평가학회, 85~2(2002).

강신택, 『원자력안전백서』(1992~1997년도판).

김경동·홍두승, 『원자력과 지역이해—사회과학적 접근—』, 인구발전연구소, 서울대학
　　　교출판부(1992).

김영식, 『우라늄 235를 잡아라』, 한국원자력문화재단(1997).

김영평, 『한국의 원자력 위험과 기타 기술위험의 관리에 관한 체계적 연구』, 고려대학
　　　교 행정문제연구소(1994).

김효정, 「원자력 과학기술 발전사」, 『기계저널』 제44권 제2호(2004).

박수억, 『글로벌경쟁시대의 에너지산업』, 한국에너지협회(2000).

산업자원부, 『기후변화협약과 교토의정서』(1998).

에너지경제연구원, 『에너지통계연보』(2000).

이용수, 『현대문명의 빛과 그늘－원자력』, 한국원자력문화재단(1996).

이필렬, 『과학읽기 체르노빌의 기억』, 세계일보(2006).

이필렬, 『에너지 대안을 찾아서』, 창작과비평사(1999).

이필렬, 「원자력 석유대체론의 허구성 매년 50조 투자 50년이면 우라늄 고갈」, 교수신
　　　문(2006).

장순흥, 원자력진흥 종합계획 수립연구, 『원자력산업』 11월(1996).

하상안·구현서, 『에너지환경개론』, 형설출판사(2009).

한국수력원자력주, 『울진3호기Construction HandBook』(2003).

한국전력공사, 『울진3호기건설경험집 제2권 공정관리』(2000).

한국전력공사, 『울진3호기건설통계자료집』(2000).

한국중공업, 『신인천복합화력발전소월간진도보고서 기전』(2001).

日本ッ電力中央研究所, ライフサイクルCO2排出量による原子力發電技術の評価(2000).

酒井寛二, 建築活動と地球環境, 理工圖書(1995).

Delft University of Technology, IDEMAT 2001 library(2003).

Encyclopa dia Britannica(15).

Frischknecht et al., *Life Cycle Inventories for Energy Systems*, 3rd edition, ESU services(1996).

IEA(International Energy Agency), *Hydropower－Internalised Costs and Externalised Benefits*(2000).

K. M. Lee, "A weighting method for the Korean Eco－indicator". *The International Journal of LCA*, 4(3), 161~66(1999).

Mark, G. K. and Renilde S., "The Eco－indicator 99－A damage oriented method for Life Cycle Impact Assessment", Methodology Report, PRe Consultants B. V.(2000).

P. J. Meier, *Life－Cycle Assessment of Electricity Generation System and Application for Climate Change Policy Analysis*(Ph.D.thesis), University of Wisconsin－Madison(2002).

SAEFL, *Life Cycle Inventories for Packagings Part I and II*(1998).

Y. E. Lee, K. K. Koh, "Decision－making of nuclear energy policy: application of environmental management tool to nuclear fuel cycle", *Energy Policy*, 30, 1151~1161(2002).

http://100.naver.com

http://blog.naver.com/hayeon

http://blog.naver.com/neo

http://enc.daum.net

http://energyvision.org/board/print.php?no

http://ko.wikipedia.org

http://opentory.joins.com

http://racer.kemco.or.kr

http://www.eb.com

http://www.environet.co.kr

http://www.kemco.or.kr

http://www.kfem.or.kr

http://www.kier.re.kr

http://www.me.go.kr

http://www.nier.go.kr

http://www.shihwaho.or.kr

http://www.todayenergy.kr

PART 11. 에너지의 효율적 이용

김민주, 『2010 트렌드 키워드』, 미래의창(2009).

이도운, 『그린 비즈니스』, 무한(2009).

이필렬, 『다시 태양의 시대로』, 양문(2004).

하상안 · 구현서, 『에너지환경개론』, 형설출판사(2009).

Encyclopa dia Britannica(15).

http://100.naver.com

http://blog.naver.com/hayeon

http://blog.naver.com/neo

http://enc.daum.net

http://energyvision.org/board/print.php?no

http://ko.wikipedia.org

http://opentory.joins.com

http://racer.kemco.or.kr

http://www.eb.com

http://www.environet.co.kr

http://www.kemco.or.kr

http://www.kfem.or.kr

http://www.kier.re.kr

http://www.me.go.kr

http://www.nier.go.kr

http://www.shihwaho.or.kr

http://www.todayenergy.kr

찾아보기

rigid boundary   70
rutile   284

(S)

sacrificial reagent   283, 284
scum   219, 221
scum   220
secondary   64
semiconductor   119, 283, 286
SiO2   116, 287
slinky   178
slip ring   100
small hydro power   83
SOFC   268, 309
solar battery   119
solar energy   111
solar photovoltaic   118
solar power generation   125
solarthermal facility   130
sphaerotilus natans   199
steady state   202
steam turbine   184
SWNT   305
system   39, 58, 67, 69, 158, 336,
   346, 351, 361
S파   171

(T)

tandem cell   120
TCA회로   194
thermal   59, 351
thermochemical   228
thermodynamics   39, 71, 74, 75,
   348
thermophilic microbes   199
thiamin   196
Thiobacillus ferroxidans   199
transformer   265

(U)

UF6   319
unit cell   265
UO2   319
uptake hydrogenase   237, 238

(V)

valence band   280, 282
vapor‑grown carbon fiber   306
venetian blind   145
vertical circuit   177
VGCF   306
vgtamin B6   196

(W)

waterwheel   92
windmill   143

(Z)

zeolite   304

(ㄱ)

가수분해   193, 226, 229, 235, 236,
   240, 245, 289, 291, 296
가스터빈   59, 77, 125, 128
가스화   66, 190, 211, 246,~248,
   261
가압경수형 원자로   324, 325, 327,
   328
간빙기   23
간조   49, 103, 104
감마선   62, 316, 319, 324
감소기   209
감속재   317, 322~325
경수소   277
고기밀 단열창호   334
고립계   69, 74, 75
고온성 미생물   199
고체전해질형   266
공기극   262, 263, 265, 269
공기열원식   174
공전궤도   23, 48
공중부양 풍력장치   151
광독립영양체   196
광영양체   196
광인산화과정   295
광자   115, 119, 281~284, 352
광전기화학적   228
광전효과   122
광종속영양체   196

발전기　54, 63, 77, 87, 89, 92,
　　95~101, 104, 112, 125, 128,
　　129, 141, 146~152, 154,
　　156~158, 164, 309, 351
방사성　40, 41, 56, 166, 173, 317,
　　319, 320, 326, 327
방수구　90, 91, 92
방수로　90, 91, 92
배기터빈　184
베르누이의 정리　89
병진운동　147
복수식터빈　184
부분산화　264, 298
부분산화 개질　298
부사　219
부체식　104, 106
분자성산소　239
비결정질　116, 117
비균질 원자로형　322
비등경수형 원자로　324,~326
비핵분열성　321
빙하　22, 46, 165
빙하기　23

(ㅅ)

사류형 수차　95
사바나호　328
사이클 시스템　174
산성비　19, 39
산화제　25, 260, 261, 266
상대성법칙　148
상변화　21, 137, 303
상향식 수차　95
색소　117, 197, 230, 231, 295, 296
생물유기체　66, 190
생물자원　64
생분해　192, 244
생장요인　196
생태계　6, 22, 31, 125
생태학적 덤핑　32
생합성　192~194, 196
생화학적 변환　190
성층권　43
세포 소실　209

세포체류시간　215, 216, 217
소수력　83, 84, 87, 347, 349, 350
수권　41, 42, 46
수력　7, 24, 64, 65, 66, 83, 84, 87,
　　88~92, 101, 102, 104, 111,
　　125, 271, 292, 338, 347, 349,
　　360
수력발전　83, 84, 87, 90, 92, 101,
　　102, 111, 292, 338, 349
수력터빈　88, 104
수로　89~92, 165, 205, 217, 263,
　　293, 317, 325
수로식발전　90, 91
수성　41, 230, 241, 297
수소경제　25
수소세균　199
수압관　89~91
수자원　84~86, 90, 165, 166
수조　90, 91
수증기 개질　264, 298, 304
수직축 풍력터빈　151, 352
수직형　101, 144, 177
수차　59, 88, 90~95, 101, 105, 143,
　　144, 338, 350
수평형　144, 178
슈퍼단열창호　334
신성장동력　18
신에너지　24, 66
신재생에너지　7, 24, 26, 49, 56,
　　64~67, 164, 347, 352, 354
실리콘계 태양전지　122
심부지열　169, 170

(ㅇ)

아데노신 이인산　192
아데닌　192, 234
아미노산　195, 196
알칼리형　266
암반응　230~233
암석권　47
압축공기식　104
애그플레이션　192
액화　25, 64, 66, 111, 246, 247,
　　261, 299, 300, 303

지은이 ——

조용덕

경원대학교 공학박사(환경공학 전공)
상하수도기술사
수질관리기술사
현) 에코하이텍 대표
　　　(주)건영이엔씨 기술이사
　　　경원대학교 겸임교수
　　　한국건설교통기술평가원 신기술 심사위원

이상화

오하이오주립대학교 공학박사(화학공학 전공)
미국국립에너지연구소(NREL) 방문교수
미국 휴스턴대학교 교환교수
현) 경원대학교 교수
　　　경원대학교 공학교육혁신센터 협력위원
　　　경기도 BNS센터 연구부장
　　　한국화학공학회 공업화학부분 운영위원

NEW & RENEWABLE ENERGY

신재생에너지

초 판 인 쇄 | 2011년 2월 25일
초 판 발 행 | 2011년 2월 25일

지 은 이 | 조용덕, 이상화
펴 낸 이 | 채종준
펴 낸 곳 | 한국학술정보㈜
주   소 | 경기도 파주시 교하읍 문발리 파주출판문화정보산업단지 513-5
전   화 | 031) 908-3181(대표)
팩   스 | 031) 908-3189
홈 페 이 지 | http://ebook.kstudy.com
E - m a i l | 출판사업부 publish@kstudy.com
등   록 | 제일산-115호(2000. 6. 19)

ISBN   978-89-268-1926-5 13530 (Paper Book)
            978-89-268-1927-2 18530 (e-Book)

GREEN는 새롭게 녹색의 씨앗을 심어 자연과 공존하는
SEED 녹색성장 시대를 이루기 위한 의지를 담고 있습니다.